Mathematisch denken

Mathematik ist keine Hexerei

von
Prof. Dr. John Mason
Prof. (em.) Dr. Leone Burton
Prof. Dr. Kaye Stacey

6., aktualisierte und überarbeitete Auflage

Oldenbourg Verlag München

Prof. Dr. John Mason ist Leiter des „Centre for Mathematics Education" der Open University bei Milton Keynes, Großbritannien.

Prof. (em.) Dr. Leone Burton lehrte Mathematik an der Universität von Birmingham, England.

Prof. Dr. Kaye Stacey leitet das „Science & Mathematics Education Cluster" der Universität Melbourne, Australien.

© Pearson Education Limited 2010

This translation of THINKING MATHEMATICALLY 02/E is published by arrangement with Pearson Education Limited.

Übersetzt von Dr. Karen Lippert.

Bis zur 3. Auflage erschien das Buch unter dem Titel: „Hexeneinmaleins: kreativ mathematisch denken."

Bibliografische Information der Deutschen Nationalbibliothek

Die Deutsche Nationalbibliothek verzeichnet diese Publikation in der Deutschen Nationalbibliografie; detaillierte bibliografische Daten sind im Internet über http://dnb.d-nb.de abrufbar.

© 2012 Oldenbourg Wissenschaftsverlag GmbH
Rosenheimer Straße 145, D-81671 München
Telefon: (089) 45051-0
www.oldenbourg-verlag.de

Lektorat: Dr. Gerhard Pappert
Herstellung: Constanze Müller
Einbandgestaltung: hauser lacour
Gesamtherstellung: Beltz Bad Langensalza GmbH, Bad Langensalza

Dieses Papier ist alterungsbeständig nach DIN/ISO 9706.

ISBN   978-3-486-71273-5
eISBN   978-3-486-71800-3

Inhaltsverzeichnis

1	**Das Anpacken von Problemen**	**2**
1.1	Betrachten Sie Spezialfälle!	2
1.2	Verallgemeinerungen..	9
1.3	Machen Sie sich Notizen!	11
1.4	Rückblick und Vorausschau	23

2	**Arbeitsphasen**	**28**
2.1	Die drei Phasen	29
2.2	Die Planungsphase	30
2.3	Die eigentliche Durchführung	40
2.4	Die Rückblick-Phase..	41
2.5	Zusammenfassung	49

3	**Die Überwindung von Schwierigkeiten**	**52**
3.1	Die Ausgangslage...	52
3.2	Zusammenfassung	64

4	**Das Aufstellen von Vermutungen**	**66**
4.1	Was versteht man unter dem Aufstellen von Vermutungen?.............	66
4.2	Vermutungen: das Rückgrat jeder Lösung	70
4.3	Wie kommen Vermutungen zustande?..................................	79
4.4	Das Aufdecken von Gesetzmäßigkeiten	82
4.5	Zusammenfassung	86

5	**Erklären und Beweisen**	**90**
5.1	Strukturen	90
5.2	Die Suche nach Strukturen	94
5.3	Wann hat man eine Vermutung bewiesen?	98
5.4	Wie wird man sein innerer Feind?	102
5.5	Zusammenfassung	107

6 Haben Sie immer noch Schwierigkeiten? 110

6.1 Die Reduzierung auf eine präzise Fragestellung
und der Prozess intensiven Nachdenkens 111

6.2 Spezialisieren und Verallgemeinern 114

6.3 Stillschweigende Annahmen 116

6.4 Zusammenfassung 119

7 Die Entwicklung eines inneren Ratgebers 122

7.1 Die Aufgaben des inneren Ratgebers 123

7.2 „Schnappschüsse" von Gefühlszuständen 125

7.3 Arbeitsbeginn 127

7.4 Wie man sich engagiert 128

7.5 Der eigentliche Denkvorgang 130

7.6 Beharrlichkeit 131

7.7 Einsichten 133

7.8 Seien Sie skeptisch 134

7.9 Nachbereitung 136

7.10 Zusammenfassung 136

8 Wie erfindet man Fragen? 140

8.1 Ein Spektrum von Aufgaben 140

8.2 Einige „fragwürdige" Umstände 143

8.3 Beobachten 147

8.4 Was steht dem Stellen von Fragen im Weg? 149

8.5 Zusammenfassung 151

9 Wie man in die mathematische Denkweise hineinwächst 154

9.1 Wie man seine mathematische Denkweise verbessern kann 155

9.2 Wie provoziert man mathematisches Denken? 158

9.3 Wie man das mathematische Denken fördern kann 159

9.4 Der Nutzen der mathematischen Denkweise 161

9.5 Zusammenfassung 165

10 Stoff zum Nachdenken 168

11 Mathematisch denken nach Lehrplan 208

11.1 Stellenwertsysteme und arithmetische Algorithmen 209

11.2 Primzahlen und Primfaktoren 211

11.3 Brüche und Prozente 215

11.4 Verhältnisse und Raten 218

11.5   Gleichungen 223

11.6   Muster und Algebra 225

11.7   Graphen und Funktionen 229

11.8   Funktionen und Differentialrechnung 233

11.9   Folgen und Iterationen 237

11.10   Vollständige Induktion 241

11.11   Abstrakte Algebra 243

11.12   Umfang, Fläche und Volumen 247

11.13   Geometrische Beweise 250

11.14   Algebraische Beweise 254

12   Fähigkeiten, Themen, Welten und Sichtweisen   260

12.1   Natürliche Fähigkeiten und Prozesse 260

12.2   Mathematische Themen 265

12.3   Welten 267

12.4   Sichtweisen 268

12.5   Zusammenfassung 269

Literaturverzeichnis   271

Aufgabenverzeichnis   273

Stichwortverzeichnis   277

Vorwort zur ersten Auflage

Das vorliegende Buch beschäftigt sich nicht mit irgendeinem speziellen Zweig der Mathematik, sondern mit der prinzipiellen Arbeitsweise dieser Wissenschaft. Wir möchten aufzeigen, wie man an eine ganz beliebige Aufgabenstellung herangeht, wie man sie erfolgreich bearbeitet und wie man daraus Erfahrungen für andere Problemstellungen ableiten kann. Der dafür nötige Arbeits- und Zeitaufwand lohnt sich in hohem Maße, denn er dient dazu, Ihre mathematische Begabung stärker zu entfalten.

Die Erfahrungen, die wir mit Schülern und Studenten aus allen Altersklassen gemacht haben, haben uns davon überzeugt, dass Sie Ihren Leistungsstand in Mathematik vor allem durch folgende Maßnahmen verbessern können:

1. Gehen Sie gewissenhaft an jede Fragestellung heran.
2. Beschäftigen Sie sich damit, wie Probleme gelöst werden können.
3. Setzen Sie gefühlsmäßig gefundene Lösungsansätze in schlüssige Lösungen um.
4. Achten Sie darauf, wie Sie Gelerntes in Ihren Erfahrungsschatz einbetten können.
5. Machen Sie sich die gesammelten Erfahrungen bewusst.

Demzufolge ermutigen wir Sie dazu, an Probleme heranzugehen, und lenken Ihre Aufmerksamkeit auf die prinzipielle Vorgehensweise. Dadurch möchten wir Sie dazu anregen, dass Sie sich Ihre Erfahrungen bewusst machen.

Hinweise zur sinnvollen Nutzung dieses Buches:
Das vorliegende Buch soll in erster Linie Anregungen zum eigenen Arbeiten geben. Sein Zweck wäre verfehlt, wenn Sie es nur von vorne bis hinten durchlesen. Der Nutzen, den Sie aus diesem Buch ziehen können, hängt vielmehr entscheidend davon ab, wie konsequent Sie sich mit den überall in den Text eingestreuten Fragen und Aufgaben auseinandersetzen. Diese haben den Zweck, Ihnen das, was theoretisch erörtert wurde, an Beispielen klar zu machen. Wenn Sie nicht eigene Erfahrungen sammeln, plätschert vieles einfach an Ihnen vorbei, und unsere Ratschläge verpuffen wirkungslos. Wir verlangen von Ihnen ein dreifaches Engagement:

> physisch, gefühlsmäßig und geistig.

Die wahrscheinlich mit Abstand wichtigste Erkenntnis, die wir Ihnen vermitteln wollen, besteht darin, dass Sie einsehen, dass es durchaus nicht ehrenrührig ist, wenn Sie einmal bei einer Problemlösung nicht weiterkommen. Im Gegenteil! Dies ist ein entscheidender Meilenstein, wenn Sie Fortschritte machen wollen. Dazu genügt es allerdings nicht, wenn Sie über ein Problem nur ein paar Minuten nachdenken und dann einfach weiterlesen.

Nehmen Sie sich die Zeit, um gründlich nachzudenken! Lesen Sie erst dann weiter, wenn Sie davon überzeugt sind, dass Sie alle Möglichkeiten ausgeschöpft haben. Die Zeit, die Sie zum Überdenken einer Frage und zum Ausprobieren von verschiedenen Lösungen aufgewendet haben, ist gut angelegt. Nach jeder Frage haben wir unter der Überschrift „Schwierigkeiten?" einige Vorschläge zusammengestellt. Diese sollen Ihnen helfen, wenn Sie nicht mehr weiterkommen. Natürlich gibt es oft mehrere Lösungswege; daher können sich einzelne Vorschläge durchaus widersprechen und für den von Ihnen beschrittenen Weg völlig bedeutungslos sein. Erwarten Sie also nicht, dass jeder einzelne Hinweis Ihnen den Durchbruch liefert.

Seien Sie aber nicht enttäuscht, wenn Sie einmal auf gar keinen grünen Zweig kommen. Von einem vergeblichen Lösungsversuch kann man mitunter mehr lernen, als wenn man auf der Stelle zum Ziel gelangt ist. Dies setzt allerdings voraus, dass Sie die in diesem Buch behandelten Methoden anwenden und über Ihre Vorgehensweise nachdenken. Es geht uns eben gerade nicht darum, irgendwelche Ergebnisse zu produzieren; Sie sollen vielmehr durch eigene Erfahrungen erkennen können, wie man in der Mathematik erfolgreich Probleme angehen kann. Im Hinblick auf diese Konzeption geben wir nur selten eine Lösung im herkömmlichen Sinne an. Stattdessen beschreiben wir Lösungswege und kommentieren sie ausführlich. Dazu gehört auch das exemplarische Eingehen auf falsche

Ansätze, das nur teilweise Skizzieren von Lösungswegen und dergleichen mehr. Die sehr eleganten Lösungen, die Sie normalerweise in Mathematikbüchern oder Abhandlungen vorfinden, sind in der Regel erst das Ergebnis von sehr sorgfältiger und langwieriger Arbeit, von zähem Ringen mit der Materie, begleitet von so manchen Rückschlägen. So gut wie nie hatten die Verfasser einen Geistesblitz und konnten sofort zu einer derart ausgereiften Darstellung gelangen. Der eigentliche Weg zum Ziel lässt sich nicht mehr rekonstruieren. Die meisten Anfänger sind sich über diesen Sachverhalt nicht im Klaren und wundern sich darüber, wie jemand auf so etwas kommen konnte. Dem soll dieses Buch bewusst entgegenwirken. Sie sollen Selbstvertrauen gewinnen und sehen, wie man Ansätze findet. Hauptsache ist, dass Sie Ideen haben; die Eleganz kommt dann ganz von selbst. . .

Zusammengefasst stützen wir uns hier also auf folgende fünf Grundannahmen:

1. Jeder ist prinzipiell dazu befähigt, mathematische Fragestellungen erfolgreich zu bearbeiten.

2. Ihre Arbeitsweise kann verbessert werden, wenn Sie Erfahrungen sammeln und bereit sind, aus diesen zu lernen.

3. Nährboden für mathematische Erfolge sind intellektuelle Neugier, die Fähigkeit, sich durch Widersprüchlichkeiten nicht aus der Bahn werfen zu lassen, und die Bereitschaft, überraschende Erkenntnisse in die eigene Lösungsstrategie miteinzubeziehen.

4. Mathematisches Arbeiten gedeiht in einem Klima, wo Fragen gestellt werden, wo Herausforderungen geboten und angenommen werden und wo man die Muße hat, in Ruhe nachzudenken.

5. Schließlich aber hilft Ihnen die mathematische Denkweise auch dabei, sich selbst und die Welt besser verstehen zu lernen.

Wenn Sie den Text lesen, wird Ihnen auffallen, dass er in der ersten Person Singular geschrieben ist, obwohl er von drei Verfassern geschrieben wurde. Dies spiegelt sowohl unsere Arbeitsweise wider als auch das hohe Maß an Übereinstimmung, das wir bei dieser Arbeit erzielt haben.

Dieses Buch richtet sich primär an Schüler und Studenten, die mathematische Probleme angehen möchten. Es stellt nur eine mögliche Vorgehensweise vor und geht nicht auf die Methoden von früheren Autoren wie beispielsweise Polya ein. Wer sich dafür interessiert, was uns selbst am stärksten beeinflusst hat, kann dies im Literaturverzeichnis nachlesen.

Einige der behandelten Fragestellungen sind neu, viele stammen aber aus dem reichen Schatz mathematischer Aufgaben. Wir möchten uns an dieser Stelle ganz herzlich bei unseren Freunden und Kollegen bedanken, die uns derartige Probleme zugänglich gemacht haben. Vor allem richtet sich unser Dank aber an die vielfach unbekannt gebliebenen Erfinder von schönen Aufgaben; ihnen verdanken wir viele frohe Stunden.

Besonders danken wollen wir hier:
George Polya und G. Bennett, die uns sehr stark angeregt haben;

Graham Reed für die Cartoons von Pix, die erstmals in „Mathematics: A Psychological Perspective, Open University Press 1978" erschienen sind;

Alan Schoenfeld, der uns die Bedeutung des in Kapitel 7 vorgestellten inneren Ratgebers verdeutlicht hat;

Mike Beetham, der uns bei der Erstellung dieses Textes auf dem Rechner der Universität Cambridge geholfen hat;

Zahlreichen Kollegen, im Besonderen Joy Davis, Susie Groves, Peter Stacey und Collette Tasse;

Vielen Studenten in drei verschiedenen Ländern.

Schließlich widmen wir dieses Buch als eine Hilfe zur Entfaltung des mathematischen Denkvermögens:

> Quentin und Lydia Mason,
> Mark Burton,
> Carol und Andrew Stacey.

Vorwort zur zweiten Auflage

Mathematisch denken wurde 1982 veröffentlicht und findet noch immer Gefallen bei Lesern in vielen Ländern. Schüler an Gymnasium benutzen es ebenso wie angehende Mathematikstudenten; Lehrer verwenden es für ihre Vorbereitung und Dozenten für Kurse im Grundstudium. Mit der neuen Auflage verfolgen wir das Ziel, den Lesern eine Reihe von Aufgaben zu präsentieren, die sie in ihren Lehrplan integrieren können. Diese Aufgaben finden Sie in dem neuen Kapitel 11. Während die Fragen (Problemstellungen) in den älteren Kapiteln des Buches danach ausgewählt wurden, dass sie die verschiedenen „Prozesse" illustrieren (oder, wie wir heute sagen würden, den Gebrauch verschiedener natürlicher Fähigkeiten), wurden die Fragen in Kapitel 11 so zusammengestellt, dass der Leser diese Fähigkeiten verfeinern und die Kerngedanken wichtiger mathematischer Konzepte vertiefen kann.

Ein Nebenprodukt dieser Herangehensweise ist die Demonstration, wie aus gewöhnlichen Fragen, die im Hinblick auf das Erlangen von Routine konzipiert wurden, mitunter faszinierende Problemstellungen erwachsen. Dabei wird auch deutlich, dass wichtige Gebiete der höheren Mathematik und recht komplizierte mathematische Fragestellungen direkt hinter elementaren Konzepten verborgen liegen. Gleichzeitig nehmen wir die Gelegenheit wahr, die im ursprünglichen Teil des Buches verwendete Sprache der *Denkprozesse* in die Sprache der *natürlichen Fähigkeiten* zu übersetzen, die jeder Mensch besitzt. Dies gibt uns auch Gelegenheit, einige Erkenntnisse und Differenzierungen zu berücksichtigen, die seit der Erstveröffentlichung des Buches in den Blickpunkt gerückt sind.

Prozesse und natürliche Fähigkeiten

In den 1970ern und den frühen 1980ern gab es ein großes Interesse an den „Prozessen", durch die Dinge getan werden. Mathematisches Denken ist hierfür ein hervorragendes Beispiel. In den letzten Jahren ist das Interesse an Denkprozessen und Phänomenen wie Kreativität neu erwacht, allerdings hat sich die verwendete Terminologie erheblich geändert. Wir haben festgestellt, dass es für uns wie auch für die Menschen, mit denen wir als Mathematik Lehrende zu tun haben, sinnvoller ist, mit den natürlichen Fähigkeiten zu argumentieren, die Lernende bereits in den Unterricht mitbringen. Lehren bedeutet in dieser Sprache, die Lernenden zu ermuntern, von ihren Fähigkeiten Gebrauch zu machen und sie im Kontext des mathematischen Denkens weiterzuentwickeln.

Nach Caleb Gattegno betrachten wir Bewusstsein als Basis für das Handeln – ohne Bewusstsein gibt es kein Handeln. Allerdings kann ein Teil des Bewussten so tief in unser Arbeiten integriert sein, dass wir sein Vorhandensein gar nicht bemerken. Dies ist ganz sicher der Fall, wenn wir plötzlich feststellen, dass wir irgendetwas einfach aus Gewohnheit tun. Weiter folgen wir Gattegno, indem wir die Mathematik als eine Diszi- plin betrachten, die erst dadurch entsteht, dass sich Menschen der Handlungen bewusst werden, die sie in bestimmten Zusammenhängen ausführen. Das Artikulieren dieses Bewusstwerdens erzeugt „Mathematik". In diesem Sinne kann Mathematik in Form von in Büchern niedergeschriebenem Wissen als formaler Ausdruck des Bewusstseins aufgefasst werden, welches das mathematische Handeln in problematischen Situationen beeinflusst. Lehrer zu werden bedeutet auch, etwas über das Bewusstsein zu lernen, aus dem mathematisches Handeln entsteht, denn dies ist es, was pädagogisches Handeln antreibt. Aus diesem Grund ist es unerlässlich, das eigene Bewusstsein durch mathe- matische Aufgaben zu trainieren und es auf diese Weise an die Oberfläche zu bringen, damit es das zukünftige Handeln durchdringen kann.

Bewusstsein hängt eng mit Kognition zusammen; Handeln ist eng verwandt mit Ver- halten. Ein oft übersehener Aspekt der menschlichen Psyche sind die Emotionen oder der Bereich des Affekts. Der ursprüngliche Teil des Buches widmet sich diesem Aspekt, indem betont wird, dass es ein „ehrenwerter Zustand" ist, in Schwierigkeiten zu stecken, denn dieser Zustand macht es möglich, etwas zu lernen. Das Ausdrücken der emotions- geladenen Eindrücke in Bezug auf diese Schwierigkeiten und des damit verbundenen Aha-Effekts setzt Energie frei, die Fortschritte möglich macht. Unsere Argumentation unterstreicht die Bedeutung von positiven Emotionen: das Vergnügen, von den eigenen Fähigkeiten Gebrauch zu machen, die freudige Erregung, wenn man eine Entdeckung gemacht hat, der ästhetische Reiz, der von einem interessanten Ergebnis ausgeht, und natürlich die Befriedigung, die man spürt, wenn man eine Lösung gefunden hat. Wir wollen hier ergänzen, dass die Fähigkeit, Problemsituation in der materiellen Welt wie auch in der Welt der Mathematik zu erkennen (das „Erfinden" von Fragen, siehe Kapi- tel 8), ebenfalls ein wichtiger Aspekt im Bereich des Affekts ist.

In der neuen Auflage betonen wir die kollaborativen Aspekte des Handelns als notwen- dige Komponente des mathematischen Lernens. Diese Entwicklung hat damit zu tun, dass wir gesehen haben, wie das ursprüngliche Buch von den Lesern aufgenommen wur- de: Das gemeinsame Arbeiten an einer Aufgabe kann stimulierend wirken und Wege eröffnen, die der Einzelne allein vielleicht niemals als solche erkannt hätte. Gleichzeitig sind Phasen unverzichtbar, in denen man ganz allein über Probleme nachdenkt und Möglichkeiten durchleuchtet, die man entweder weiterverfolgt oder verwirft. Mancher zieht es vor, zunächst allein zu arbeiten und sich nach einer gewissen Zeit mit anderen auszutauschen; anderen ist es lieber, mit einer Phase der kollektiven Ideenfindung zu starten und sich erst dann zum eigenen Nachdenken zurückzuziehen, bevor man erneut zusammenkommt. Mit Sicherheit ist gemeinschaftliches Reflektieren hilfreich, um Er- kenntnisse an die Oberfläche zu bringen und zu artikulieren, auch wenn diese bereits in der Phase des individuellen Nachdenkens gewonnen wurden. Die Gegenwart Anderer trägt effektiv dazu bei, die eigenen Gedanken klar auszudrücken und sie mit den Ideen der Anderen in Verbindung zu bringen.

Gern ergreifen wir im Zuge der Neubearbeitung die Gelegenheit, universelle mathe- matische Themen einzuführen, die die gesamte Mathematik durchdringen. Eine kurze Beschreibung der Fähigkeiten, Themen und Begriffe finden Sie in Kapitel 12.

Die Kraft des empirischen Vorgehens

Die erste Fassung unseres Buches war gedacht als Zusammenfassung unserer eigenen Erfahrung als mathematisch Denkende und stark beeinflusst durch die Arbeit von George
Pólya. Tatsächlich hatte einer der Autoren (J. M.) 1967 als Assistenzlehrer Pólyas *Film
Let us Teach Guessing* gesehen. Dieser Film führte ihn zu einem Ansatz des Lehrens,
von dem er später erkannte, dass er durch seine eigene Erfahrung an der High School
geformt war, wo er von Geoff Steele unterrichtet worden war. Zu seiner Überraschung
entdeckte er viele Jahre später, dass Geoff niemals eine Lehrerausbildung durchlaufen
hatte und dass er nicht in erster Linie Mathematiker, sondern Chorleiter war! Nichtsdestotrotz förderte und stützte seine Anregung John während seiner Zeit an der High
School und bis zum Übergang an die Universität, bei dem er die Elemente des mathematischen Denkens bereits verinnerlicht hatte.

Als John seine erste akademische Stelle an der Open University antrat, stellte er fest,
dass eines von Pólyas Büchern zur Pflichtlektüre gehörte. Als er darum gebeten wurde, einen einwöchigen Sommerkurs zu konzipieren, an dem innerhalb von elf Wochen
und an drei verschiedenen Orten 7000 Studenten teilnehmen sollten, baute er den Film
in das Programm ein, zusammen mit Lektionen, die er *Aktive Problemlösung* nannte.
Etwas naiv ging John davon aus, dass alle Tutoren ihren Studenten mathematisch zur
Seite stehen und sie ganz natürlich zum Spezialisieren und Verallgemeinern, Vermuten
und Überzeugen usw. bringen würden. Es dauerte einige Jahre, bevor er erkannte, dass
sich nicht alle Tutoren ihres eigenen mathematischen Denkens so bewusst waren, wie er
angenommen hatte. Das Resultat dieser Erkenntnis war eine Reihe von Lerneinheiten
für Tutoren, die dazu gedacht waren, ihnen selbst mathematisches Denken erfahrbar
zu machen und diese Erfahrung zu reflektieren. Auf diese Weise sollten sie in die Lage versetzt werden, die Aufmerksamkeit ihrer Schüler auf wichtige Aspekte zu lenken.
Inzwischen wurde der Sommerkurs neu konzipiert und in diesem Zuge wurde das Programm entsprechend modifiziert. Der Fokus liegt nun stärker auf einfacheren Problemen,
die jedoch nach wie vor bestimmte „Prozesse" des mathematischen Denkens beleuchten
oder, anders formuliert, die Lernende ermuntern, von ihren natürlichen Fähigkeiten, die
auch für das mathematische Denken bedeutsam sind, spontanen Gebrauch zu machen.

1979 hatte John bei der Lehrerausbildung mit Leone zu tun, die Grundschullehrern
beibrachte, wie sie mit ihren Schülern mathematisch arbeiten können, und dabei untersuchte, welchen Effekt dies auf das Lernen der Kinder hatte. Die Kursteilnehmer hatten
den Wunsch, dass der Kurs möglichst praxisnah sein sollte, und deshalb wurde die empirische Basis dadurch erweitert, dass zusätzlich in jeder Woche eine Phase vorgesehen
war, die als „Selbständiges Denken" bezeichnet wurde. Die Idee dahinter war, dass sich
der Lehrer der eigenen Denkvorgänge bewusst sein muss, um sensibel für mögliche Probleme der Schüler zu sein. Die Aufgabe war nun, geeignete Fragen und Kommentare
für diese Lerneinheiten auszuwählen. Um dies zu bewerkstelligen, planten John und
Leone das Buch. Später stieß Kaye dazu, die auf der anderen Seite der Erde ebenfalls
von Pólyas Arbeiten zum mathematischen Denken inspiriert worden war und seit vielen Jahren dessen Sichtweisen in ihren innovativen Problemlösungskursen anwendete,
die sie zusammen mit Susie Groves hielt. Mathematisch denken macht Gebrauch von
einem der im Kurs vorgeschlagenen Prinzipien, nämlich der Idee, dass das Tun und das

darüber Reden unverzichtbare Aktivitäten für das Erfassen sind, und dass das Erfassen dabei hilft, das Tun und Ausdrücken so zu integrieren, dass Einsichten und Erfahrungen das zukünftige Handeln durchdringen. In unserem Fall hat das Schreiben des Buches unseren eigenen Blick dafür geschärft, welche Erfahrungen für Lehrer am nützlichsten sein könnten.

Als Autoren führen wir das anhaltende Interesse an unserem Buch und seine vielfache Verwendung auf seine breite empirische Basis zurück. Dieses Prinzip haben wir in der zweiten Auflage fortgeführt. Tatsächlich ist es ein Anliegen der zweiten Auflage, es für Lehrer einfacher zu machen, die Prinzipien des mathematischen Denkens zentral in ihren Unterricht zu integrieren. Die Entwicklung des eigenen mathematischen Denkens und im Grunde jede Diskussion über irgendeine Frage des Mathematikunterrichts, profitiert stark davon, dass man sich zunächst gemeinsam mit einer relevanten mathematischen Fragestellung auseinandersetzt und schaut, ob es weitere Erfahrungen gibt, die alle Beteiligten miteinander teilen und auf die man sich beziehen kann. Alle großen Didaktiker, die sich mit dem Mathematikunterricht beschäftigt haben, stimmen darin überein, dass das Lernen verstärkt wird, wenn man den Schülern Aufgaben stellt, die sie in einer Weise aktiv werden lässt, bei der sie vertraute Aktionen anwenden und modifizieren um eine Herausforderung zu bewältigen. Es bringt wenig, einfach nur Aufgaben zu trainieren, die von einem Typ sind, welchen die Schüler bereits beherrschen; allenfalls gewinnen sie dadurch an Schnelligkeit. Aus Aktivität resultiert Erfahrung, aber in Anlehnung an die Ideen von Immanuel Kant geben wir zu bedenken:

> Eine Abfolge von Erfahrungen summiert sich nicht auf zu einer Erfahrung dieser Abfolge.

Es ist noch etwas anderes notwendig. Pólya nannte es das *Zurückblicken*. Wir ziehen es vor, von der Phase der Nachbereitung zu sprechen, was etwas genauer ist als der Terminus *Reflektieren*, den wir ebenfalls benutzen. Das Wort Reflektieren hat unterschiedliche Bedeutungen. Jim Wilson sagte einmal, dass diese Phase von den vier Phasen nach Pólyas Modell diejenige ist, über die am meisten geredet und die am wenigsten benutzt wird. Die meisten Didaktiker sind der Auffassung, dass irgendeine Art des Zurücktretens nach der eigentlichen Aktivität notwendig ist, um aus einer Erfahrung zu lernen. Zusammenfassen lässt sich dies in dem Satz

> Eine Sache, die wir anscheinend nicht aus Erfahrung lernen ist die, dass wir nur selten aus Erfahrung allein lernen.

Allerdings gehen die Meinungen der Didaktiker auseinander, was das Timing, das Ausmaß und Anstoß für das Zurücktreten betrifft. Geschieht das Zurücktreten zu früh, wird der Schüler höchstwahrscheinlich frustriert und die Erfahrung hinterlässt kaum eine bleibende Wirkung. Andererseits ist es offensichtlich unbefriedigend, Schüler beim Lernen aus der Erfahrung sich selbst überlassen, denn hiervon können höchstens die Begabtesten profitieren. Für die meisten Schüler ist das Lernen, wie man Mathematik lernt, ein wissenschaftliches Unterfangen und kein natürliches. Nach Lev Vygotsky benötigen die meisten Schüler wenigstens zeitweise die Anwesenheit einer Person mit mehr Erfahrung, um aus ihren eigenen Erfahrungen tatsächlich etwas lernen zu können. Caleb Cattegno und andere argumentieren, dass Lernen tatsächlich im Schlaf stattfindet, dann nämlich, wenn das Gehirn auswählt, was vergessen werden darf. Wie dem auch sei, dort, wo Schüler ermutigt werden, zu reflektieren, nachzubereiten, zu rekonstruieren und zu wiederholen, werden sie in Zukunft mit viel größerer Wahrscheinlichkeit neue Einsichten gewinnen.

Um aus Erfahrung zu lernen und neue Möglichkeiten auszuprobieren, wenn es sich anbietet, ist es notwendig, sich selbst für das Wahrnehmen dieser Möglichkeiten zu sensibilisieren, anstatt einfach nur zu reagieren. Wählen Sie lieber das aktive Handeln, anstatt sich von alten Gewohnheiten einfangen und antreiben zu lassen. Das Anbieten von Aufgaben und Auffordern zum Wiederholen macht es also möglich, das Bewusstsein der Lernenden für den Gebrauch ihrer natürlichen Fähigkeiten zu fördern. Indem sie hierfür sensibilisiert werden, erwachsen aus diesen Fähigkeiten Flexibilität und Nützlichkeit. Nach Vygotsky werden die Fähigkeiten damit zu potentiellen Handlungen, die der Lernende selbst initiieren kann, anstatt vom Lehrer dazu aufgefordert werden zu müssen. All diese Überlegungen liefern eine gewisse Rechtfertigung für die Organisation sowohl des Textes der ersten Auflage, als auch für die neuen Kapitel: Es werden Problemstellungen vorgelegt, die dann weiter ausgearbeitet werden. Auf jedes Problem folgen Kommentare und Anstöße zum Reflektieren. Es nützt wenig bis gar nichts, wenn man sie nicht nicht ganz und gar in Angriff nimmt, was mitunter eine beträchtliche Zeit in Anspruch nehmen kann. Dazu gehört auch das Reflektieren und Durchdenken von Übereinstimmungen zwischen den angefügten Kommentaren und den eigenen Erfahrungen. Unser Ziel ist es, das Nachdenken und Abwägen zu fördern, was naturgemäß damit einhergeht, dass der Lernende immer wieder irgendwo hängen bleibt und neu beginnt. Das Gewinnen von „Antworten" ist nicht das wertvollste Ergebnis dieses Ringens. Vielmehr kommt es darauf an, was der Lernende dabei wahrnimmt, dass er Fortschritte macht, Vermutungen aufstellt und seine Fähigkeiten gebraucht. Und natürlich darauf, dass der Lernende die kleinen Schauer der Erkenntnis und die freudige Erregung spürt, die der Gebrauch der eigenen Fähigkeiten und der dadurch erzielte Erfolg auslösen kann. Die Aufgaben sind das Futter, mit denen das Handeln angeregt wird; das mathematische Ergebnis hat meist keine Bedeutung. Anders formuliert: Dieses Buch unternimmt nicht den Versuch, irgendwelche speziellen mathematischen Inhalte zu vermitteln, sondern möchte seine Leser mit den Möglichkeiten vertraut machen, wie sie ihre eigenen natürlichen Fähigkeiten in den Dienst der Untersuchung von mathematischen Problemen stellen können.

Immer stellt sich die Frage nach dem Niveau einer Aufgabe. Der erste Eindruck kann zu der Einschätzung führen, dass eine Aufgabe „zu kompliziert" oder „nicht kompliziert genug" ist. Was man durch das Bearbeiten der Fragen unter anderem lernen kann, sind Strategien, wie man ein Problem „entschärfen" kann, sodass es dem Lernenden möglich ist, Fortschritte zu erzielen (meist geschieht dies durch Spezialisieren), und auch, wie man eine einfache Aufgabe zu einer größeren Herausforderung macht, indem man den *Grad der möglichen Variation* findet und dann die Aufgabe entsprechend variiert, oder indem man den *Bereich der zulässigen Änderung* bestimmter Merkmale erweitert. Es liegt beim Leser, den jeweils für ihn geeigneten Schwierigkeitsgrad zu wählen, wobei wir natürlich hoffen, dass er durch den Erfolg angeregt wird, später noch einmal zurückzukehren und die schwierigeren Varianten in Angriff zu nehmen. Wir konzentrieren uns nicht auf Antworten zu festgefügten Problemstellungen; unsere Absicht ist es vielmehr, durch die Fragen das Erlangen von mathematischen Erfahrungen anzuregen. Dabei sollte der Leser den Schwierigkeitsgrad selbst wählen, damit Erfahrungen wirklich prokuktiv werden können.

Danksagung

Als wir die erste Auflage schrieben, glaubten wir, dass mathematische Fragen in die Welt der Mathematik gehören und dass es nicht notwendig ist, sich mit den Details ihrer Ursprünge zu beschäftigen. Die Jahre brachten es mit sich, dass wir uns doch für die Ursprünge interessierten und dafür, wie sie sich im Laufe der Zeit verändert haben. Wo wir meinen, eine spezifische Quelle zu kennen, haben wir diese in der zweiten Auflage angegeben. Wo keine Referenz angegeben ist, sind die Ursprünge entweder in Vergessenheit geraten oder das Problem ist uns aus verschiedenen Quellen und über eine lange Kette von Personen übermittelt worden – oder wir glauben, dass wir selbst die Urheber sind. Wir danken Eva Knoll und Ami Mamolo für ihre Kommentare zu den neuen Beiträgen.

Widmung

Die erste Auflage haben wir unseren Kindern gewidmet, die inzwischen natürlich längst erwachsen sind. Wir sind traurig, dass Leone ihren Kampf gegen den Krebs verloren hat, bevor wir mit der Arbeit an der zweiten Auflage anfingen. Daher widmen ihr die vorliegende Auflage mit den Worten ihres Sohnes Mark:

> Leone Burtons Bücher waren immer mir, ihrem Sohn, gewidmet. Dieses Buch nun ist ihr und ihrem Andenken gewidmet. Bestimmt waren das Lösen von Problemen und das Prinzip des mathematischen Denkens die wichtigsten Geschenke, die ich bekommen habe, egal ob diese Geschenke von ihr oder eher dem Mitautor John Mason kamen, der den ersten Computer in unser Haus brachte, als ich ein sehr kleine Junge war.

John Mason, Oxford, April 2010
Kaye Stacey, Melbourne, April 2010

1

1 Das Anpacken von Problemen

In diesem Kapitel will ich Ihnen zeigen, wie Sie an eine konkrete Aufgabenstellung herangehen können. Es gibt keinen Grund, vor einem bestimmten Problem von vornherein zurückzuschrecken und ohne jede Hoffnung ein leeres Stück Papier anzustarren. Auf der anderen Seite ist es auch nicht sinnvoll, mit Brachialgewalt den ersten besten halbwegs aussichtsreich erscheinenden Weg zu beschreiten. Es gibt aber in der Tat einige Dinge, die Sie tun können.

1.1 Betrachten Sie Spezialfälle!

Ich beginne am besten mit einem konkreten Beispiel:

> KAUFHAUS
> In einem Kaufhaus bekommen Sie 20 % Rabatt, müssen aber 15 % Umsatzsteuer zahlen. Was wäre für Sie günstiger: sollte man zuerst den Rabatt abziehen oder sollte man zuerst den Steueraufschlag vornehmen?

Wie soll man an eine derartige Fragestellung herangehen? Zunächst einmal muss man sich natürlich darüber im Klaren sein, was überhaupt gefragt ist. Das allein ist freilich nicht ausreichend; Sie müssen sich zuerst ein bisschen mit dem Problem vertraut machen. Dazu ist es am zweckmäßigsten, wenn Sie das Ganze für verschiedene Preise durchspielen. Sicher ist es besonders naheliegend, zuerst einmal von einem Betrag von 100 € auszugehen, denn damit lässt sich besonders leicht rechnen.

Machen Sie das, falls Sie es nicht bereits getan haben!

Wundert Sie das Ergebnis? Die meisten Leute sind in der Tat überrascht, und gerade dieses Gefühl der Überraschung ist der Motor für die weitere Vorgehensweise. Jetzt ist es natürlich naheliegend, zu prüfen, ob bei einem Betrag von 120 € dieselbe Beobachtung zu machen ist.

Machen Sie einen Versuch, und ziehen Sie daraus Schlüsse!

Schreiben Sie Ihre Rechenschritte detailliert auf, und kommentieren Sie die gewonnenen Erkenntnisse. Nur so steigern Sie Ihre Denkfähigkeit.

> ### Machen Sie einen Versuch, und ziehen Sie daraus Schlüsse!

Als Nächstes können Sie – vielleicht gestützt auf einen Taschenrechner – einige andere Zahlenwerte durchspielen. Damit können Sie ein zweifaches Ziel verfolgen: Zum einen bekommen Sie ein Gefühl für die mögliche Lösung des Problems, zum anderen können Sie dadurch Ihre Hypothese erhärten. Anders ausgedrückt können Sie also durch das Betrachten von Beispielen einen Bezug zu der Aufgabe herstellen und ein zugrunde-liegendes Muster aufspüren. Dieses kann dann der Schlüssel zur eigentlichen Lösung sein.

Wie könnte dieses Muster nun im vorliegenden Fall aussehen? Vielleicht haben Sie Er-fahrung in der Bearbeitung von derartigen Aufgaben und wissen demzufolge, was zu tun ist. Sollte dies der Fall sein, so stellen Sie sich doch einfach auf den Standpunkt, dass Sie einer unerfahrenen Person erklären sollen, wie vorzugehen ist. Lesen Sie erst danach meine Vorschläge durch. Es ist auf alle Fälle wichtig, dass Sie meine Anregun-gen durcharbeiten, denn gerade in diesen finden meine Vorschläge zur mathematischen Arbeitsweise ihren Niederschlag.

Wie hängt der Endpreis von der Reihenfolge der Berechnung von Rabatt und Steuer ab? Sie sollten an Hand der von Ihnen durchgerechneten Beispiele eine Vermutung haben. Ist das nicht der Fall, so sollten Sie Ihre Ergebnisse noch einmal nachrechnen. Wenn Sie eine Vermutung haben, müssen Sie sich fragen, ob diese tatsächlich für jede beliebige Ausgangssituation zutrifft. Sollten Sie unsicher sein, so rechnen Sie weitere Beispiele durch. Sind Sie sich dagegen sicher, so versuchen Sie, eine Erklärung zu finden (oder lesen Sie weiter).

> ### Rechnen Sie so lange Beispiele, bis Sie sich sicher sind!

Für das Weitere hängt nun sehr vieles davon ab, in welcher Form Sie Ihre Rechnungen niedergeschrieben haben. Sollten Sie zuerst den Rabatt und dann den Steueraufschlag in Ansatz gebracht haben, so könnte das etwa so aussehen:

Rabatt berechnen	bei $100\,€$ sind das $20\,€$;
abziehen vom Preis	$100\,€ - 20\,€ = 80\,€$;
Steuer berechnen	$15\,\%$ von $80\,€$ sind $12\,€$;
Endpreis	$80\,€ + 12\,€ = 92\,€$.

Suchen Sie so lange andere Rechenwege, bis Sie einen verallgemeinerungsfähigen gefun-den haben. Naheliegend ist es natürlich, einen Weg zu suchen, der von der Wahl des Ausgangsbetrags unabhängig ist. Versuchen Sie daher nachzurechnen, welchen Prozent-Wert des Ausgangsbetrages Sie berechnen müssen, wenn Sie zuerst den Rabatt abziehen und danach die Steuer hinzufügen.

> ### Führen Sie das durch!

Wenn Sie sich nicht vertan haben, so erhalten Sie folgende Resultate:

a) Wenn Sie 20 % des Ausgangspreises abziehen dürfen, so läuft das darauf hinaus, dass Sie 80 % zu bezahlen haben.

b) Wenn Sie 15 % Steuer zahlen müssen, so haben Sie 115 % des vorliegenden Betrages zu bezahlen.

Bei einem Ausgangsbetrag von 100 € errechnet sich in unseren beiden Fällen der Endbetrag wie folgt:

$$\text{Rabatt zuerst:} \quad 1{,}15 \cdot (0{,}80 \cdot 100\,\text{€})$$
$$\text{Steuer zuerst:} \quad 0{,}80 \cdot (1{,}15 \cdot 100\,\text{€})$$

Wenn Sie die Rechnung in dieser Form hinschreiben, sehen Sie sofort, dass es auf die Reihenfolge von Rabatt- und Steuerberechnung nicht ankommt. Das ganze Problem reduziert sich vielmehr darauf, den ursprünglichen Preis mit zwei Zahlen zu multiplizieren, und das kann natürlich in jeder beliebigen Reihenfolge geschehen. Haben wir einen Ausgangsbetrag von P €, so ergeben sich die Endbeträge:

$$\text{Rabatt zuerst:} \quad 1{,}15 \cdot 0{,}80 \cdot P\,\text{€}$$
$$\text{Steuer zuerst:} \quad 0{,}80 \cdot 1{,}15 \cdot P\,\text{€}$$

Diese Beträge sind immer gleich.

Achten Sie besonders darauf, wie nützlich es war, von konkreten Details der Rechnung zu abstrahieren und ihren wesentlichen Gehalt herauszupräparieren. Derartige Überlegungen sind grundlegend für die mathematische Arbeitsweise.

An Hand von KAUFHAUS können Sie einige wesentliche Hilfsmittel für erfolgreiches Vorgehen in der Mathematik erkennen. Zwei davon möchte ich ganz besonders herausstreichen. Zum einen gibt es ganz bestimmte Methoden, die immer wieder nützlich sind. In diesem Fall war es besonders geschickt, Spezialfälle zu betrachten, d.h., das vorliegende Problem für einige konkrete Beispiele zu studieren. Die gewählten Beispiele sind insofern Spezialfälle, als sie nur Teilaspekte des Gesamtproblems sind. Zum anderen ist es so, dass es ganz natürlich ist, wenn man zunächst einmal hängenbleibt und stutzt. Normalerweise kann man dagegen aber etwas tun. In unserem Fall war es beispielsweise angebracht, einige Sonderfälle zu betrachten. Diese Vorgehensweise ist ganz einfach, und jedermann kann ihr folgen. Sollte jemand bei einer Fragestellung überhaupt nicht weiterkommen, so helfen häufig Fragen der Art:

Haben Sie dazu schon ein Beispiel gerechnet?

Was passiert in einem bestimmten Spezialfall?

Das nächste Beispiel zeigt Ihnen eine andere Form, Spezialfälle zu betrachten. Es stammt von Banwell, Saunders und Tahta (1972).

PAPIERSTREIFEN

Stellen Sie sich vor, dass direkt vor Ihnen von links nach rechts ein langer dünner Papierstreifen liegt. Stellen Sie sich weiterhin vor, dass Sie diesen an den Enden anfassen und die rechte Hand über die linke legen. Falten Sie nun den Streifen in der Mitte, und drücken Sie ihn wieder flach; dadurch entsteht eine Faltkante. Führen Sie diese Operation mit dem so entstandenen Streifen erneut zweimal durch. Wie viele Faltkanten liegen dann vor? Wie viele sind es, wenn Sie diese Operation insgesamt 10-mal durchführen?

Versuchen Sie es!

Schwierigkeiten?

Zählen Sie im Kopf die Zahl der Faltkanten nach zwei Versuchen.
Vielleicht hilft es Ihnen, wenn Sie eine Zeichnung anfertigen.
Führen Sie den Vorgang in der Praxis durch.
Studieren Sie die Situation nach 3- bzw. 4-maligem Falten, und versuchen Sie, eine Gesetzmäßigkeit zu erkennen.
Formulieren Sie klar und präzise die Fragestellung.
Gibt es etwas, was eng mit den Faltkanten verknüpft ist, aber leichter ausgezählt werden kann?
Testen Sie alle Ihre Vermutungen an weiteren Beispielen.

Ich will Ihnen hier nicht die vollständige Lösung für dieses Problem verraten. Seien Sie nicht irritiert, wenn Sie nicht weiterkommen. Sie werden von dieser Situation nur dann profitieren, wenn Sie sie als Chance ansehen, etwas daraus zu lernen. Vielleicht können Sie das Problem mit neuer Energie angehen, nachdem Sie das nächste Kapitel durchgearbeitet haben. Bevor Sie aber Ihre Lösungsversuche einstellen, sollten Sie die Situation mindestens bis zu viermaligem Falten durchspielen. Dabei spielt es keine Rolle, ob Sie das im Kopf, an Hand eines konkreten Papierstreifens oder mit Hilfe von geeigneten Zeichnungen machen. Zählen Sie die Faltkanten und protokollieren Sie Ihre Ergebnisse in einer kleinen Tabelle. Als wir uns mit KAUFHAUS beschäftigt haben, bedeutete Spezialisierung den Übergang zu einer Reihe von Beispielen; hier dagegen ist es ratsam, in irgendeiner Form Versuche anzustellen. Es ist immer wichtig, solche Objekte heranzuziehen, die Sie im Griff haben. Dabei kann es sich um ganz konkrete Gegenstände oder auch um mathematische Begriffsbildungen wie Zahlen, algebraische Symbole oder Diagramme handeln.

Natürlich werden Sie nur die wenigsten Fragen allein durch geeignete Spezialisierungen lösen können; auf alle Fälle bekommen Sie aber ein gewisses Gefühl für die zugrundeliegende Problematik. Dadurch wirkt die Aufgabe nicht mehr so unzugänglich und abschreckend. Außerdem können Sie an Hand der Spezialfälle häufig ungefähr erraten, wie die Lösung aussieht. Wenn Sie dann weiterhin geschickte Spezialfälle heranziehen und dabei stärker auf das Warum als auf das Wie achten, kann dies zu der Einsicht in den tatsächlichen Sachverhalt führen.

Die nächste Fragestellung ist Ihnen wahrscheinlich geläufiger:

PALINDROME
Unter einem Palindrom versteht man eine Zahl, die sowohl vorwärts wie rückwärts gelesen denselben Wert hat. Ein typisches Beispiel hierfür ist 12321. Ein Freund
von mir behauptet, dass alle Palindrome mit 4 Ziffern durch 11 teilbar seien. Hat er
recht?

> ### Probieren Sie es aus!

Schwierigkeiten?
Betrachten Sie einige Palindrome mit 4 Ziffern.
Glauben Sie meinem Freund?
Was möchten Sie nachweisen?

Eine Lösung:
Hier kann man praktisch nur so vorgehen, dass man einige Versuche anstellt. Zunächst
einmal möchte ich ein Gefühl dafür bekommen, mit was für Zahlen ich es hier zu tun
habe. Offenbar ist 88 ein Palindrom, aber auch 6 und 747 fallen in diese Kategorie. Bei
unserem Problem haben wir es aber nur mit Palindromen mit 4 Ziffern zu tun, also
etwa mit

$$1221, \quad 3003, \quad 6996, \quad 7557.$$

Was ist mein Ziel? Nun, ich will wissen, ob alle diese Zahlen durch 11 teilbar sind oder
nicht.

> ### Probieren Sie es aus!

Nachdem ich mehrere Beispiele durchprobiert habe, bin ich zu der Überzeugung gelangt,
dass mein Freund Recht hat. Beachten Sie aber, dass ich meiner Sache durchaus noch
nicht sicher sein kann. Solange ich nicht tatsächlich jedes Palindrom mit 4 Ziffern auf
seine Teilbarkeit durch 11 untersucht habe, kann ich nur auf Grund von Beispielen nicht
zu einem sicheren Ergebnis kommen. Da es etwa 90 solche Palindrome gibt, ist es sicher
besser, eine allgemeine Lösungsstrategie zu entwickeln.

> ### Suchen Sie eine Lösungsstrategie!

Ich selbst habe vier Versuche angestellt:

$$1221/11 = 111,$$
$$3003/11 = 273,$$
$$6996/11 = 636,$$
$$7557/11 = 687,$$

konnte daraus aber keine allgemeine Gesetzmäßigkeit ableiten. Das zeigt eine grundlegende Problematik beim Spezialisieren auf. Wenn man die Beispiele rein willkürlich

wählt, bekommt man natürlich kein gutes Gefühl dafür, was passiert. Man kann sehen, ob eine Behauptung wahrscheinlich wahr ist, möglicherweise hat man auch Glück und findet ein Gegenbeispiel. Sucht man allerdings nach einer Gesetzmäßigkeit, so dürfte ein völlig planloses Vorgehen in aller Regel nicht weiterhelfen. Doch wie können wir im vorliegenden Fall systematisch vorgehen?

> Versuchen Sie es!

Schwierigkeiten?

> Welches vierziffrige Palindrom ist am kleinsten?
> Welches ist das zweitkleinste?
> Wie kann man ein Palindrom in ein anderes überführen?

Eine Möglichkeit besteht darin, vom kleinsten vierziffrigen Palindrom, nämlich von 1001 auszugehen und danach immer zum nächstgrößeren überzugehen:

$$1001, \quad 1111, \quad 1221, \quad 1331, \quad \ldots$$

Nun kontrolliere ich die Behauptung meines Freundes:

$$1001/11 = 91$$
$$1111/11 = 101$$
$$1221/11 = 111$$
$$1331/11 = 121$$

Diese Rechnungen stützen nicht nur die Behauptung meines Freundes, sondern eröffnen darüber hinaus weitere Perspektiven. Offenbar ist es doch so, dass das jeweils nächste Palindrom immer um 110 größer ist als sein Vorgänger und dass die Quotienten jedesmal um 10 zunehmen.

Aha! Jetzt sehe ich, dass mein Freund recht hat und worauf dies beruht. Die Differenz zwischen zwei aufeinanderfolgenden Palindromen ist immer 110. Da das kleinste Palindrom (1001) und ebenso die Zahl 110 durch 11 teilbar sind, trifft dies also für alle vierziffrigen Palindrome zu. Abgesehen davon, dass man das alles noch sauber aufschreiben muss, ist die Sache damit gelaufen.

Oder etwa nicht? Umfasst mein Lösungsvorschlag alle von mir betrachteten Spezialfälle? Sehen wir uns das genauer an! Wenn man tatsächlich alle vierziffrigen Palindrome dadurch erhält, dass man permanent 110 zu 1001 hinzuaddiert, müssen alle mit einer 1 enden. Doch das ist ganz und gar nicht der Fall! Beispielsweise ist 7557 unbestreitbar ein Palindrom, endet aber auf einer 7. Was ist da schiefgelaufen? Meine Spezialisierung hat mich zu einer Gesetzmäßigkeit geführt, auf die ich meine gesamte Lösung aufgebaut habe. Unglückseligerweise erfasst diese Gesetzmäßigkeit aber nicht alle Palindrome, denn offenbar führt sie ja zu der falschen Aussage, dass alle vierziffrigen Palindrome mit einer 1 enden. Es war einfach falsch, von drei Beobachtungen auf den allgemeinen Fall zu schließen. Glücklicherweise kann uns eine weitere Spezialisierung aus der Misere befreien. Sehen wir uns dazu eine Liste mit aufeinanderfolgenden Palindromen an:

Palindrome	1881		1991		2002		2112		2222		2332
Differenzen		110		11		110		110		110	

Dieses Mal gehe ich mit größerer Vorsicht ans Werk; ich bin diesmal eher skeptisch als zuversichtlich. Die zugrundeliegende Gesetzmäßigkeit scheint darin zu bestehen, dass sich aufeinanderfolgende Palindrome um 110 unterscheiden, es sei denn, die Tausender-Ziffer ändert sich. In diesem Fall beträgt der Unterschied nur 11. Weitere Versuche scheinen diesen Sachverhalt zu erhärten; in gleichem Maße wächst meine Zuversicht, nun auf dem richtigen Wege zu sein. Somit hat das Heranziehen von Beispielen erneut dazu geführt, eine Struktur zu erhellen. Es ist nun allerdings nötig, ihr Vorliegen allgemein nachzuweisen. Dies kann etwa so vonstatten gehen:

Beweisführung:

Aufeinanderfolgende Palindrome, die dieselbe Tausender-Ziffer haben, müssen auch in der Einer-Ziffer übereinstimmen. Daher unterscheiden sie sich nur in der zweiten und dritten Position, und zwar jeweils genau um 1. Die Differenz zwischen ihnen ist also gerade 110.

Haben zwei aufeinanderfolgende Palindrome dagegen unterschiedliche Tausender-Ziffern, so können sie offenbar durch Addition von 1001 (dadurch werden die erste und die letzte Ziffer angepasst) und anschließende Subtraktion von 990 (zur Anpassung der beiden mittleren Ziffern) ineinander übergeführt werden. Aber offenbar gilt $1001 - 990 = 11$; dies stimmt mit den bei den Beispielen gemachten Beobachtungen überein.

In beiden Fällen sind die aufgetretenen Differenzen durch 11 teilbar. Wenn daher das kleinste vierziffrige Palindrom durch 11 teilbar ist, so sind es alle. Da $1001 = 11 \cdot 91$ gilt, ist somit die Behauptung bewiesen.

Schauen wir uns genauer an, in welcher Form das Spezialisieren verwendet wurde:

- Es hat mir geholfen, die Frage zu verstehen, dass ich mir zunächst das Konzept des Palindroms klargemacht habe.
- Außerdem habe ich so die typische Form vierstelliger Palindrome entdeckt.
- Ich habe mich durch Spezialisieren davon überzeugt, dass das, was mein Freund behauptet hat, tatsächlich stimmt.
- Später ergab das Spezialisieren ein Muster, und dieses brachte mich auf die Idee, warum das Ergebnis richtig sein muss.
- Das Überprüfen, ob das gefundene Muster korrekt ist oder nicht, ging wiederum mit einer Spezialisierung einher.

Der Hauptvorteil der Spezialisierung besteht also darin, dass sie sehr leicht und auf verschiedenartigste Weise angewendet werden kann. Somit ist sie ein sehr effektives Werkzeug für die Mathematik.

Der soeben skizzierte Beweis ist übrigens bei weitem nicht der eleganteste, doch das war zunächst auch gar nicht angestrebt. Der erste Lösungsweg, den man findet, ist selten der, den man in einer Ausarbeitung angeben würde. Wenn Sie über größere Erfahrung in Mathematik und den dort gebräuchlichen Schreibweisen verfügen, ist ein deutlich schnellerer Zugang möglich. Abstrakt gesehen ist ein vierziffriges Palindrom doch von der Form $ABBA$, wobei A und B beliebige Ziffern sind. Die so dargestellte Zahl hat den Wert

$$
\begin{aligned}
1000A + 100B + 10B + A &= (1000 + 1)A + (100 + 10)B \\
&= 1001A + 110B \\
&= 11 \cdot 91A + 11 \cdot 10B \\
&= 11(91A + 10B)
\end{aligned}
$$

Sollten Sie bei dieser Argumentation Schwierigkeiten haben, so vollziehen Sie sie doch einfach konkret für $A = 3$ und $B = 4$ nach. Wählen Sie sodann so lange andere Werte für A und B, bis Sie zu dem oben beschriebenen symbolischen Kalkül eine Beziehung gefunden haben.

Elegante Lösungen wie die, die wir soeben betrachtet haben, verraten offensichtlich nichts mehr darüber, an Hand welcher Spezialfälle sie möglicherweise aufgedeckt wurden. Stattdessen wird mit algebraischen Methoden eine allgemeine Beweisführung erbracht. Voraussetzung dafür, dass man einen derartigen Beweis selber finden kann, ist allerdings eine hinreichende Vertrautheit mit den entsprechenden mathematischen Begriffsbildungen, wie hier etwa der Dezimalschreibweise, der Einführung von und dem Rechnen mit A und B und dergleichen. Mit anderen Worten: Es ist nötig, dass man mit der abstrakten Schreibform $ABBA$ umgehen kann. Ich muss sowohl mit den Palindromen als auch mit der für sie verwendeten Schreibweise sicher hantieren können. Eine derartige Vertrautheit kann am Anfang nur erzielt werden, wenn man den Übergang vom Konkreten zum Abstrakten schafft und so mit wachsender Erfahrung einen immer tieferen Einblick in zunächst fremdartige Sachverhalte bekommt.

1.2 Verallgemeinerungen

Obwohl der letzte Abschnitt schwerpunktmäßig der Untersuchung von Spezialfällen gewidmet war, sind wir nicht darum herum gekommen, auch das Gegenstück, nämlich das Verallgemeinern, mit ins Spiel zu bringen. Darunter versteht man die Methode, basierend auf einigen wenigen Tatsachen für eine große Klasse von Fällen den wahren Sachverhalt zu erschließen.

Verallgemeinerungen sind das Lebenselixier der Mathematik. So interessant auch spezielle Ergebnisse für sich sein mögen, besteht das Hauptanliegen doch stets im Aufspüren von ganz allgemeinen Resultaten. Wenn wir in unserem Beispiel KAUFHAUS die Situation für einen Ausgangsbetrag von 100 € überblicken, so mag das für unser konkretes Problem hinreichend sein; viel wichtiger ist aber die Erkenntnis, dass der Endpreis stets unabhängig von der Reihenfolge von Steuerabzug und Rabattgewährung ist.

Der erste Schritt zur Verallgemeinerung besteht vielfach schon darin, dass Sie eine gewisse Gesetzmäßigkeit erahnen, selbst dann, wenn Sie diese noch gar nicht konkret

artikulieren können. Nachdem ich die Aufgabenstellung in KAUFHAUS für einige Beträge durchgespielt hatte, beobachtete ich, dass der Endpreis stets von der Reihenfolge
von Steuerabzug und Rabattgewährung unabhängig war. Das ist die zugrundeliegende
Gesetzmäßigkeit, also die angestrebte Verallgemeinerung. Ich vermutete nämlich, dass
sich dies für jeden beliebigen Preis so verhält. Nachdem ich die eigentliche Rechnung
geschickt niedergeschrieben hatte, war es ein Leichtes, für den Preis das Symbol P
einzuführen und damit den allgemeinen Sachverhalt nachzuweisen.

Die Verallgemeinerung braucht allerdings nicht auf dieser Stufe stehenzubleiben. Was
passiert zum Beispiel, wenn sich der Steuersatz ändert oder ein anderer Rabatt gewährt
wird? Spielt die Reihenfolge jetzt eine Rolle?

> Probieren Sie es, falls dies noch nicht geschehen ist.

Ich hoffe, Sie können leicht aus unserer früheren Rechnung ersehen, dass die verwendeten Prozentsätze vollkommen unerheblich sind. Es ist gerade eine der Hauptstärken
der Mathematik, dass sie die symbolische Erfassung von solchen allgemeinen Fragestellungen erlaubt. In unserem Fall können wir für den Rabattsatz die Variable R und
für den Steuersatz das Symbol S einführen. Schließlich und endlich können wir den
Ausgangspreis mit P bezeichnen. Dies führt zu:

Rabatt zuerst: Sie zahlen $P(1 - R)(1 + S)$ €;

Steuer zuerst: Sie zahlen $P(1 + S)(1 - R)$ €.

Diese beiden Beträge sind natürlich stets gleich, denn bei der Multiplikation kommt es
ja nicht auf die Reihenfolge der Faktoren an. Die Einführung der Buchstaben gestattet uns eine kurze und präzise Argumentation für ganze Beispielklassen (hier für alle
denkbaren Rabatt- bzw. Steuersätze und jeden denkbaren Ausgangsbetrag). Allerdings
ist die Einführung eines derartigen formalen Kalküls bei weitem nicht so unproblema-

tisch, wie vielfach gemeint wird; sie steht und fällt damit, dass man mit den Symbolen genauso gut umgehen kann wie mit den Zahlen, die durch sie dargestellt werden.

KAUFHAUS illustriert in einfacher Form das ständige Wechselspiel zwischen Spezialisierung und Verallgemeinerung. Dieses Wechselspiel ist für die gesamte Mathematik grundlegend. Die Spezialisierung legt den Grundstock, auf den die Verallgemeinerung aufgebaut wird. Wenn man einen ersten Zusammenhang erahnen kann, hat man bereits eine gewisse Arbeitshypothese. Man hat dabei nicht einfach ins Blaue hinein geraten, sondern stützt sich bereits auf einiges Beobachtungsmaterial. Weitere Untersuchungen können diese Hypothese stützen oder zu Fall bringen. Der Versuch, die Vermutung zu beweisen, führt zu weiteren Verallgemeinerungen. Jetzt geht es ja nicht mehr primär darum, den wahren Sachverhalt zu erraten, sondern darum, ihn definitiv herzuleiten oder zu beweisen. Beim Beispiel AufgabenTitelFontKaufhaus war der erste Verallgemeinerungsschritt, dass ich vermutet habe, der Endpreis sei von der Reihenfolge unabhängig. Dies war das Was. Um das nachzuweisen, habe ich den genauen Rechenvorgang analysiert und mich somit um das Warum gekümmert.

Am Beispiel PALINDROME können Sie zwei weitere wichtige Aspekte für das Aufstellen von Verallgemeinerungen erkennen. Oft ist es nämlich so, dass eine systematische Suche nach Beispielen ein zentrales Hilfsmittel für eine spätere Verallgemeinerung darstellt. Eine etwa vorhandene Grundstruktur zeigt sich nämlich an sorgfältig ausgewählten Beispielen viel eher als an rein zufällig herangezogenen. Damit ist freilich auch eine große Gefahr verbunden. Man kann nämlich leicht zu der Ansicht verführt werden, eine einmal aufgespürte Gesetzmäßigkeit müsse immer gelten, obwohl sie nur für gewisse Teilbereiche zutrifft. So habe ich beim Beispiel PALINDROME in meiner ersten Euphorie den Fall übersehen, dass die Differenz zwischen zwei aufeinanderfolgenden Palindromen durchaus auch einmal 11 sein kann. Das lag einfach daran, dass in meiner Beispielsammlung der Fall gefehlt hat, dass zwei aufeinanderfolgende Palindrome verschiedene Tausender-Ziffern haben. Hüten Sie sich vor dem Irrglauben, eine aufgespürte schöne Grundstruktur bewahre Sie davor, sorgfältig vorzugehen. Sorgfalt und Gewissenhaftigkeit sind das tägliche Brot der Mathematik. Es ist genauso schädlich, wenn man sich in seine Arbeitshypothese verliebt, wie wenn man zu hasenherzig ist, auch einmal einfach eine Vermutung aufzustellen. Manchmal ist es schwierig, diese beiden extremen Positionen gegeneinander abzuwägen. Auf der einen Seite steht die Bereitschaft, eine bestimmte Hypothese zur Arbeitsgrundlage zu machen, auf der anderen Seite aber steht die Furcht, bei einem möglichen falschen Raten in einen Abgrund zu springen. Mit diesem Dilemma werden wir uns in den Kapiteln 5 und 6 auseinandersetzen.

1.3 Machen Sie sich Notizen!

Bevor wir uns weitere Beispiele ansehen, möchte ich Sie damit vertraut machen, wie Sie Ihre Vorgehensweisen dokumentieren können. Der Grund, dass ich das gerade an dieser Stelle tue, besteht darin, dass Sie nun damit beginnen sollten, sich Aufzeichnungen zu machen. Nur so können Sie nämlich in aller Regel sicherstellen, dass Sie einen Überblick über das behalten, was Sie sich bereits erarbeitet haben. Später können Sie Ihre Notizen durchsehen und analysieren. Wenn Sie Ihre Erkenntnisse niederschreiben, machen Sie sie sich zugleich bewusst, und dies wird Ihnen bei Ihrer mathematischen Arbeit weiterhelfen.

In erster Linie sollten Sie sich vornehmen, folgende drei Dinge aufzuzeichnen:

1. Alle wesentlichen Gedanken, die Ihnen bei einem Lösungsversuch eingefallen sind.
2. Alle Lösungsversuche, die Sie unternommen haben.
3. Wie Sie eine bestimmte Lösungsstrategie gefühlsmäßig einschätzen.

Da kommt offensichtlich einiges auf Sie zu, doch es lohnt sich tatsächlich. Insbesondere haben Sie dann eine Beschäftigung, wenn Sie an einer bestimmten Stelle nicht mehr weiterkommen: Schreiben Sie hin, dass Sie dort hängen. Die Erkenntnis, wo genau Sie hängengeblieben sind, kann schon der erste Schritt zur Überwindung dieser Hürde sein. Wenn Sie Ihre Gedanken und gefühlsmäßigen Einschätzungen niederschreiben, werden Sie auch nicht mehr so sehr durch das aufreizende Weiß des vor Ihnen liegenden Papiers frustriert.

Wenn Sie erst einmal einen Anfang gefunden haben, nimmt oft alles einen guten Fortgang. Gerade dann, wenn Ihnen die Arbeit von der Hand geht, ist es wichtig, dass Sie Ihre Lösungsversuche schriftlich festhalten, denn es ist leicht, den Faden zu verlieren. Außerdem sollte man am Beginn einer langen Rechnung niederschreiben, weshalb man sie überhaupt unternimmt. Schließlich dürfte es zu den übelsten Erfahrungen gehören, wenn man nach langem Mühen zu einem Zwischenergebnis gelangt ist und nicht mehr weiß, was man tut, geschweige denn warum („Just when I nearly had the answer, I forgot the question."). Ich möchte Ihnen vorschlagen, dass Sie sich angewöhnen, in Zukunft bei der Bearbeitung aller Probleme in diesem Buch Notizen zu machen. Lassen Sie sich nicht davon abschrecken, wie viel doch jeweils festzuhalten ist. Im weiteren Verlauf werde ich Ihnen immer wieder Hinweise dafür geben, was Sie zweckmäßigerweise protokollieren sollten. Der beste Zeitpunkt, mit Aufzeichnungen zu beginnen, ist sofort. Machen Sie sich also bitte Notizen, während Sie die nächste Aufgabe bearbeiten. Vermeiden Sie dabei eine buchhalterische Beschreibung Ihrer Aktivitäten. Zunächst genügen einige kurze Stichpunkte, die als Gedächtnisstützen herangezogen werden können. Denken Sie stets daran, geeignete Beispiele heranzuziehen und geschickt zu verallgemeinern. Vergleichen Sie aber Ihren Lösungsweg mit meinem erst dann, wenn Sie glauben, dass Sie alle Ihre Möglichkeiten erschöpft haben. Wundern Sie sich aber nicht darüber, dass mein Lösungsvorschlag wesentlich formaler ausfällt als der Ihre.

FLICKENMUSTER

Gegeben sei ein Quadrat. Ziehen Sie mehrere gerade Linien durch sein Inneres, so dass das Quadrat in mehrerer Teilbereiche zerlegt wird. Die eigentliche Aufgabe besteht dann darin, die dadurch abgegrenzten Bereiche so zu färben, dass benachbarte Gebiete verschieden gefärbt sind. Dabei sollen Gebiete, die nur in einem Punkt aneinander stoßen, nicht als benachbart gelten. Wie viele verschiedene Farben benötigen Sie mindestens?

Probieren Sie es. Notieren Sie Ihre Gedanken und Einschätzungen.
Lesen Sie meine Kommentare nur, wenn Sie nicht mehr weiterkommen.

Ein Lösungsvorschlag:

Was ist genau gefragt? Untersuchen Sie ein spezielles Beispiel, um sich den Sachverhalt klar machen zu können:

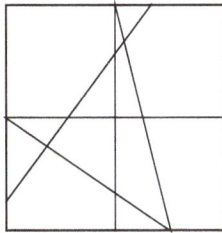

Die in diesem Beispiel eingezeichneten Linien zerteilen das Quadrat in 13 Bereiche. Ich weiß, dass ich benachbarte Gebiete verschieden einfärben muss. Eine Möglichkeit, dies zu tun, sieht so aus:

Unser Ziel ist es bekanntlich, die Minimalzahl von Farben aufzuspüren, die für die Einfärbung bei jeder beliebigen Zahl von willkürlich eingezeichneten geraden Linien ausreichend ist. In meinem Beispiel bin ich mit vier Farben ausgekommen. Kann dieser Wert vielleicht unterschritten werden? Versuchen wir einmal, mit nur drei Farben zu arbeiten:

Das hat geklappt! Kommt man auch mit zwei Farben ans Ziel?

Das hat wieder geklappt! Da selbstverständlich eine Farbe allein nicht ausreichen würde, ist für diese ganz konkrete Ausgangssituation das Minimum der benötigten Farben gleich 2. Achten Sie dabei bitte auf Folgendes: Als ich die einzelnen Bereiche mit nur zwei Farben eingefärbt habe, war ich immer gezwungen, genau gegenüberliegende Gebiete gleich einzufärben:

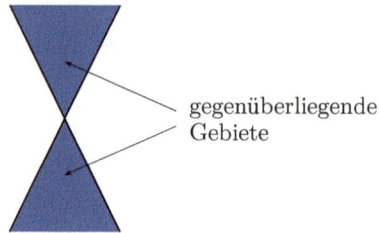

gegenüberliegende
Gebiete

In dieser speziellen Situation genügten zwei Farben; es stellt sich aber die Frage, ob dies immer so ist. Sehen wir uns dazu ein weiteres Beispiel an. Wir wollen dabei versuchen, mit nur zwei Farben auszukommen. Als Ansatz, wie eine solche Färbung in der Praxis durchgeführt werden kann, befolgen wir die Regel, genau gegenüberliegende Gebiete gleich einzufärben:

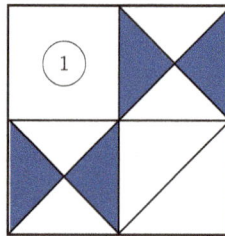

Aha! Das Gleichfärben von gegenüberliegenden Gebieten führt also nicht zum Erfolg. Hat man nämlich erst einmal die dunkel gekennzeichneten Gebiete eingefärbt, so steht man vor dem Problem, welche Farbe Bereich 1 bekommen soll. Offensichtlich ist sowohl die dunkle als auch die helle Färbung unmöglich. Das kann nun zweierlei bedeuten: entweder ich brauche eben doch mehr als nur zwei Farben oder ich muss das strikte Gleichfärben von gegenüberliegenden Gebieten bleiben lassen. Doch welchen Weg sollen wir jetzt beschreiten?

Nun, naheliegend ist es doch auf alle Fälle zu versuchen, auf irgendeine Art mit zwei Farben auszukommen. Das hat auch tatsächlich Erfolg:

Bei diesem erfolgreichen Versuch habe ich beobachtet, dass nach Einfärbung von einem einzigen Teilbereich alles andere wie von selbst gegangen ist; natürlich müssen ja die unmittelbar benachbarten Gebiete die jeweils andere Farbe erhalten. Das ist so eine Art „Nachbarschaftsregel". Ich fühle mich nun erneut dazu ermutigt, zu glauben, dass zwei Farben ausreichend sind. Dies ist ein Versuch, die Antwort zu erraten.

Natürlich steht diese Vermutung momentan noch auf recht schwachen Füßen. Wie kann ich mich nun davon überzeugen, dass sie richtig ist? Aha! Es ist doch sicher zweckmäßig, die Sache systematisch anzugehen, indem ich Zug um Zug Linien in das zunächst leere Quadrat einzeichne:

Eine Linie:

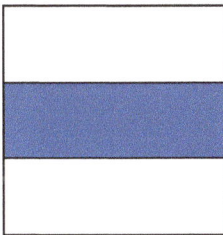

zwei Farben genügen

Zwei Linien:

zwei Farben genügen

Drei Linien:

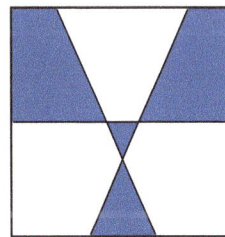

Aha! Bei diesem systematischen Vorgehen beginne ich einzusehen, weshalb zwei Farben ausreichend sein könnten. Dies ist der Übergang vom „Was" zum „Warum". Wenn ich eine neue Linie hinzufüge, so werden offenbar einige der alten Gebiete in zwei Teile geteilt. Alle Gebiete, die auf einer willkürlich festgesetzten Seite der neuen Linie liegen, sollen ihre alte Färbung behalten; die auf der anderen Seite anzutreffenden Gebiete werden dagegen konsequent umgefärbt. Sehen Sie sich das einmal für den Fall an, dass drei Linien vorliegen:

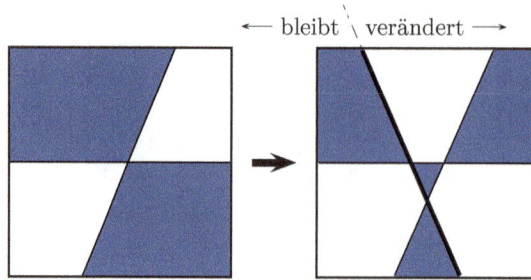

Überprüfen Sie das erneut! Testen Sie diese Methode, indem Sie versuchen, unser erstes Beispiel nach diesem Bauprinzip aufzubauen (das ist die Untersuchung eines weiteren Spezialfalls):

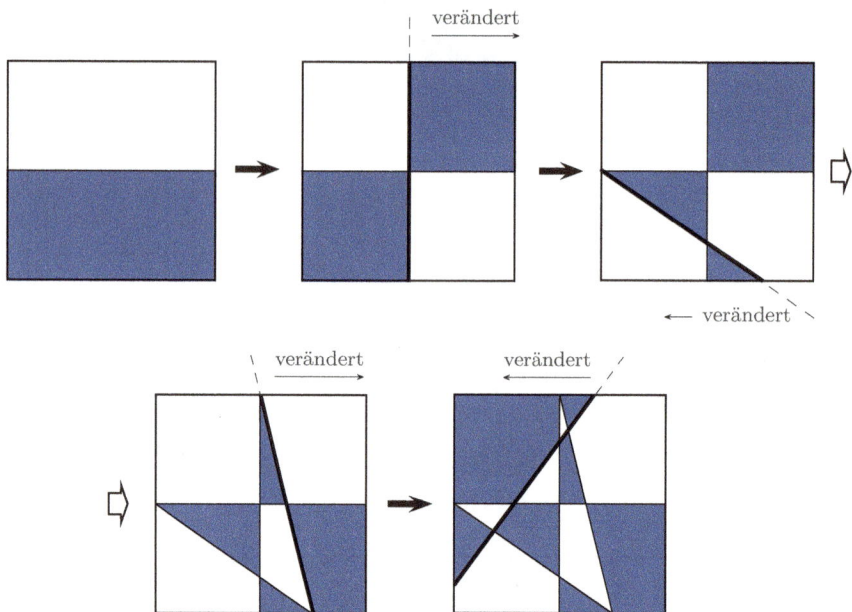

Sie werden feststellen, dass auch dieses Beispiel mit unserer Methode erfolgreich bearbeitet werden kann. Ich bin jetzt davon überzeugt, dass ich am Ziel bin. Das ganze Quadrat wird offenbar wie vorgeschrieben gefärbt, weil

1. die Teilbereiche auf jeder Seite einer neu eingezeichneten Linie sachgerecht gefärbt sind, da hier ja die alte Farbeinteilung beibehalten worden ist;

2. die Färbung entlang der neuen Linie gerade so eingerichtet worden ist, dass es zu keinen Konflikten kommen kann.

War es eigentlich ein reiner Zufall, dass das systematische Einfärben des ersten Quadrats genau zum selben Muster geführt hat wie meine spielerischen Versuche? Was würde geschehen, wenn ich die Linien in irgendeiner anderen Reihenfolge eingezeichnet und die so entstehenden Gebiete nach meinem Rezept eingefärbt hätte? Wie viele verschiedene

Lösungen gibt es überhaupt bei diesem speziellen Beispiel oder – noch ehrgeiziger gefragt – bei jedem beliebigen Beispiel? Würde sich am Ergebnis etwas ändern, wenn an Stelle von Geraden ganz beliebige Linien zugelassen wären? Was passiert, wenn wir von einer beliebigen Fläche und nicht speziell von einem Quadrat ausgehen? Ich fordere Sie dringend dazu auf, sich mit einigen von diesen Fragen auseinanderzusetzen. Nur wenn Sie eine spezielle Lösung in einem größeren Zusammenhang sehen können, kommen Sie zu einem tieferen Problemverständnis.

> Beschäftigen Sie sich jetzt damit!

Die andere wichtige Methode, wie Sie zum besseren Verständnis und zur angemessenen Einschätzung einer Lösung gelangen können, besteht darin, sich die Zeit zu nehmen, um das Erreichte noch einmal kritisch zu durchdenken. Dazu sind Ihre Aufzeichnungen ein unerlässliches Hilfsmittel, denn es ist erstaunlich, wie unzuverlässig das Gedächtnis der meisten Menschen bei derartigen Dingen ist. Es hat keinen Sinn, mühsam zu rekonstruieren, was Sie eigentlich getan haben müssten; entscheidend ist vielmehr, was Sie tatsächlich getan haben. Anregend kann es etwa sein, Ihre Vorgehensweise mit der meinen zu vergleichen. Natürlich haben Sie wesentlich weniger aufgeschrieben als ich, und in der Tat ist der im Buch wiedergegebene Text weitaus umfangreicher als meine ursprünglichen Notizen. Das Gerüst ist allerdings dasselbe geblieben. Mit großer Wahrscheinlichkeit haben Sie natürlich andere Beispiele betrachtet. Ebenso gut ist es möglich, dass Sie andere Färbungsstrategien gefunden haben. Es kommt nur darauf an, dass Sie sich darüber im Klaren sind und dass Sie sich das bewusst machen, indem Sie diesen Befund in Worte fassen. Alles, was schwarz auf weiß dasteht, kann kritisch analysiert werden. Das gilt nicht in gleichem Maße, wenn Ihre Ideen nur vage in Ihrem Kopf herumgeistern. Zufälligerweise war mein erster Lösungsversuch falsch. Doch allein dadurch, dass ich meine Methode klar formuliert habe, war ich auch schon in der Lage, sie zu kontrollieren und geeignet zu modifizieren. Machen Sie sich klar, welchen Sinn das Betrachten von Spezialfällen hat:

> Sie tasten sich an die Aufgabe heran und bekommen schließlich ein Gefühl für das Problem;
>
> Sie bereiten die Grundlage für die Untersuchung des allgemeinen Falles vor;
>
> Sie können damit Ihre Arbeitshypothesen testen.

Die Lösung selbst trägt in sich bereits den Keim zu einer ganzen Reihe von möglichen Verallgemeinerungen. Ausgehend von einigen konkreten Beispielen (dem Was) gelangte ich zu der Vermutung, dass zwei Farben immer ausreichend seien. Der Versuch, eine allgemeine Färbungsstrategie zu finden, führte mich zuerst zu der nicht allgemein durchführbaren Methode, gegenüberliegende Gebiete gleich zu färben, schließlich aber auch zu der letztlich erfolgreichen Vorgehensweise, die Linien sukzessive neu einzuführen und zu beobachten, was dabei passiert. Die dabei gewonnene Einsicht in die grundlegenden Gesetzmäßigkeiten (dem Warum) stieß dabei gleichzeitig das Tor zu weiteren Verallgemeinerungen auf.

Bevor wir uns mit dem Beispiel FLICKENMUSTER auseinandergesetzt haben, habe ich Ihnen vorgeschlagen, Ihre Gedanken, Lösungsideen und gefühlsmäßigen Einschätzungen niederzuschreiben. Vielleicht haben Sie aus dem einen oder anderen Grund darauf verzichtet. Das wäre schade. Wenn Sie sich keine Notizen gemacht haben, haben Sie darauf verzichtet, etwas über sich selbst und über die Natur Ihrer Denkprozesse zu erfahren. Ich empfehle Ihnen nachdrücklich, dass Sie sich die Zeit zur sorgfältigen Bearbeitung der meisten hier behandelten Probleme nehmen. Ich könnte mir vorstellen, dass Sie bei der Lösung von FLICKENMUSTER auf Schwierigkeiten gestoßen sind. Auf den ersten Blick kommt Ihnen diese Einstellung vielleicht übertrieben und unzweckmäßig vor, aber wenn Sie sich hier eine gewisse Selbstdisziplin auferlegen, werden Sie später dafür belohnt werden. Um Ihnen das Anfertigen von Notizen zu erleichtern, möchte ich Ihnen nun detaillierter beschreiben, was man schriftlich festhalten sollte und was nicht. Ich schlage Ihnen dabei zugleich eine Gliederung vor, die für Sie sehr hilfreich sein kann. Wenn Sie sich diese zu eigen machen, wird sie Ihnen bei mathematischen Problemen stets nützlich sein. Wenn Sie sie dagegen nur oberflächlich zur Kenntnis nehmen, bleibt ihr Nutzen gering.

Kernpunkt dieser Schematisierung ist die Verwendung einiger Schlüsselworte. Wenn Sie diese benützen, werden Sie sie nach einiger Zeit mit früheren Erfahrungsinhalten in Verbindung bringen können. Diese Assoziationen rufen Ihnen ihrerseits erfolgreiche Lösungsstrategien ins Gedächtnis zurück. In diesem Kapitel schlage ich Ihnen zunächst vier Schlüsselbegriffe vor; diese Zahl wird sich im folgenden Kapitel beträchtlich erhöhen. Die Gesamtheit der Schlüsselwörter bezeichne ich als Gliederung. Damit knüpfe ich an die weit verbreitete Gewohnheit an, bei wichtigen Büchern die entscheidenen Stichworte in Farbe an den Rand zu schreiben. Ihre Tätigkeit, sich Notizen anzufertigen, nenne ich „gliedern".

Die ersten vier Schlüsselworte, die ich Ihnen empfehlen möchte, lauten:

Schwierigkeiten? Aha!, Test, Nachbereitung

Ich bespreche sie nun im Einzelnen:

Schwierigkeiten?

> Immer wenn Sie bemerken, dass Sie nicht weiterkommen, sollten Sie das Wort Schwierigkeiten hinschreiben. Dies wird Ihr weiteres Vorgehen erleichtern, denn es zwingt Sie ja dazu, sich über die eigentliche Ursache Ihrer Probleme klar zu werden. Das kann etwa so aussehen:
>
> > Ich verstehe ... nicht.
> > Ich weiß nicht, was ich in dem und dem Fall tun soll.
> > Ich sehe nicht, wie ich ...
> > Ich sehe nicht ein, warum ...

Aha!

> Immer dann, wenn Ihnen etwas einfällt oder Sie zumindest glauben, dass Sie eine Idee haben, sollten Sie das aufschreiben. Auf diese Weise werden Sie später wissen, worin Ihre Idee bestanden hat. Es kommt sehr häufig vor, dass jemand eine gute

Idee hat, die aber im Lauf der Zeit immer mehr verschwimmt, bis sie schließlich ganz verloren ist. Auf jeden Fall werden Sie immer ein gutes Gefühl haben, wenn Sie Aha! hinschreiben können, gefolgt von Bemerkungen wie:

> Versuche ...
> Vielleicht ...

Test:

Kontrollieren Sie unverzüglich jede Berechnung und jede Schlussfolgerung.
Prüfen Sie sofort die Richtigkeit jeder Behauptung an einigen Beispielen.
Überzeugen Sie sich davon, dass Ihre Antwort tatsächlich die gestellte Aufgabe (vollständig) löst.

Nachbereitung:

Wenn Sie alles erledigt haben, was Sie sich vorgenommen haben oder wozu Sie eben im Moment in der Lage sind, sollten Sie sich die Zeit nehmen, über das Erreichte nachzudenken. Selbst dann, wenn Sie das Gefühl haben, nicht weit vorangekommen zu sein, hilft es Ihnen, wenn Sie Ihren aktuellen Kenntnisstand schriftlich fixieren. Auf diese Weise können Sie später sofort auf dem Bekannten aufbauen, ohne sich erst mühsam klar machen zu müssen, was eigentlich schon alles erledigt ist. Außerdem kann mitunter während der schriftlichen Ausarbeitung ein vorhandenes Hindernis überwunden werden. Folgende Dinge sollten Sie auf alle Fälle niederschreiben:

> die zentralen Ideen,
> die offenen Probleme,
> das, was Sie aus dem Bisherigen ersehen können.

Ich empfehle Ihnen mit allem Nachdruck, bei allen Lösungsversuchen eine derartige Gliederung auszuarbeiten. Dabei ist es Ihnen natürlich freigestellt, die hier vorgeschlagenen Schlüsselworte durch Formulierungen Ihrer Wahl zu ersetzen. Entscheidend ist lediglich, dass Sie mit den von Ihnen gewählten Vokabeln eine Reihe von Assoziationen verbinden können. Natürlich können Sie nicht immer alles gegenwärtig haben, was in einem bestimmten Einzelfall von Nutzen wäre. Bevor Sie sich aber darauf verlassen, dass Sie ein anderer aus Ihren Schwierigkeiten befreit, sollten Sie den Versuch unternehmen, sich an den eigenen Haaren aus dem Schlamassel zu ziehen. Eine gute Gliederung wird hier oft hilfreich sein, denn Sie bietet Ihnen die Möglichkeit, alte Erfahrungen anzuzapfen. Dazu werde ich in Kapitel 7 nähere Angaben machen.

Natürlich sollten Sie sich nicht sklavisch an eine bestimmte Form der Gliederung halten. Wenn Sie erst ein bisschen mit diesem Werkzeug vertraut sind, werden Ihnen die jeweils sinnvollen Schlüsselbegriffe ganz von selbst einfallen. Manchmal fürchten Sie sich vielleicht sogar davor, einen sich gerade herauskristallisierenden Gedanken vorschnell in Worte zu fassen, aus Sorge, ihn dadurch zu verlieren. In diesem Fall sollten Sie natürlich mit der Niederschrift warten. Auf der anderen Seite ist es freilich so, dass Sie Ihre Gedanken besser ordnen und ausdrücken können, wenn Sie Ihre Schlüsselbegriffe im Hinterkopf haben. Besonders sollten Sie es vermeiden, Ihre Gedanken kreuz und quer auf ein Blatt zu schmieren, wo gerade Platz ist. Hier eine strikte Disziplin einzuhalten, fällt jedem anfänglich schwer; wer sich aber dazu durchringen kann, wird davon stark profitieren können.

Nun haben wir genug über das Anfertigen von Notizen geredet. Üben Sie das Gliedern lieber in der Praxis, indem Sie das folgende Problem in Angriff nehmen. Denken Sie dabei stets daran, geeignete Spezialfälle zu betrachten und die nötigen Verallgemeinerungen vorzunehmen.

SCHACHBRETTQUADRATE
Jemand behauptet, auf einem gewöhnlichen Schachbrett könne man 204 Quadrate aufspüren. Stimmt das?

> Versuchen Sie es!
> Machen Sie eine Gliederung!

Schwierigkeiten?

Auf den ersten Blick würde man davon ausgehen, dass ein normales Schachbrett aus 64 verschiedenen Quadraten aufgebaut ist. Kommen noch andere Quadrate in Betracht?

Sollte Ihnen die Situation zu unübersichtlich sein, dann betrachten Sie einfach geeignete Spezialfälle. Arbeiten Sie zum Beispiel mit kleineren „Schachbrettern".

Sie müssen die vorhandenen Quadrate systematisch abzählen; das kann prinzipiell auf mehrere verschiedene Arten geschehen. Suchen Sie zumindest zwei verschiedene Möglichkeiten, bevor Sie sich an die Ausarbeitung machen.

Eine denkbare Lösung:
Worin kann der Sinn der Aufgabenstellung bestehen? Zunächst einmal bin ich verblüfft, weil ein Schachbrett doch genau 64 verschiedene Felder besitzt. Aha! Der springende Punkt ist, dass einige Felder zu größeren Quadraten zusammengefasst werden können. Sehen Sie sich etwa folgende Beispiele an:

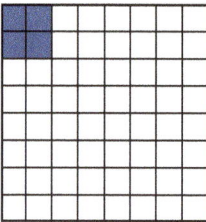

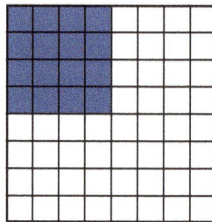

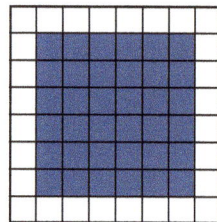

Mit dieser neuen inhaltlichen Interpretation des Begriffs Quadrat möchte ich nun zuerst die 1×1-Quadrate auszählen (davon gibt es natürlich 64 Stück), danach die 2×2-Quadrate, die 3×3-Quadrate und so fort. Dies führt zu einer Tabelle der Art:

Größe	1×1	2×2	3×3	4×4	5×5	6×6	7×7	8×8
Zahl	64							1

Zähle ich die Eintragungen aus, komme ich gerade auf den Wert 204.

Versuchen Sie, die Zahl der 2×2-Felder zu ermitteln. Sehen Sie sie an. Offenbar überlappen sie sich gegenseitig:

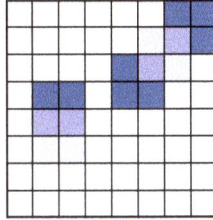

Auf jeden Fall muss ich die Zählung systematisch durchführen. Ein erster Ansatz kann etwa so aussehen, dass ich prüfe, wie viele Quadrate an die obere Seite anstoßen.

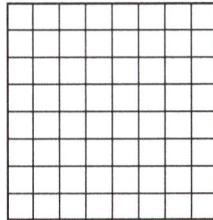

Ich zähle sieben Stück. Wie viele berühren die nächst tiefere Linie? Hier ergibt sich erneut der Wert 7. Und wie viele berühren die nächste Linie? Hoppla, was meine ich eigentlich damit, wenn ich sage, ein Quadrat berührt eine Linie? Das muss notwendigerweise heißen, dass ein Quadrat die Linie von unten berührt, denn sonst zähle ich ja gewisse Quadrate doppelt. Eine erneute Zählung ergibt daher wiederum den Wert 7. Aha! Offenbar wird jede Zeile also von sieben Quadraten berührt. Die Frage ist nur, wie viele Zeilen ich dabei zu berücksichtigen habe. Offensichtlich kann man insgesamt neun waagrechte Linien erkennen; die unteren beiden werden aber im Sinne unserer Sprachregelung von keinem 2×2-Quadrat berührt. Wir haben also sieben Linien, die von jeweils sieben Quadraten berührt werden, das gibt insgesamt also 49 2×2-Quadrate.

Größe	1×1	2×2	3×3	4×4	5×5	6×6	7×7	8×8
Zahl	64	49						1

Aha! Zeichnet sich da nicht bereits eine gewisse Gesetzmäßigkeit ab? Offenbar sind die ersten beiden Eintragungen und die letzte doch Quadratzahlen. Insofern liegt die Vermutung nahe, dies könne auch bei allen anderen Fällen so sein. Präziser wird man erwarten, dass der Reihe nach $2 \cdot 2$, $7 \cdot 7$, $6 \cdot 6$, ..., $1 \cdot 1$ einzutragen sind. Insbesondere müsste es dann also 36 Quadrate vom Typ 3×3 geben.

Das ist auszutesten, indem wir die 3×3-Quadrate auszählen. Wie viele von ihnen berühren die oberste Linie? Ich zähle 6, und damit bin ich praktisch am Ziel. Schließlich wird die Zahl der berührenden Quadrate für alle Zeilen abgesehen von den drei untersten gleich sein; das ergibt einen Wert von $6 \cdot 6$, also 36. Allgemein wird es so sein, dass es $(9 - K) \cdot (9 - K)$ Quadrate vom Typ $K \times K$ gibt.

Nun kann ich die Tabelle vollends ausfüllen. Glücklicherweise stimmen meine bisherigen konkreten Ergebnisse mit meiner Arbeitshypothese überein, so dass dies mich in meiner Vermutung bestärkt (Test).

Größe	1×1	2×2	3×3	4×4	5×5	6×6	7×7	8×8	$K \times K$
Zahl	64	49	36	25	16	9	4	1	$(9-K)^2$

So sehr ich mich auch über das bisher Erreichte freuen mag, bin ich doch noch nicht am Ziel. Schließlich war doch nach der Summe aller Quadrate gefragt, und man sollte nie vergessen, das Ausgangsproblem zu lösen. Rechnen wir also:

$$64 + 49 + 36 + 25 + 16 + 9 + 4 + 1 = 204 \, ,$$

und die Behauptung ist bewiesen.

Im Zuge der Nachbereitung fällt mir auf, dass sich dieses Ergebnis auf Schachbretter mit N Zeilen und N Spalten übertragen lässt. Auf einem derartigen Brett wird man $(N + 1 - K)$ Quadrate vom Typ $K \times K$ in einer Reihe vorfinden. Da zudem $N + 1 - K$ Reihen zur Verfügung stehen, ergibt sich für sie eine Gesamtzahl von $(N + 1 - K) \cdot (N + 1 - K)$. Summiert man über alle Quadratgrößen, so bekommt man:

$$1 \cdot 1 + 2 \cdot 2 + 3 \cdot 3 + \ldots + N \cdot N \, .$$

Schlüssel zum Erfolg war die systematische Auszählung der 2×2-Quadrate. Diese Idee war verallgemeinerungsfähig und führte zum gewünschten Ergebnis. Als bleibende Erinnerung werde ich mir merken, wie aus einer zunächst unübersichtlichen Vielfalt von sich überlappenden Quadraten ein geordnetes Muster herauspräpariert werden konnte.

Vergleichen Sie nun Ihre Lösungsstrategie mit meiner. Wie ich bereits sagte, gibt es mehrere Möglichkeiten, die Aufgabe zu bearbeiten. Vielleicht haben Sie eine völlig andere Idee verfolgt. Eine weitere hübsche Idee besteht beispielsweise darin, den Mittelpunkt eines jeden Quadrates einzufärben, wobei für jede Quadratgröße eine andere Farbe zu benutzen ist. Auf diese Weise erhält man ein ansprechendes geometrisches Muster, das sich leicht rechnerisch umsetzen lässt.

Analysieren Sie nun Ihren Lösungsweg im Hinblick darauf, an welchen Stellen Sie Spezialfälle untersucht und wo Sie Verallgemeinerungen vorgenommen haben. Achten Sie auch auf die vielfältige Art und Weise, wie in meinen Lösungsweg neue Gedanken eingeflossen sind. Die erste Erkenntnis bestand im Grunde darin, dass jede Zeile – wenn überhaupt – von gleich vielen 2×2-Quadraten berührt wird. Später kam mir der tieferliegende Gedanke, dass je $9 - K$ Quadrate vom Typ $K \times K$ eine Zeile berühren können. Auf diese Weise musste ich nicht alle acht Fälle gesondert durchdenken. Außerdem führte es mich zu meinem Hauptergebnis, nämlich der Analyse der Situation bei Schachbrettern der Größe $N \times N$. Dies beruhte darauf, dass ich sah, an welcher Stelle und auf welche Weise die Brettgröße in die Rechnung Eingang gefunden hat. Können Sie ähnliche entscheidende Stellen in Ihrer Lösung ausmachen? Ich meine, dass meine Lösung ziemlich folgerichtig aus meiner prinzipiellen Vorgehensweise erwächst. Trotzdem entspricht der hier wiedergegebene Text nicht dem, was ich bei meinem ersten Lösungsversuch notiert habe. Vielleicht zeichnet sich meine Lösung dadurch aus, dass ich sehr viele Fragen herausdestilliert habe, die die Untersuchung gefördert haben.

Das prinzipielle Konzept der Gliederung sieht wie gesagt kein sklavisches Befolgen irgendwelcher Regeln vor. Ich denke, dass meine Lösung dies deutlich demonstriert hat. Es handelt sich vielmehr nur darum, die Arbeit an mathematischen Problemen gut zu organisieren und alte Erfahrungen sinnvoll mit einzubauen. Wenn Sie dadurch bei unkontrollierten geistigen Höhenflügen gebremst werden, ist dies kein Schaden; hilft es Ihnen aber dabei, momentane Schwierigkeiten zu überwinden, so ist dies sogar ein großer Fortschritt.

1.4 Rückblick und Vorausschau

In diesem Kapitel verfolge ich hauptsächlich die Zielsetzung, Ihnen das Aufsuchen von Spezialfällen und das Auffinden von Verallgemeinerungen nahezubringen. Es gibt wie gesagt keinen Grund, stundenlang ein weißes Blatt anzustarren oder der ersten besten Idee nachzujagen. Jeder, der mit einem neuen Problem konfrontiert ist, kann sich einige passende Beispiele zurechtlegen, um sich so mit der Fragestellung vertraut zu machen. Natürlich hat es keinen Zweck, dazu ganz abstruse Beispiele heranzuziehen. Nein, man sollte sich mit ganz durchsichtigen Beispielen begnügen, ohne gleich die Lösung des Grundproblems anzuvisieren. Dann und nur dann kann das Betrachten von Spezialfällen ein Gefühl für den Sachverhalt erzeugen. Daran kann sich dann eine Lösung im engeren Sinn des Wortes anschließen.

Ziel des Betrachtens von Spezialfällen ist es, ein Gefühl für Gesetzmäßigkeiten zu entwickeln. Dies beruht darauf, dass man Gemeinsamkeiten zwischen verschiedenen Beispielen ins Auge fasst und andere Aspekte vernachlässigt. Sobald man eine derartige Gesetzmäßigkeit klar formulieren kann, wird daraus eine Vermutung. Diese ist dann auf ihre Richtigkeit hin zu untersuchen. All diese Vorgänge sind das Lebenselixier für das

Arbeiten in der Mathematik.

Die Auswahl der Beispiele kann nach folgenden Gesichtspunkten erfolgen:

- ganz willkürlich, um ein Gefühl für die Sache zu bekommen;
- systematisch, um eine allgemeine Aussage vorzubereiten;
- unter der Zielsetzung, eine Vermutung auszutesten.

Sollte sich keine Gesetzmäßigkeit zeigen, so dient das Betrachten von Spezialfällen zur Vereinfachung der ursprünglichen Fragestellung. Dadurch können möglicherweise gewisse Fortschritte erzielt werden.

Unter einer Verallgemeinerung versteht man demgegenüber das Aufdecken einer Gesetzmäßigkeit, aus der man folgenden Nutzen ziehen kann:

- man erkennt den wahrscheinlichen Sachverhalt, hat also eine Vermutung;
- man sieht, weshalb das so ist, und hat somit die Grundlage für einen Beweis;
- man kann darauf schließen, unter welchen Voraussetzungen die Behauptung stimmt; dies kann zu einer allgemeineren Fragestellung oder zu einem anders gearteten Problem führen.

Ferner habe ich Ihnen vorgeschlagen, sorgfältig gegliederte Aufzeichnungen über Ihre Vorgehensweise anzufertigen. Dies soll Sie dazu befähigen, aus gemachten Erfahrungen zu lernen. Doch wenn dies auch nur dazu führt, dass Ihre Arbeit besser organisiert ist, ist es schon ein großer Fortschritt. Die weiteren Vorzüge dieser Methode werden im weiteren Verlauf dieses Buches sichtbar.

Bis jetzt haben wir folgende Schlüsselbegriffe als Gliederungshilfen verwendet:

Schwierigkeiten?, Aha!, Test, Nachbereitung

Diese Schlüsselbegriffe bilden quasi das Gerüst zum Erstellen einer Lösung. Außerdem regen sie dazu an, ein gefundenes Ergebnis auf seine Richtigkeit hin zu überprüfen und nach Beendigung der Arbeit noch einmal alles zu überdenken. Das aber sind wesentliche Voraussetzungen dafür, dass Ihre Arbeit effektiver wird.

Viele Themen, die erst in späteren Kapiteln ausführlich besprochen werden, sind in diesem Kapitel bereits kurz angesprochen worden. In Kapitel 2 werden wir uns damit auseinandersetzen, in welche verschiedenen Phasen die Arbeit an einem Problem eingeteilt werden kann. Dies führt gleichzeitig zu weiteren Schlüsselbegriffen. Besonders wird betont, dass man vor der eigentlichen Bearbeitung einige Zeit investieren sollte, um das Problem in den Griff zu bekommen. Ebenso sollte man nach Fertigstellung der Lösung sorgfältig über das Erarbeitete nachdenken. Die Hauptphase, nämlich das Erstellen der Lösung im engeren Sinne, wird dann in den folgenden Kapiteln genauer untersucht werden. Doch immer wieder werden wir auf die Grundtechniken des Spezialisierens und Verallgemeinerns zurückkommen.

Vielleicht möchten Sie gerne die hier dargelegten Gedanken an einigen Aufgaben aus Kapitel 10 vertiefen; daher möchte ich Ihnen einige vorschlagen, die mit den hier besprochenen verwandt sind:

INNEN UND AUSSEN, TEILBARKEIT, FINGERMULTIPLIKATION, RADARFALLE, QuadratsummenQUADRATSUMMEN, FRITZ UND FRANZ

Denkvorgänge   **Gliederung**

Spezialisieren:

- willkürlich
- systematisch
- mit Zielsetzung

Verallgemeinerungen:

- was ist wahrscheinlich
- warum ist es wahrscheinlich
- wo ist es wahrscheinlich

Test

Nachbearbeiten

Weitere in den Lehrplan zu integrierende Aufgaben finden Sie in Kapitel 11.

Literaturhinweis
Banwell, C., Saunders, K. und Tahta, D. *Starting Points for Teaching Mathematics in Middle and Primary Schools.* Aktualisierte Auflage, London: Oxford University Press 1986.

2

2   Arbeitsphasen

In diesem Kapitel möchte ich die Arbeit an einem mathematischen Problem grob in drei Phasen untergliedern: Ich nenne sie Planung, Durchführung und Rückblick. Jeder dieser Phasen entspricht eine ganz bestimmte gefühlsmäßige Einstellung zu dem behandelten Problem; sie spiegeln den Stand Ihrer Arbeit wider. Wenn Sie lernen, sich diese Phasen in Ihren Denkprozessen bewusst zu machen, wird Sie das zu einem planvolleren Vorgehen anleiten.

Durchführung

Rückblick

Planung

Auf den ersten Blick sieht es so aus, als ob die Durchführungsphase die entscheidende ist, denn in ihr vollzieht sich ja vordergründig die mathematische Tätigkeit, doch genau das Gegenteil ist richtig. Die meisten Leute scheitern bei der zufriedenstellenden Bearbeitung einer Aufgabe, weil sie den beiden anderen Punkten nicht genügend Beachtung schenken. Die eigentliche Durchführungsphase kann nur dann erfolgversprechend in Angriff genommen werden, wenn man die Aufgabenstellung und die Vorgehensweise zuvor eingehend analysiert hat und in der Vergangenheit gelernt hat, wie man so etwas angeht. In diesem Kapitel stellen wir daher Planung und Rückblick in den Mittelpunkt unserer Untersuchungen und behandeln die Durchführung erst in späteren Abschnitten.

2.1 Die drei Phasen

Rufen Sie sich noch einmal die Bearbeitung der Aufgabe KAUFHAUS ins Gedächtnis zurück. Auch nach mehrmaligem Durchlesen der Fragestellung hatten Sie wahrscheinlich noch kein Gefühl für das mögliche Ergebnis, geschweige denn für einen erfolgversprechenden Nachweis. Die meisten Menschen tendieren zu der Ansicht, man brauche einige Zeit und Mühe, mit einer Aufgabe vertraut zu werden, ehe man die eigentliche Lösung in Angriff nehmen kann. Die Planungsphase beginnt im Grunde in dem Augenblick, wo ich zum ersten Mal mit einer Aufgabe konfrontiert werde, und sie endet, wenn ich die ersten Anstrengungen zu ihrer Lösung unternehme.

Einige Leute können es nicht erwarten, mit der eigentliche Durchführung zu beginnen; sie stürzen sich auf die erste beste Idee, ohne sich vorher hinreichend Gedanken über die Gesamtsituation zu machen. Geht dieser erste Ansturm dann ins Leere (oft allein deswegen, weil sie die Frage nicht richtig verstanden haben), so müssen sie im Allgemeinen wieder ganz von vorne anfangen. Daher ist es sinnvoll, einige Überlegungen zu einem effektiven Start anzustellen.

Die Hauptmühe bei der Bearbeitung einer Übungsaufgabe ist während der eigentlichen Lösungsdurchführung aufzuwenden. Diese kann zu einer vollständigen Lösung führen oder wenigstens zu einem Teilergebnis, das sich aus Vermutungen und offen gebliebenen Fragen zusammensetzt. In beiden Fällen sollte man sich aber noch die Zeit zu einem kritischen Rückblick nehmen, bei dem der Lösungsgang noch einmal kontrolliert wird und man sich Rechenschaft über die aufgetretenen Schwierigkeiten gibt. Außerdem sollte man die bearbeitete Frage im Gesamtzusammenhang sehen und mögliche Verallgemeinerungen im Auge behalten.

In unserem Beispiel KAUFHAUS bestand die Planungsphase bei mir aus all den Tätigkeiten, die mich zu der Vermutung geführt haben, es komme nicht auf die Reihenfolge von Rabattgewährung und Steuerabzug an. In der Durchführungsphase war ich bestrebt, diese Vermutung für jeden beliebigen Ausgangsbetrag nachzuweisen, und im Rückblick schließlich konnte ich dieses Ergebnis auf beliebige Rabatt- bzw. Steuersätze ausdehnen.

Die drei Phasen ergeben sich in ganz natürlicher Weise aus dem in Kapitel 1 vorgezeichneten Arbeitsverfahren. Am Anfang der Planungsphase steht in der Regel das Heranziehen geeigneter Beispiele und Spezialfälle; dadurch gewinnt man eine Beziehung zu der Fragestellung. Die eigentliche Ausarbeitung der Lösung erfolgt in der Durchführungsphase; sie setzt die Betrachtung weiterer Spezialfälle und weitere Verallgemeinerungen voraus. In dieser Phase treten normalerweise die meisten Schwierigkeiten, aber auch die meisten Aha-Erlebnisse auf.

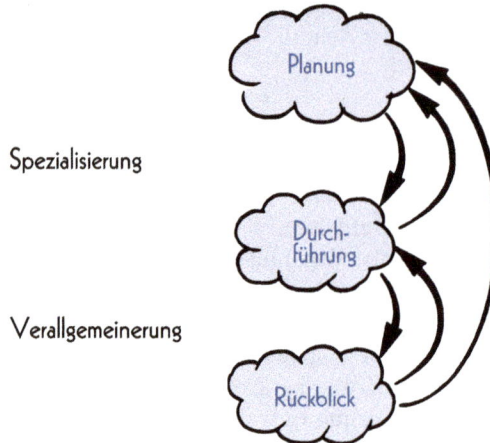

Versuche, die bei der Durchführung auftretenden Schwierigkeiten zu meistern, können durchaus wieder zurück zur Planungsphase führen. Bevor man aber die Bearbeitung einer Aufgabe einstellt, sollte man auf jeden Fall noch die dritte Phase einleiten und einen Rückblick machen. Entdeckt man dabei einen Fehler oder bemerkt man, dass das gewählte Vorgehen unzweckmäßig war, so kann man auf die Durchführungs- oder sogar auf die Planungsphase zurückgeworfen werden. Entdeckt man im Rückblick eine sinnvolle Verallgemeinerung oder eine völlig neu gestellte Frage, so kann der ganze Arbeitsprozess von neuem eingeleitet werden.

Die Unterteilung der Arbeit in diese drei Phasen bildet das Rückgrat für unsere weiteren Untersuchungen. In diesem Kapitel möchte ich näher auf die Planungs- und die Rückblickphase eingehen. Dabei werde ich gleichzeitig weitere Schlüsselwörter einführen. Die weitaus kompliziertere Durchführungsphase werde ich dagegen erst in späteren Kapiteln behandeln.

2.2   Die Planungsphase

Es ist wichtig, dass Sie sich darüber im Klaren sind, dass eine Planungsphase existieren kann, ja existieren sollte. Viele lesen eine Aufgabe ein- oder zweimal durch und erwarten dann, direkt zur endgültigen Lösung vorstoßen zu können. Dies ist freilich in den seltensten Fällen so. Die Arbeit, die in die Planungsphase investiert wird, legt den Grundstock für eine erfolgreiche Lösungsdurchführung. Die hierfür nötige Zeit ist also gut angelegt.

Die Planungsphase beginnt im Grunde bereits dann, wenn Sie mit der Aufgabe erstmals konfrontiert werden. Normalerweise liegt die Frage schriftlich vor; mein erster Rat lautet daher: Lesen Sie die Aufgabe sorgfältig durch! Vielleicht hat sie ihren Ursprung außerhalb der Mathematik, so dass die Fragestellung erst einmal präzisiert werden muss, damit klar ist, was überhaupt zu tun ist. Auf alle Fälle liegt das weitere Vorgehen fest: Ich muss mich auf zweierlei Arten an das Problem herantasten. Zum einen muss ich die mitgelieferte Information in mich aufnehmen und den Kern der Frage erfassen. Zum anderen muss ich häufig rein technische Vorbereitungen für die Lösungsdurchführung treffen. Diese können zum Beispiel in der Festlegung gewisser Bezeichnungen oder in der Auswahl und Dokumentation von Spezialfällen liegen.

Auf alle Fälle ist es sinnvoll, die Planungsphase unter folgenden Gesichtspunkten zu strukturieren:

- Was ist bekannt?
- Was ist das Ziel?
- Welche Hilfsmittel sind heranzuziehen?

Sie sollten diese Begriffe in die Liste Ihrer Schlüsselwörter aufnehmen. Dabei kommt es nicht auf die Reihenfolge an, in der man diese Fragen bearbeitet, denn sie hängen offenbar eng zusammen. Bearbeiten Sie die folgende Aufgabe unter besonderer Berücksichtigung der Termini bekannt, Ziel, Hilfsmittel.

ZIEGE AM STRICK
Eine Ziege ist mit Hilfe eines 6 Meter langen Seils an der Ecke eines Stalls mit 5 Meter Länge und 4 Meter Breite angebunden; sie befindet sich im Freien. Der Stall ist von einer Grasfläche umgeben. Was für eine Fläche kann die Ziege abweiden?

> Versuchen Sie, die Aufgabe zu lösen!

Schwierigkeiten?
Machen Sie eine Skizze.
Notieren Sie, was bekannt ist.
Werden Sie sich über Ihr Ziel klar.
Zergliedern Sie Ihr Ziel in einfachere Teilaufgaben.

Mein erster Gedanke bestand darin, eine Zeichnung anzufertigen und darin die wichtigsten Informationen und ihre unmittelbaren Konsequenzen einzuzeichnen. Eine Skizze ist eines der wichtigsten Hilfsmittel zur Erkenntnisfindung. Zeichnungen helfen nicht nur bei rein geometrischen Fragestellungen, sondern bei einer Vielzahl von anderen Situationen. Nachdem ich mir klar gemacht hatte, was bekannt war, lag es für mich nahe, die Gesamtfläche in mehrere Teilgebiete zu zerlegen, für die ich die Situation überblicken konnte und aus denen ich leicht die gesuchte Fläche aufbauen konnte. Dies ist eine Form der Spezialisierung.

In den nächsten Abschnitten gebe ich detailliertere Hinweise zur Planungsphase.

Planungsphase 1: Was ist bekannt?

ZIEGE AM STRICK zeigt klar, dass ich mich im Grunde auf zwei Typen von Vorinformationen stützen kann. Eine Quelle ist das, was mir auf Grund der Aufgabenstellung bekannt ist, die andere besteht in meinen Vorkenntnissen. Beim Durchlesen der Aufgabe erhielt ich einige Informationen über den Stall und über die Ziege. Während ich nun eine Skizze anfertigte und die Vorgaben darin einzeichnete, kamen mir frühere ähnliche Probleme und die dabei gemachten Erfahrungen ins Gedächtnis zurück. Geschieht das nicht, so frage ich mich, ob ich jemals etwas Vergleichbares gesehen oder untersucht habe, und oft führt dies zu einer Idee. Der wirkungsvollste Weg, tatsächlich an frühere Erfahrungen anknüpfen zu können, besteht darin, dass Sie sich immer gute Aufzeichnungen gemacht und diese überdacht haben.

In der Planungsphase werden beide Aspekte des „Was ist bekannt?" dadurch geklärt, dass man aus der Aufgabenstellung alle wichtigen Informationen herauspräpariert. Dies setzt natürlich eine sorgfältige Analyse der Formulierung voraus; außerdem wird man zweckmäßigerweise alle relevanten Ideen gleich zu Papier bringen. Da es im Normalfall nicht möglich ist, die endgültige Lösung direkt und unmittelbar aus einer sorgfältigen Lektüre der Aufgabe abzuleiten, möchte ich einige einfache Hilfsmittel zur Informationsverarbeitung bereitstellen.

Natürlich ist es eine Binsenweisheit, dass Sie die Aufgabe gründlich durchlesen sollen. Wenn Sie das nicht beherzigen, werden Sie häufig irgendwelche Informationen überlesen oder die eigentliche Frage missverstehen. Dies ist im Übrigen der Kern einer ganzen Reihe von Scherzaufgaben, die allein auf derartig gewollten Missverständnissen beruhen. Als Beispiel dafür stelle ich Ihnen folgendes englische Rätselgedicht vor:

> As I was going to St Ives
> I met a man with seven wives.
> Each wife had seven sacks,
> Each sack had seven cats,
> Each cat had seven kits.
> Kits, cats, sacks and wives
> How many were going to St Ives?

Hier können Sie sich jegliche Rechnung ersparen, wenn Sie nur den Text genau durchlesen und darauf achten, wer eigentlich nach St Ives geht ... Ein anderes schönes Beispiel sieht so aus:

> Wie viel Schmutz befindet sich in einem 1,06 m breiten, 1,42 m langen und 2,01 m tiefen Loch?

Hier fangen sehr viele an zu rechnen!

Eine weitere gute Methode, die gegebene Information auszuwerten, besteht darin, geeignete Spezialfälle zu betrachten. Sowohl bei PAPIERSTREIFEN als auch bei PALINDROME wurden Beispiele dazu herangezogen, um uns mit dem Problem vertraut zu machen. Beispielsweise haben wir dadurch gesehen, wie ein vierziffriges Palindrom aussieht oder welchen Regeln das Falten des Papierstreifens unterworfen ist. Ich betone es noch einmal: Ziel der Spezialisierung ist es, ein Gefühl für die gestellte Aufgabe und die darin auftretenden Größen zu entwickeln.

Im Übrigen können Sie leicht überprüfen, ob Sie eine Aufgabe voll verstanden haben. Eine Möglichkeit dazu besteht darin, dass Sie sie einfach schriftlich formulieren oder einer anderen Person mit Ihren eigenen Worten vortragen. Natürlich heißt das nicht, dass Sie den Text der Aufgabe auswendig lernen und anschließend herunterbeten sollen; Sie sollten vielmehr das Wesentliche der Aufgabe herausfiltern und in Ihrem eigenen Stil formulieren. Wenn Sie tatsächlich die Aufgabe voll verstanden haben, sollte Ihnen dies keine Mühe bereiten.

> Versuchen Sie, das Wesentliche von ZIEGE AM STRICK zu formulieren!

Ich selbst habe dafür folgende Formulierung gewählt: Die Ziege kann sich im Innern gewisser Kreisbögen um den Stall herumbewegen. Von Interesse ist die Gesamtfläche; dabei spielen die tatsächlichen Abmessungen keine entscheidende Rolle.

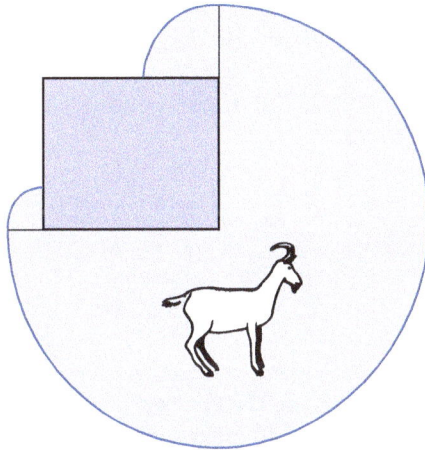

Manchmal steckt in einer Aufgabe sehr viel Information, so dass man nicht erwarten kann, dass jemand jedes Detail im Kopf behalten kann. In diesem Fall ist es angebracht, zuerst die einzelnen Informationen zu ordnen und zu klassifizieren.

Eine gute Methode, um dies zu bewerkstelligen, besteht darin, alle Vorgaben in geeigneten Diagrammen oder Tabellen zu erfassen. Auf diese Weise bekommt man die ursprüngliche Informationsfülle besser in den Griff. Bei der eigentlichen Lösungsdurchführung kann man dann ganz gezielt auf gewisse Einzelheiten zurückgreifen.

Sehen Sie sich nun zu Übungszwecken das folgende Beispiel an. Analysieren Sie dabei Satz für Satz im Hinblick auf die darin enthaltenen Informationen und versuchen Sie, so zu einer Lösung des Problems zu kommen.

DAMENMAHL
Fünf Frauen haben sich zum Essen getroffen und sitzen um einen runden Tisch herum.
Frau Oßwald sitzt zwischen Frau Lutz und Frau Martin. Erika sitzt zwischen Katy
und Frau Neidlinger. Frau Lutz sitzt zwischen Erika und Alice. Katy und Doris sind
Schwestern. Bettina hat als linke Nachbarin Frau Pieper und als rechte Nachbarin
Frau Martin. Geben Sie für jede der Damen Vor- und Zunamen an.

> Versuchen Sie, die Aufgabe zu lösen!

Schwierigkeiten?

Machen Sie eine Skizze von dem runden Tisch.
Notieren Sie, was über die Nachbarn von jeder Frau bekannt ist.
Welche Information wurde nicht ausgenützt?

Ein Lösungsvorschlag:
Auf Grund der Angaben über Frau Oßwald, Erika, Frau Lutz und Bettina kann die
Sitzordnung erschlossen werden. Allerdings hat man dabei eine bunte Reihe, denn man
kennt manchmal nur den Vornamen und manchmal nur den Nachnamen. Die Information, dass Frau Pieper links neben Bettina sitzt, legt dabei fest, ob die gefundene
Anordnung im Uhrzeigersinn oder gegen den Uhrzeigersinn zu verzeichnen ist und macht
sie dadurch eindeutig. Als Nächstes prüfen wir, wie die fünf Vor- und Nachnamen eigentlich lauten. Dabei stoßen wir auf die Angabe, dass Katy und Doris Schwestern sind;
dies legt den Namen von Doris fest.

Die letzte Schlussfolgerung ist genau der Punkt, auf den ich abheben möchte: Jeder
einzelne Satz muss sorgfältig daraufhin abgeklopft werden, ob er nicht irgendeinen Fin-
gerzeig enhält.

Aufgaben vom Typ DAMENMAHL sind verhältnismäßig oft im Rätselteil von Zeitschrif-
ten zu finden. Hier ist es stets besonders wichtig, die verfügbaren Informationen gut
zu organisieren; dabei können Diagramme oder Karteikarten von Nutzen sein. Darin
liegt auch der Nutzeffekt solcher Rätsel, zwingen sie uns doch dazu, systematisch vorzugehen und auch auf scheinbare Nebensächlichkeiten zu achten. Genau das spielt aber
bei der Bearbeitung von komplizierteren (und wichtigeren) Problemen eine wesentliche
Rolle. Hat man erst einmal möglichst viele Informationen gesammelt und mehrere Beispiele untersucht, so weiß man ungefähr, woran man ist und kann sich gezielt an die
Ausarbeitung machen.

Das Herausfiltern und Aufnehmen von Informationen ist natürlich nicht nur in der
Mathematik, sondern auch in allen anderen Lebensbereichen notwendig. Vor kurzem
habe ich eine Nähmaschine gekauft. Natürlich bekam ich einen ersten Eindruck, als ich
die Gebrauchsanweisung überflog; einen besseren Einblick in die Bedienungsvorschriften
bekam ich aber erst, als ich mich mit dem Buch bewaffnet an die Nähmaschine setzte
und die beschriebenen Tätigkeiten in der Praxis ausführte. Genau das Gleiche gilt aber
auch in der Mathematik. Man kommt vielfach nur dann zum Erfolg, wenn man sich
aktiv betätigt, sei es, dass man geeignete Skizzen oder Tabellen anfertigt, sei es, dass
man sich gute Beispiele ausdenkt usw.

Planungsphase 2: Welches Ziel wird verfolgt?

In dieser Phase muss ich darüber nachdenken, was genau bezweckt werden soll, um

- eine Lösung zu finden;
- eine Behauptung nachzuweisen.

Viele Schwierigkeiten, die beim Lösen von Aufgaben auftreten, beruhen darauf, dass man sich nicht darüber im Klaren ist, welches Ziel man ansteuert. Im Allgemeinen sucht man die Gründe für das Scheitern allerdings nicht an dieser Stelle. Dem beugt die konsequente Verwendung einer sachgerechten Gliederung vor. Sehen Sie sich zum Beispiel noch einmal die Aufgabe SCHACHBRETTQUADRATE an, bei der zahlreiche Randfragen der Art

- Wie viele 2×2-Quadrate gibt es?
- Wie viele 2×2-Quadrate berühren eine gegebene Linie?

auftauchen. Hier kann man leicht den Faden verlieren und schließlich weiß man gar nicht mehr, weshalb man sich für eine Frage interessiert hat, wenn man sich nicht auf sorgfältig geführte Listen stützen kann.

Manchmal ist die Frage nach dem Ziel leicht zu beantworten. Beispiele hierfür sind ZIEGE AM STRICK oder PAPIERSTREIFEN. Dort steht die Klärung der Aufgabenstellung im Übrigen in engem Zusammenhang mit der Auswertung aller Angaben. Soll wie im erstgenannten Fall eine gewisse Zahl berechnet werden, so bietet es sich an, für sie ein Symbol einzuführen; da man eine Fläche sucht, liegt die Verwendung von F nahe. Auf diese Weise kann man sich eine umständliche verbale Umschreibung ersparen. Natürlich ist es wichtig, sorgfältig zu definieren, was ein bestimmtes Symbol bedeuten soll; tut man das nicht, kann es später leicht zu Verwechslungen kommen. In unserem konkreten Fall könnte man die Gesamtfläche und die Teilflächen durcheinanderbringen. Dieselbe Situation finden Sie auch bei PAPIERSTREIFEN vor, wo Sie genau wissen müssen, was Sie eigentlich zu zählen haben.

Bei einer Aufgabe vom Typ FLICKENMUSTER ist das Problem zu erkennen, was eigentlich genau gefordert wird, noch schwieriger, obwohl die Frage selbst sehr präzise gestellt ist. Hier kann man durch Spezialisieren die genauen Anforderungen herausfinden.

Erneut kommt es darauf an, dass Sie die Aufgabe gründlich durchlesen. Besonderes Augenmerk müssen Sie auf mögliche Zweideutigkeiten oder eventuell missverständliche Aussagen richten. Ein Beispiel hierzu ist die folgende Aufgabe, die Dudeney in „Amusements in Mathematics" (1958) gestellt hat; ihr Reiz beruht auf einem gewollten Fehlverständnis der Worte „Bruchteil" und „übertrifft".

BRUCHTEIL
Bei einer Party stellt Siegfried die Frage: „Um welchen Bruchteil übertrifft 4/4 die Zahl 3/4?"
Alle Anwesenden rufen sofort: „Um 1/4!"
Siegfried wird aufgefordert, noch eine Frage zu stellen. Wie groß aber ist die Verblüffung der anderen, als dieser entgegnet: „Gerne, aber ich warte immer noch auf eine richtige Antwort auf meine erste Frage."

> **Wie lautet die richtige Lösung?**

Siegfried wollte die Antwort 1/3 hören, denn wenn man drei Teile von irgend etwas (hier von Vierteln) um ein Drittel ergänzt, so erhält man vier Teile. Seine Freunde haben dagegen in Gedanken jeweils eine Ergänzung der Art „eines Kuchens" vorgenommen, und zwar nach den Worten „Bruchteil", „3/4" und „4/4".

Nun kann man dieses Beispiel als einen Fall von unpräziser Fragestellung abtun, doch leider werden Sie in der Mathematik immer wieder auf echte Zweideutigkeiten und unscharfe Definitionen treffen. Wenn man beispielsweise danach fragt, wie viele Quadrate auf einem Schachbrett zu finden seien, sind im Grunde sowohl 64 als auch 204 gute Antworten. Es hängt ganz von der jeweiligen Interpretation des Begriffes „Quadrat" ab, welchen Wert man für richtig hält. Es ist wichtig, dass man lernt, auf solche Dinge zu achten. Die Geschichte der Mathematik kennt zahlreiche Fälle, wo die Präzisierung einer lange Zeit als selbstverständlich angesehenen Definition zu völlig neuen Horizonten geführt hat. Als Beispiel dafür verweise ich auf das Parallelenaxiom, dessen genaue Untersuchung den Zugang zur Nichteuklidischen Geometrie freigemacht hat.

Die Antwort auf die Frage nach dem **Ziel** ist allerdings nicht immer so einfach, wie man auf den ersten Blick meinen sollte. Ist eine Fragestellung in natürlicher Weise aus der Lösung eines anderen Problems hervorgegangen, ist die genaue Formulierung einer weiterführenden Aufgabe oft sogar das Hauptproblem, das sorgfältiger Überlegungen bedarf. Auch eine aus dem alltäglichen Leben stammende Frage wie die als nächstes zu behandelnde kann auf viele verschiedene Arten beantwortet werden; die genaue Methode kann davon abhängen, wie man das Problem ansieht.

BRIEFUMSCHLÄGE
Mir sind gerade die Briefumschläge ausgegangen. Wie kann ich mir selbst einen zusammenbasteln?

> **Versuchen Sie es!**

Schwierigkeiten?
> Wissen Sie, wie ein typischer Briefumschlag aussieht?
> Für welche Papiergröße soll der Umschlag gemacht werden, und wie groß muss demzufolge das Ausgangsmaterial sein?
> Brauche ich überhaupt einen Briefumschlag?
> Welche Eigenschaften muss ein Briefumschlag haben?

Je nach Art einer zu behandelnden Frage kann es sehr viele Lösungen geben. Was die konkrete Aufgabenstellung anbelangt, habe ich mich oft darüber gewundert, wie viele Unterschiede in Form, Größe und Aussehen zwischen verschiedenen Briefumschlägen bestehen können. Sodann habe ich mich gefragt, was wohl die sachgerechteste Ausstattung ist. Das braucht mich allerdings nicht zu berühren, wenn ich gerade dringend einen Umschlag benötige. Ich falte ein Stück Papier, investiere ein bisschen Klebstoff, und fertig ist der Umschlag.

Planungsphase 3: Welche Hilfsmittel setze ich ein?

Sowohl ZIEGE AM STRICK als auch DAMENMAHL schreien förmlich danach, dass man eine Zeichnung anfertigt. Oft muss man zur Organisation der Vorgaben auch noch andere Hilfsmittel wie Tabellen oder Karteikarten einführen oder auf geschickt gewählte Symbole zurückgreifen. Häufig wird man dabei auch solchen Dingen einen Namen geben müssen, auf die nicht ausdrücklich Bezug genommen wird. Manchmal kann eine zuerst abstrus anmutende Fragestellung allein dadurch durchsichtig werden, dass man sie in einen anderen Zusammenhang einbettet. Im Falle von DIE ANGEBUNDENE ZIEGE und DAMENMAHL waren Skizzen deswegen so angebracht, weil man sich dadurch das Problem besser vorstellen konnte; außerdem wird so ein heilsamer Zwang ausgeübt, sich auf das Wesentliche zu beschränken. Bei der Lösung von PAPIERSTREIFEN ist es weitaus bequemer, konkrete Versuche anzustellen, als alles im Kopf zu erledigen (allerdings ist es eine gute Übung, die Situation erst theoretisch zu durchdenken). Die geistige Vorarbeit mündet hier in der Erstellung eines geeigneten Diagramms, aber auch umgekehrt kann das Hantieren mit irgendwelchen konkreten Dingen die rein geistige Arbeit befruchten.

Natürlich ist all dies in der Theorie ganz einfach; die Praxis sieht dagegen häufig anders aus. Oft scheint es schwierig zu sein, über den durch die Aufgabenstellung abgesteckten Rahmen hinauszugehen, doch wenn man sich erst einmal über seine Zielsetzung und die Vorgaben im Klaren ist und das Problem richtig ansehen kann, ergibt sich das häufig ganz von selbst. Dabei spielt natürlich die individuelle Erfahrung eine entscheidende Rolle. Fügen Sie das Wort Hilfsmittel zu Ihren Schlüsselbegriffen hinzu; dies wird es Ihnen leichter machen, im Bedarfsfall auf geeignete Hilfsmittel zurückzugreifen.

Die folgenden Dinge können von Nutzen sein:

- Bezeichnungen: Wählen Sie treffende Namen!
- Organisationsformen: Ordnen Sie Ihr Wissen!
- Vereinfachungen: Ersetzen Sie die in der Aufgabe angesprochenen Objekte durch Dinge, mit denen Sie bequem hantieren können!

Bei der nächsten Aufgabe tauchen alle drei soeben angesprochenen Aspekte auf:

WÜRFELBAU
Ich besitze acht Würfel. Zwei davon sind rot, zwei sind weiß, zwei sind gelb und zwei sind blau. Abgesehen davon sind sie vollkommen identisch. Mein Ziel ist es, aus diesen Würfeln einen großen Würfel so zusammenzubauen, dass jede Farbe auf jeder seiner Seitenflächen zu sehen ist. Auf wie viele Arten kann dies geschehen?

> Suchen Sie eine Lösung!
> Arbeiten Sie zuerst nur im Kopf!
> Arbeiten Sie dann mit richtigen Würfeln!

Schwierigkeiten?

> Versuchen Sie, zunächst einmal irgendeine Lösung zu finden.
> Was ist **bekannt**? Sind die Bedingungen klar formuliert?
> Was ist unser **Ziel**? Wann werden zwei große Würfel als verschieden angesehen?
> Was für **Hilfsmittel** können zur Veranschaulichung des Problems herangezogen werden? Bevor Sie tatsächlich mit acht Würfeln experimentieren, sollten Sie vielleicht eine geeignete Zeichnung machen. Möglicherweise hilft es Ihnen auch, wenn Sie eine Schachtel zur Hand nehmen, um so ein Anschauungsobjekt zu haben.
> Überlegen Sie sich, wie Sie verschiedene Lösungen klassifizieren und beschreiben können!

Einige Vorüberlegungen:
Ich bin der Meinung, dass Fragen, die räumliche Objekte betreffen, fast immer am zweckmäßigsten mit Hilfe geeigneter Modelle gelöst werden können. Im vorliegenden Fall wird es darum gehen, zunächst überhaupt eine mögliche Lösung aufzuspüren, sich das Farbmuster anzusehen und dann den Begriff „verschieden" etwas genauer festzulegen.

Ich habe mich für folgende Definition entschieden:
Zwei Würfel sind genau dann verschieden, wenn durch keine Drehung erreicht werden kann, dass sie dieselbe Färbung besitzen.

Man könnte den Begriff „verschieden" auch anders fassen; je nachdem bekommt man dann aber auch im Allgemeinen eine andere Gesamtzahl. Wenn Sie Würfelmodelle zur Bearbeitung der Aufgabe heranziehen, ist es besonders wichtig, die einzelnen Lösungen sorgfältig zu dokumentieren. Das kann bildlich oder durch einen geeigneten Formalismus geschehen. Hauptsache ist, dass Sie die einzelnen Lösungen miteinander vergleichen können, um zu entscheiden, wie viele von ihnen im Sinne der vorherigen Definition tatsächlich verschieden sind. Dies wurde mir besonders klar, als ich nachträglich versuchte, meine Lösung aufzuschreiben. Wie Sie sehen, spielen also alle unter der Rubrik **Hilfsmittel** besprochenen Techniken hier eine Rolle.

Leider hängen viele Leute dem Irrglauben an, dass das Verwenden von Modellen bei Aufgaben wie WÜRFELBAU oder PAPIERSTREIFEN kindisch sei und sich für einen dem abstrakten Denken verpflichteten Erwachsenen nicht zieme. Dabei ist es doch ganz im Gegenteil so, dass derartige Hilfsmittel eine zunächst ziemlich schwierige Aufgabe auf ein leicht zugängliches Niveau herabschrauben helfen. Halten Sie sich stets vor Augen, dass es in der Mathematik das Hauptziel ist, eine gute Lösung zu finden; es hat keinen Sinn, aus falsch verstandenem Ehrgeiz heraus sich irgendwelche Steine in den Weg zu legen. Alles, was hilfreich sein könnte, soll ausgenützt und verwendet werden. So kann das bloße Betrachten einer Schachtel in einer Ecke des Raumes eine unschätzbare Hilfe bei der Lösung von WÜRFELBAU sein; dies gilt selbst dann, wenn Sie die Schachtel nicht einmal berühren. Allein schon durch das Ansehen der Schachtel unterstützen Sie Ihr Vorstellungsvermögen und fördern damit Ihre Denkprozesse. Eine ähnlich hilfreiche Eselsbrücke wird oft bei der nächsten Aufgabe, TOASTER, von Nutzen sein, die die meisten Leute zuerst abstrakt angehen wollen. Wenn man die in der Aufgabenstellung erwähnten Brotscheiben durch einige Blätter Papier simuliert, hat man in aller Regel einen schnellen Zugang zur Lösung. Wieder verhilft allein schon das Vorhandensein des Papiers zu einer gesteigerten Anschaulichkeit und zu erweiterten Erkenntnismöglichkeiten.

TOASTER

Drei Brotscheiben sollen in einem Grill getoastet werden. Dieser kann in einem Arbeitsgang zwei Scheiben aufnehmen, die aber nur auf jeweils einer Seite angeröstet werden. Pro Toastvorgang werden 30 Sekunden benötigt, das Einschieben oder Herausnehmen einer Scheibe nimmt 5 Sekunden in Anspruch und das Herumdrehen einer Brotscheibe dauert 3 Sekunden. Was ist der kürzest mögliche Zeitraum, in dem die drei Scheiben getoastet werden können?

> Suchen Sie eine Lösung!

Schwierigkeiten?

Achten Sie auf mögliche Zweideutigkeiten!
Natürlich liegt der Zeitbedarf unterhalb von 140 Sekunden.
Welche Zeitabläufe können minimiert werden?

Wenn Sie irgendeine effiziente Methode gefunden haben, wie Sie die drei Scheiben toasten können, sollten Sie das Resultat für eine größere Menge von Broten verallgemeinern; ebenso können Sie den Fall betrachten, dass Sie Geräte mit einem größeren Fassungsvermögen zugrundelegen. Die allgemeine Lösung weist einige interessante Gesetzmäßigkeiten auf.

Zusammenfassende Bemerkungen zum Thema Planungsphasen

Es wurde vorgeschlagen, die Planungsphase an Hand der folgenden Fragen zu gliedern:

- Was ist bekannt?
- Was ist das Ziel?
- Welche Hilfsmittel sind heranzuziehen?

Das sorgfältige Durchlesen der Aufgabe (zur Vermeidung des „Überlesens" wichtiger Informationen) und das Aufsuchen von passenden Spezialfälle sind für die beiden ersten Punkte unerlässliche Anregungen. Natürlich kommt es darauf an zu erfassen, welche Angaben in der Fragestellung gemacht werden. Ein weiteres wichtiges Hilfsmittel besteht darin, die Aufgabe mit eigenen Worten zu formulieren; dabei kommt es nicht auf jede Einzelheit an. Dies hilft dabei, das Was zu erkennen. Selbstverständlich ist es sinnlos, die Fragestellung auswendig zu lernen und dann wieder herunterzuleiern; es kommt wirklich darauf an, dass Sie Ihre eigene Formulierung wählen. Ferner ist es wichtig, Hilfsmittel wie Skizzen, Karteikarten oder geeignete Symbole zu benützen. Das fördert die Vertrautheit mit dem Problem. Treffende Bezeichnungen sind außerdem gute Stützen für die Dokumentation und damit die Lösungsdurchführung.

All dies kann an folgenden Beispielen aus Kapitel 10 geübt werden: JOBS, ZIFFERN VERTAUSCHEN und GLAESERS DOMINOS. Achten Sie besonders auf die Verwendung von geeigneten Hilfsmitteln.

2.3   Die eigentliche Durchführung

Sie beginnen die Durchführungsphase in dem Moment, in dem Sie den Eindruck haben, mit der Aufgabenstellung hinreichend vertraut zu sein. Die Durchführungsphase ist abgeschlossen, wenn die Arbeit an der Aufgabe beendet ist oder abgebrochen werden muss. Die während der eigentlichen Lösung notwendigen Tätigkeiten können ganz verschiedenartiger Natur sein; sie werden in den folgenden vier Kapiteln eingehend beschrieben. Die für die Durchführungsphase charakteristischen Schlüsselbegriffe sind Schwierigkeiten und Aha!; die zentralen mathematischen Techniken bestehen in der Formulierung von Vermutungen (Kapitel 4) und im Führen von Beweisen (Kapitel 5). Diese hängen ihrerseits wieder von passenden Spezialisierungen ab.

Die Durchführung der Lösung kann durchaus mehrere Anläufe erfordern und zahlreiche Pläne nötig machen. Hat eine neue Idee Erfolg, so kann die Arbeit einen großen Schritt voran machen. Sind andererseits alle vorhandenen Ideen ausgeschöpft worden, so können lange Stagnationsphasen kommen, in denen man auf neue Einsichten wartet. Diesen Perioden des Wartens und Hin- und Herüberlegens wenden wir uns in Kapitel 6 zu.

Zum gegenwärtigen Zeitpunkt sollten Sie sich damit begnügen, genau zu diagnostizieren, wann Sie in schwere See geraten, und diesen Zustand ruhig ertragen, ohne irgendwelche voreiligen Schlüsse zu ziehen oder in eine unangemessene Anspannung zu verfallen. Nur wenn Sie derartige Situationen akzeptieren können, werden Sie auch die Fähigkeit, diese zu überwinden, erlangen. Dabei hängt Ihr Erfolg häufig von einer sorgfältigen und kritischen Rückschau auf die geleistete Arbeit und den erreichten Stand ab; dies wird leider nur allzu oft übersehen.

2.4   Die Rückblick-Phase

Wenn Sie eine einigermaßen befriedigende Lösung
gefunden haben oder wenn Sie die weitere Bearbeitung einer Aufgabe einstellen müssen, ist es wesentlich, auf das Getane zurückzublicken. Wenn Sie dabei Ihre Arbeitsmethodik verbessern wollen, sollten
Sie im wahrsten Sinne des Wortes auf die einzelnen
Stufen Ihrer Arbeit zurückblicken. Dies kann auch
dazu führen, dass Sie Ihre Lösung in einen allgemeinen Rahmen einfügen können. Eine sorgfältige Rückschau ist sowohl zur Kontrolle der gefundenen Lösung als auch zum Herausarbeiten der entscheidenden Gesichtspunkte im Hinblick auf mögliche Verallgemeinerungen erforderlich. Als Komplement zu
den Schlüsselworten Test und Nachdenken ist insofern die Einführung des Schlüsselwortes Verallgemeinern sinnvoll. Diese drei Begriffe gestatten eine
Strukturierung der Rückblicksphase:

- Testen Sie Ihre Lösung.
- Denken Sie über die entscheidenden Lösungsideen nach.
- Verallgemeinern Sie Ihre Lösung.

Die beste Form der Nachbereitung besteht wohl darin, dass Sie Ihren Lösungsweg in
leicht verständlicher Form für eine andere Person aufschreiben. Gehen Sie mit den oben
erwähnten drei Punkten im Hinterkopf noch einmal Ihre Aufzeichnungen zum Thema
SCHACHBRETTQUADRATE durch, und schreiben Sie sie in zusammenhängender Form
auf. Sie sollten dabei das Ziel vor Augen haben, dass ein Außenstehender, der sich mit
dem Problem nicht beschäftigt hat, erkennen kann, was Sie gemacht haben und warum
Sie gerade so verfahren sind. Bei dieser Tätigkeit fallen Ihnen wahrscheinlich einige
Verbesserungs- und Verallgemeinerungsmöglichkeiten ein.

> Folgen Sie meiner Anregung!

Wenn Sie Ihre Notizen noch einmal sorgfältig durchgegangen sind, werden Sie hinterher
zu SCHACHBRETTQUADRATE eine ganz andere Beziehung haben als beispielsweise zu
PALINDROME, wo Sie sich diese Mühe nicht gemacht haben. Wenn Sie aus Ihren naturgemäß ziemlich chaotischen Aufzeichnungen eine saubere Ausarbeitung hergestellt haben,
werden Sie nicht nur zufrieden Ihre Arbeit abschließen, sondern Sie haben Ihre zentralen
Gedanken noch einmal Revue passieren lassen und sie somit besser Ihrem Gedächtnis
eingeprägt. Die wesentlichen Gedanken müssen sorgfältig herausgefiltert und von den
Nebensächlichkeiten getrennt werden; dies ist bereits der erste Schritt des Nachdenkens. Bleiben Sie am Ball! Die sorgfältige Ausarbeitung Ihrer Lösung ermöglicht Ihnen
doch zugleich noch einmal einen guten Test, ob alles in Ordnung ist. Wenn Sie das
Wesentliche vom Unwesentlichen trennen, bereiten Sie automatisch den Boden für eine
mögliche Verallgemeinerung. Führen Sie daher bei allen folgenden Aufgaben diese

Form des Rückblicks durch. Das erfordert natürlich eine gewisse Selbstdisziplin, aber diese ist im Grunde notwendig, wenn Sie Fortschritte erzielen wollen, und sie wird reiche Früchte tragen.

Rückblickphase 1: Test der Lösung

Bei der Nachbereitung von SCHACHBRETTQUADRATE bemerkte ich, dass einige Punkte zu testen waren. Im Einzelnen waren dies etwa:

- Kontrolle der rein rechnerischen Schritte;
- Überprüfung der logischen Vorgehensweise;
- Plausibilitätsprüfung für die Konsequenzen von verwendeten Vermutungen (wenn etwa $9 - K$ Quadrate vom Typ $K \times K$ die obere Linie berühren, kommt für $K = 8$ der Wert 1 heraus; das ist vernünftig);
- Vergewisserung, dass auch tatsächlich die gestellte Frage beantwortet wurde.

Natürlich wurden die ersten beiden Punkte auch schon im Zuge der Lösungsdurchführung kontrolliert; Überprüfungen, die in der Hitze des Gefechts durchgeführt werden, sind in aller Regel aber weniger verlässlich als solche, die in aller Ruhe vorgenommen werden können. Natürlich ist es eine sehr armselige Art zu testen, wenn man alles in genau derselben Weise noch einmal durchführt; das weiß jeder, der einmal über einem Kontobuch gebrütet hat. Viel besser ist es, wenn man einen anderen Weg beschreiten kann. Mit der angenehmen Rückenstärkung, dass das Problem im Grunde bereits gelöst ist, können Sie in ganz entspannter Stimmung nach anderen Ansätzen suchen. Das erhellt natürlich die Problemstellung und vertieft Ihre Einsicht in den Kern des Problems. In unserem Beispiel SCHACHBRETTQUADRATE hätte es etwa nahegelegen, sich auf die Mittelpunkte der Teilquadrate zu beziehen und nicht darauf zu achten, welche von ihnen eine gewisse Linie berühren. Das würde zu reizvollen geometrischen Mustern führen, die leicht ausgewertet werden können.

Die dritte vorgeschlagene Kontrollmöglichkeit, nämlich ein Plausibilitätsabgleich für verschiedene Aussagen, ist eine sehr starke Waffe. Nur dadurch habe ich zum Beispiel bei der Lösung von PALINDROME bemerkt, dass meine erste Vermutung nicht richtig war. Hätten aufeinanderfolgende Palindrome nämlich in der Tat stets einen gegenseitigen Abstand von 110, so wären die Einerziffern notwendigerweise alle gleich 1, und das ist natürlich offenkundig nicht so.

Wenn Sie meinen Rat befolgen, Ihre Lösung gewissenhaft auszuarbeiten und die Tragweite Ihrer Behauptungen zu überprüfen, so wird das eine große Hilfe zur Vermeidung von Fehlern sein, eine absolute Gewissheit, dass alles in Ordnung ist, kann daraus aber immer noch nicht hergeleitet werden. Eine solche absolute Sicherheit kann es aber auch gar nicht geben. Es gab in der Vergangenheit schon etliche Fälle, wo Resultate oder Beweisführungen in der Mathematik jahrelang allgemein anerkannt worden waren, obwohl sie sich im Endeffekt als falsch herausstellten. Testen ist somit eine sehr schwierige Aufgabe, der wir uns in Kapitel 5 noch einmal zuwenden wollen.

Rückblickphase 2: Denken Sie über Ihre zentralen Ideen nach

Die vielleicht wichtigste Möglichkeit, Ihre mathematischen Fähigkeiten zu steigern, besteht darin, dass Sie sich noch einmal sorgfältig vergegenwärtigen, welche Idee für den entscheidenden Durchbruch bei der Lösung des gestellten Problems gesorgt hat. Ganz im Gegensatz zu einer weit verbreiteten Meinung lerne ich nicht einfach passiv aus meinen Erfahrungen; unerlässlich dazu ist es vielmehr, dass ich mir bewusst mache, was eigentlich genau geschehen ist. Nachdenken in diesem Sinne bedeutet also nicht, dass Sie einfach in den Tag hinein träumen sollen, sondern Sie sollen auch diese Arbeitsphase sorgfältig strukturieren. Dies kann zum Beispiel dadurch geschehen, dass Sie die entscheidenden Gedanken explizit dokumentieren. Im Beispiel SCHACHBRETTQUADRATE waren dies die Idee, dass sich die 2×2-Quadrate auszählen ließen, sobald ich wusste, wie viele von ihnen eine gewisse Linie berühren, und die Entdeckung, dass die Anzahl der $K \times K$-Quadrate jedes Mal eine ganz bestimmte Quadratzahl war. Die entscheidenden Augenblicke bei der Lösungsdurchführung waren:

- der Moment, in dem ich einsah, dass eine systematische Zählung not tut;
- der Augenblick, in dem ich bemerkte, wie das Quadratzahlmuster zustande kommt;
- die Entdeckung, in welcher Weise die Größe des Schachbretts mit herein spielt.

Diese Augenblicke sind mir fest im Gedächtnis geblieben. Wenn ich wieder einmal ein ähnlich gelagertes Problem zu bearbeiten habe, werde ich sie mir stets in die Erinnerung zurückrufen. Wenn ich dann über eine entsprechend sorgfältig geführte Ausarbeitung verfüge, kann ich durch die klare Brille des damaligen frischen Eindrucks sehen, worauf es angekommen ist. Dieser geradezu photographische Eindruck wird dann mein persönlicher Ratgeber sein, der mir weiterhilft, wenn ich hängenbleibe, weil er mir zeigt, welche Methoden und Ideen früher zum Ziel geführt haben. Dazu wird in Kapitel 7 noch einiges zu sagen sein.

Rückblickphase 3: Verallgemeinern Sie Ihre Lösung

Denken Sie noch einmal an das Vorgehen bei SCHACHBRETTQUADRATE. Als ich meine Lösung noch einmal durchgesehen habe, fiel mir der Zusammenhang zwischen der Größe des Schachbretts und der Zahl der $K \times K$-Quadrate auf, die eine gewisse Linie berühren. Nachdem ich verstand, wie das zustandekommt, entdeckte ich, wie dieses Resultat auf Schachbretter von beliebiger Größe verallgemeinert werden konnte. Diese Verallgemeinerung wurde nicht mit Gewalt erzwungen, sondern erwuchs in ganz natürlicher Weise aus meinem vertieften Verständnis für das Problem. Natürlich sind derartige Verallgemeinerungen eng an die sorgfältige Nachbereitung geknüpft. Wenn Sie dasselbe etwa für unser Beispiel PALINDROME versuchen, so werden Sie sehr schnell merken, wie sehr dieses Ergebnis davon abhängt, dass Zahlen mit einer geraden Stellenzahl betrachtet worden sind. Diese Verallgemeinerung wird durch Fragen der Art

- Warum gerade vier?
- Was wäre, wenn ...

provoziert.

Beim Rückblick auf das, was wirklich wichtig ist, wächst mein Verständnis, und dadurch können mitunter mit geringem Aufwand große weitere Erkenntnisse aus meinen bisherigen Bemühungen erwachsen. Beispielsweise lässt sich folgende Aufgabe im Anschluss an die Bearbeitung von SCHACHBRETTQUADRATE recht leicht bewältigen:

SCHACHBRETTRECHTECKE
Wie viele Rechtecke befinden sich auf einem Schachbrett?

Versuchen Sie, eine Lösung zu finden!

Schwierigkeiten?
Was ist das **Ziel**?
Arbeiten Sie zunächst mit einem kleinen „Schachbrett".
Auf welche Weise können Sie die Rechtecke systematisch auszählen?
Gehen Sie von der Art aus, wie die Quadrate ausgezählt wurden!

Verallgemeinern?
Erweitern Sie den Begriff Schachbrett!

Das isolierte Ergebnis 204, das wir für den Fall, dass nur Quadrate zugelassen sind, erhalten haben, wird nun in einen größeren Zusammenhang gestellt. Es erweist sich als Spezialfall eines ganz allgemeinen Sachverhalts. Eines der Wesensmerkmale einer wirklich interessanten Aufgabe besteht darin, dass sie zu mehreren Verallgemeinerungen anregt. Ein spezielles Resultat ist nur dann richtig verstanden worden, wenn es in einem größeren Kontext gesehen werden kann. Dies kann oft dadurch erreicht werden, dass man gewisse Voraussetzungen abschwächt oder fallen lässt:

- Warum beschränke ich mich auf ein gewöhnliches Schachbrett?
- Warum zähle ich lediglich Quadrate?
- Warum wähle ich ein quadratisches Schachbrett als Ausgangspunkt? Ich kann ja auch Rechtecke in einem Rechteck abzählen!
- Wieso lasse ich nur solche Rechtecke zu, deren Seiten zu der Ausgangsfigur parallel sind?
- Weshalb beschränke ich mich auf eine zweidimensionale Fragestellung?
  usw.

Die Aufgabe DREIECKSZÄHLUNG aus Kapitel 10 zeigt eine andere mögliche Verallgemeinerung auf.

Ein weiteres Beispiel, das es wert ist, verallgemeinert zu werden, ist PAPIERSTREIFEN. Sie müssen sich lediglich von der Einstellung „Ich habe eine Lösung gefunden, und damit hat es sich" freimachen. Im Hinblick auf unsere bisherigen Ausführungen zur Planungs- und Rückblickphase ist PAPIERSTREIFEN sogar besonders für eine Verallgemeinerung geeignet. Man kann sich beispielsweise fragen: Was passiert, wenn man dreimal faltet? Was kann über das entstandene Muster ausgesagt werden, das man sieht, wenn man den Streifen wieder auseinanderfaltet?

Das Einordnen einer Fragestellung in einen allgemeineren Zusammenhang zeigt seine Bedeutung bei sehr vielen Dingen. Ganz abgesehen davon setzt eine intensive mathematische Betätigung voraus, dass Sie sich wirklich von der Fragestellung fesseln lassen. Das, was Sie gerade bearbeiten, sollte für Sie immer der faszinierendste Gegenstand sein. Dies kann im Problem selbst begründet liegen oder weil sich die Frage in natürlicher Weise aus anderen Dingen ergab, die Sie mit Interesse verfolgt hatten. In der Tat haben sich einige der fesselndsten Untersuchungen aus ursprünglich langweiligen Aufgabenstellungen durch geschickte Verallgemeinerungen ergeben. Durch geschicktes Verallgemeinern werden Sie also zu vielen neuen Fragen angeregt. In Kapitel 8 werden wir uns näher damit befassen, wie Sie Ihr eigener Aufgabensteller werden können.

Die praktische Durchführung eines Rückblicks:
Bearbeiten Sie nun die nächste Frage, wobei Sie besonderes Gewicht auf Ihre Ausarbeitung legen sollten. Die Aufgabe selbst ist verhältnismäßig leicht zu lösen; richten Sie Ihr Augenmerk in erster Linie also auf mögliche Verallgemeinerungen.

MENAGERIE
Robert sammelt Eidechsen, Käfer und Würmer. Er hat mehr Würmer als Eidechsen und Käfer zusammen. Insgesamt hat er 12 Exemplare mit 26 Beinchen. Wie viele Eidechsen besitzt Robert?

Schwierigkeiten?

> Betrachten Sie Spezialfälle!
> Was ist bekannt?
> Welches Ziel verfolgen Sie?
> Welche Hilfsmittel können den Start erleichtern?
> Wie viele Unbekannte und wie viele Gleichungen haben Sie? Was liefert eine zusätzliche Information?

Ein Lösungsvorschlag:
Gesucht ist die Zahl der Eidechsen. Bekannt ist, dass bei Robert insgesamt 12 Tiere herumkriechen. Diese haben zusammen 26 Beinchen. Bekanntlich hat aber eine Eidechse 4, ein Käfer 6 und ein Wurm überhaupt kein Bein (dabei unterstelle ich natürlich stillschweigend, dass die Tiere bei guter Gesundheit sind). Hätte Robert nur eine einzige Eidechse, so wären die verbleibenden 22 Beinchen samt und sonders an Käfern „angebracht", und dies ist offenbar wegen

$$22/6 = 3 + 2/3$$

unmöglich. Als Nächstes kann ich die Hypothese aufstellen, es handle sich um 2 Eidechsen. Für die Käfer stehen dann 18 Beine zur Verfügung und das ist keine anatomische Unmöglichkeit. Wir hätten es dann mit 2 Eidechsen, 3 Käfern und 7 Würmern zu tun. Damit ist die Aufgabe gelöst, vorausgesetzt, dass es keine andere Möglichkeit gibt. Nun komme ich freilich in Schwierigkeiten, denn mein bisheriges Vorgehen war alles andere als methodisch. Ein möglicher Ausweg könnte nun darin bestehen, geeignete algebraische Größen einzuführen und alles durch Gleichungen auszudrücken. Ist das wirklich nötig? Nein! Offenbar lässt sich die Vorgabe nicht mehr erfüllen, wenn es in der Menagerie mehr als 6 Eidechsen gibt; diese hätten ja allein bereits mindestens 28 Beinchen. Die Höchstzahl an Eidechsen liegt somit bei 6. Dies versetzt mich aber in die Lage, die Fälle, dass Robert $1-6$ Eidechsen hat, gesondert durchzuspielen. Dies findet seinen Niederschlag in der nebenstehenden Tabelle. Offenbar gibt es nur eine einzige Lösungsmöglichkeit!

Eidechsen	0	1	2	3	4	5	6
Käfer	$4\frac{1}{3}$	$3\frac{2}{3}$	3	$2\frac{1}{3}$	$1\frac{2}{3}$	1	$\frac{1}{3}$
Würmer			7			6	
Mehr Würmer als Eidechsen und Käfer			Ja			Nein	

Die Durchführungsphase ist nun vorbei. Ich habe meine Argumentation noch einmal kontrolliert, und die ursprünglich gestellte Frage ist beantwortet worden. Nun ist es an der Zeit, den Rückblick einzuleiten. Zweckmäßigerweise bezeichne ich die Zahl der Eidechsen mit E, die der Käfer mit K und die der Würmer mit W. Unzweifelhaft liegt der Schlüssel zur Lösung darin, dass diese drei Größen alle ganzzahlig und positiv sein müssen. Schließlich und endlich sollen ja alle Tiere mehr oder weniger neuwertig sein. Dieser Gedanke kam mir, als ich einige Spezialfälle analysiert hatte. In diesem konkreten Fall kam ich durch geschicktes Probieren ans Ziel, doch kann man dies allgemein als eine gute Methode ansehen? Wohl kaum! Wenn die auftretenden Zahlen nämlich deutlich größer werden (sagen wir, dass die Tiere insgesamt 260 Beine haben) oder man nur die Differenzen zwischen den Beinzahlen kennt, dann ist man auf eine andere Lösungsstrategie angewiesen. Ein denkbarer Ansatz besteht darin, nach einem Zusammenhang zwischen E und K zu suchen. Bei der Inspektion meiner Tabelle fällt mir tatsächlich eine gewisse Beziehung auf. Jedesmal, wenn E um 1 zunimmt, fällt K um 2/3. Daher wird in der Käferzeile immer jede dritte Eintragung ganzzahlig sein. Vielleicht kann diese Entdeckung zu einer Lösung von allgemeineren Fragestellungen führen, bei denen größere Zahlen ins Spiel kommen. Ein weiterer Glücksumstand (zumindest aus meiner Sicht) war, dass Würmer keine Beine haben. Dies ermöglichte es mir, mich voll auf K und E zu konzentrieren und erst im Anschluss daran W ins Spiel zu bringen. Eine ganz andere Situation wäre natürlich entstanden, wenn Robert statt der Würmer als dritte Tiergattung Spinnen gesammelt hätte.

Beim Nachdenken über meine Lösung wurde ich somit zu folgenden neuen Fragen angeregt:

1. Wie könnte ich ähnliche Probleme angehen, bei denen 26 und 12 durch deutlich größere Zahlen ersetzt sind?
2. Wie könnte ich vorgehen, wenn statt der Würmer Spinnen ins Spiel kämen?

Beide Fragen sind es wert, weiter verfolgt zu werden, und beide haben ihren Ursprung in einer kritischen Untersuchung von MENAGERIE. Andererseits sind sie noch nicht präzise gestellt, denn beide sind aus der Lösung eines anderen Problems erwachsen. Daher wird eine der Hauptaufgaben bei einer neuen Planungsphase darin bestehen, erst einmal die Aufgabenstellung zu präzisieren. Als Erstes sollte ich also mein Ziel klären.

> Versuchen Sie es!

Die Rückblickphase erfüllt eine ganz besondere Funktion. Wenn Sie in der Lage sind, analoge Fragestellungen zu erkennen, so ist das ein entscheidender Fortschritt für Ihre mathematischen Fähigkeiten. Eine Möglichkeit, sich dies zu erarbeiten, besteht darin, die fertige Ausarbeitung zunächst einmal wegzulegen und darüber nachzudenken, auf welche Situationen die verwendeten Techniken angewandt werden könnten. Versuchen Sie, die durchschlagenden Ideen vom Beiwerk zu trennen. Natürlich gibt es beim vorliegenden Beispiel zahlreiche andere Ausschmückungen; Sie können die hier betrachteten Tiere und ihre Beinchen auch durch die Räder von Lastwagen, Motorrädern und Schlitten ersetzen. Das ist natürlich nicht das, was ich meine. Ausschlaggebend ist vielmehr, wie weit ich die hier vorliegende Situation abstrahieren kann.

Trotz ihrer unbestreitbaren Vorteile wird die Rückblickphase oft vernachlässigt. Woran liegt das? Offenbar folgt auf die Euphorie einer erfolgreichen Lösungsdurchführung häufig ein gewisser Tiefpunkt. Man hat einfach keine Lust mehr, sich mit einem Resultat weiter auseinanderzusetzen, das man schon sicher in der Tasche zu haben glaubt. Besonders dann, wenn Sie sich für das Problem nicht erwärmt haben, werden Sie dazu bereit sein, es schnell wieder zu verlassen und stattdessen etwas anderes in Angriff zu nehmen. Dadurch geht aber eine wertvolle Gelegenheit zur Erweiterung des Horizonts verloren, und vielleicht verpassen Sie auch den Zugang zu weiteren mathematischen Erkenntnissen.

Zusammenfassende Bemerkungen zum Thema Rückblick

Ich habe versucht, Sie davon zu überzeugen, dass die Rückblickphase für eine erfolgreiche mathematische Betätigung unerlässlich ist. Im Wesentlichen lässt sie sich unter folgende drei Leitmotive stellen:

- Testen Sie Ihre Lösung.
- Denken Sie über die entscheidenden Lösungsideen nach.
- Verallgemeinern Sie Ihre Lösung.

Beginnen Sie den Rückblick, indem Sie zunächst Ihre Lösung so niederschreiben, dass ein Außenstehender sie verstehen kann. Dadurch werden automatisch alle Testkriterien zum Zuge kommen, und dies gilt besonders dann, wenn Sie dabei noch einen anderen Weg als beim ursprünglichen Lösungsversuch beschreiten. Besonders deutlich treten dabei diejenigen Ideen in den Vordergrund, die ausschlaggebend für den Erfolg des Unternehmens waren. Diese grundlegenden Gedanken sollten Sie sich gründlich einprägen; sie sollten quasi für Ihr geistiges Archiv photographiert werden, um so Ihren mathematischen Erfahrungsschatz zu bereichern. Vielfach wird sich ganz von selbst eine Verallgemeinerung der ursprünglichen Fragestellung oder Lösung ergeben. Dies kann daran liegen, dass Ihr Interesse geweckt wird, in eine bestimmte Richtung weiterzuarbeiten, oder daran, dass Sie auf Grund Ihrer vertieften Einsicht in die Zusammenhänge weitere Anwendungsfelder erschließen können. Durch die ganze Rückblicksphase aber zieht sich wie ein roter Faden der Prozess des Nachdenkens; dies versteht sich wohl von selbst.

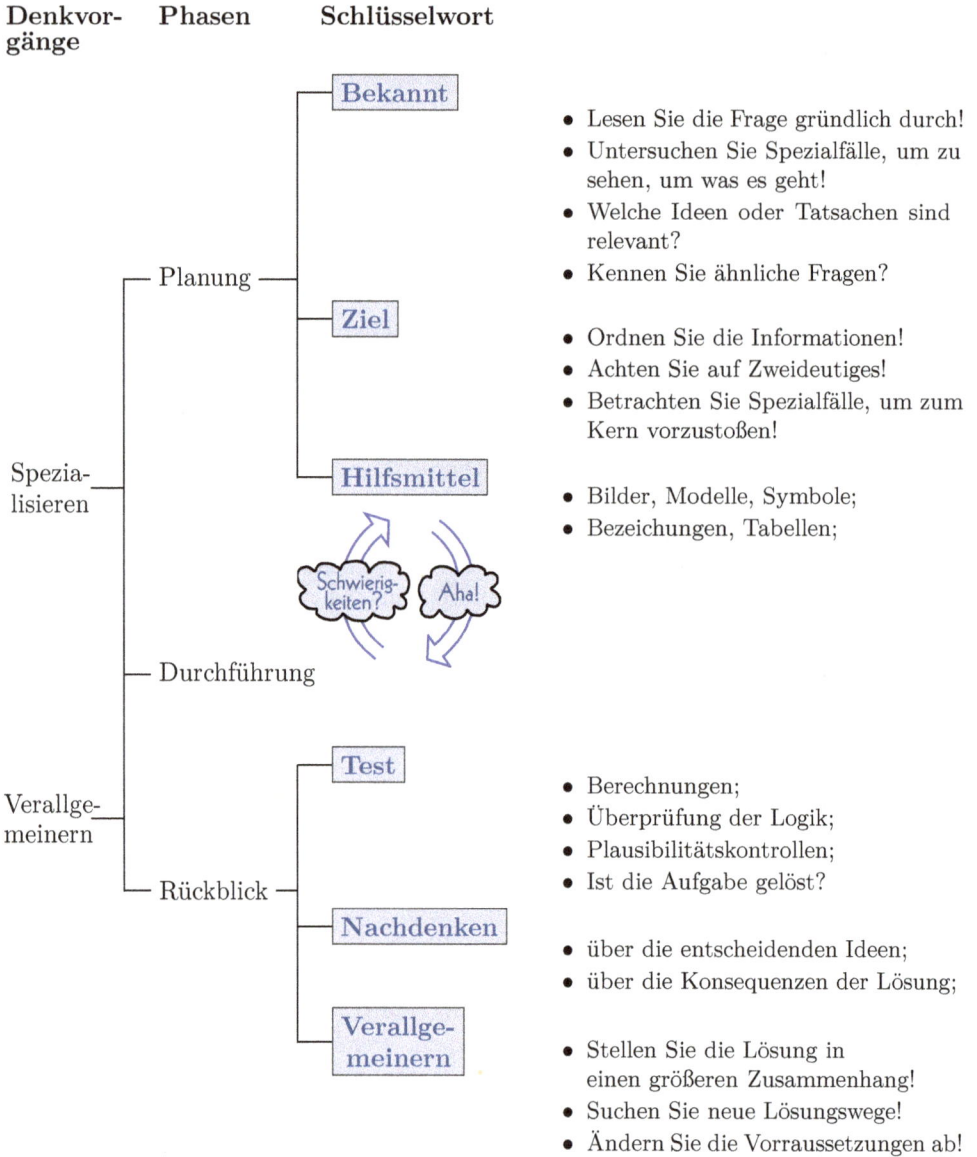

Denkvor- **Phasen** **Schlüsselwort**
gänge

Bekannt

- Lesen Sie die Frage gründlich durch!
- Untersuchen Sie Spezialfälle, um zu sehen, um was es geht!
- Welche Ideen oder Tatsachen sind relevant?
- Kennen Sie ähnliche Fragen?

Planung

Ziel

- Ordnen Sie die Informationen!
- Achten Sie auf Zweideutiges!
- Betrachten Sie Spezialfälle, um zum Kern vorzustoßen!

Spezia-
lisieren

Hilfsmittel

- Bilder, Modelle, Symbole;
- Bezeichungen, Tabellen;

Schwierig-keiten?   Aha!

Durchführung

Test

- Berechnungen;
- Überprüfung der Logik;
- Plausibilitätskontrollen;
- Ist die Aufgabe gelöst?

Verallge-
meinern

Rückblick

Nachdenken

- über die entscheidenden Ideen;
- über die Konsequenzen der Lösung;

Verallge-
meinern

- Stellen Sie die Lösung in einen größeren Zusammenhang!
- Suchen Sie neue Lösungswege!
- Ändern Sie die Vorraussetzungen ab!

2.5 Zusammenfassung

Die Arbeit an einem bestimmten Projekt lässt sich natürlich nicht messerscharf in verschiedene Phasen untergliedern; die Übergänge werden vielmehr immer fließend sein. Immer werden dabei persönliche Kenntnisse und Erfahrungen eine große Rolle spielen; eine rein automatische Einteilung verbietet sich dagegen von selbst. So kann es ohne weiteres passieren, dass Sie von einem bestimmten Arbeitsabschnitt aus auf eine frühere Arbeitsphase zurückgeworfen werden; manchmal gelingt Ihnen auch der Durchbruch zur Endfassung. Wenn Sie sich aber die hervorstechenden Eigenschaften einer jeden Phase vor Augen halten, haben Sie das Rüstzeug zur Überwindung etwaiger Schwierigkeiten an der Hand. Wenn Sie sich das fest angewöhnen, können Sie sich viele unproduktive Tagträumereien ersparen.

Die Schlüsselwörter, deren Zahl in diesem Abschnitt vergrößert wurde, sind in der umseitigen Darstellung zusammengestellt. Jeder dieser Begriffe gehört normalerweise zu einer festen Phase. Wenn Sie zum Beispiel mitten in der Bearbeitung einer Aufgabe die Notwendigkeit verspüren, sich Gedanken über das Ziel und die bekannten Größen zu machen, dann sind Sie in gewissem Sinne neu an die Fragestellung herangegangen; natürlich haben Sie gegenüber dem ersten Versuch einen großen Erfahrungsvorsprung gesammelt.

Hinter all Ihren Aktivitäten stehen aber immer die beiden Grundtechniken des ersten Kapitels: Spezialisieren und Verallgemeinern. Durch Spezialisierung finden Sie heraus, was im Grunde bekannt ist, was das Ziel ist und welche Hilfsmittel zweckmäßigerweise zum Einsatz kommen sollen. Sie bereiten damit den Boden für eine spätere Verallgemeinerung. Dies geht normalerweise so vor sich, dass Sie Vermutungen aufstellen, die Sie an Hand weiterer Spezialfälle auf ihre Richtigkeit hin überprüfen (Test) und die Sie zu beweisen haben. Schließlich werden Sie versuchen, Ihre Arbeit in einem größeren Rahmen zu sehen und zu Verallgemeinern. Das Bild, das wir uns jetzt von der mathematischen Vorgehensweise machen können, umfasst nun die Einteilung in Arbeitsphasen, Denkprozesse und die Gliederung durch Schlüsselbegriffe.

Mit dem jetzt gewonnenen Rüstzeug können Sie folgende Aufgaben aus Kapitel 10 in Angriff nehmen:

> JOBS, GLAESERS DOMINOS, DIAGONALEN IM RECHTECK, MÜNZENROLLEN, ZIFFERN VERTAUSCHEN, KARTESISCHE JAGD, UNGERADE TEILERZAHL, WÜSTE

Weitere in den Lehrplan zu integrierende Aufgaben finden Sie in Kapitel 11.

Literaturhinweis
Dudeney, H. *Amusements in Mathematics.* New York: Dover 1958.

3

3 Die Überwindung von Schwierigkeiten

Jeder kommt in Schwierigkeiten. Das lässt sich nicht vermeiden, und man sollte es auch nicht verbergen wollen. Dies ist vielmehr eine durchaus ehrenhafte Situation, aus der man sehr vieles lernen kann. Die beste Vorbeugung gegen zukünftige Schwierigkeiten besteht darin, die gegenwärtigen Probleme zu akzeptieren und sich im Falle ihrer Überwindung einzuprägen, welche Auswege schließlich beschritten werden konnten. In diesem Kapitel sind zwei Aufgaben enthalten, bei deren Lösung eine sorgfältige Planung notwendig ist. Ich hoffe, dass Sie dabei in Schwierigkeiten kommen, aus deren Bewältigung Sie Gewinn schlagen können.

3.1 Die Ausgangslage

Wenn Sie in Schwierigkeiten sind, kann sich das auf ganz verschiedene Weise äußern. Meine typischen Reaktionen sehen so aus:

- Ich starre auf ein weißes Stück Papier oder auf die Aufgabenstellung, oder ich gucke einfach Löcher in die Luft.
- Ich fühle mich außerstande, eine sinnvolle Rechnung oder irgendeine andere Tätigkeit durchzuführen.
- Infolge des ausbleibenden Fortschritts baut sich bei mir eine innere Spannung, vielleicht sogar ein panikartiges Gefühl auf.
- Ich bin frustriert, weil nichts zu gehen scheint.

Diese Liste ist bei weitem nicht vollständig. Ich habe die Erfahrung gemacht, dass ich in aller Regel erst nach einer gewissen Weile bemerkt habe, dass ich in Schwierigkeiten war. Die Erkenntnis, dass man hängt, ist natürlich alles andere als angenehm. Sie wächst mit der Zeit an, bis sich die Schwierigkeiten nicht mehr verleugnen lassen. Doch erst dann, wenn mir meine Probleme bewusst sind, kann ich Schritte zu ihrer Überwindung einleiten. Genau deswegen ist es so hilfreich, mit unseren Schlüsselwörtern zu operieren; im Besonderen geht es hier darum, das Wort Schwierigkeiten zu Protokoll zu geben. In dem Augenblick, in dem ich meine Empfindungen artikuliert habe, gewinne ich bereits einen gewissen Abstand zu meiner Situation. Das aber befreit mich von unproduktiven Unlustgefühlen und gibt mir die Kraft, sinnvolle Aktionen einzuleiten.

Was kann man nun aber konkret tun, wenn man in Schwierigkeiten ist? Nun, wenn Sie das erkannt und akzeptiert haben, können Sie Ihre momentane Tätigkeit entweder abbrechen, eine kurze Pause einlegen oder einfach weitermachen. Häufig wird es verführerisch sein, die Flinte ins Korn zu werfen; das ist dennoch oft nicht die beste Idee. Viele gute Gedanken haben gerade in hoffnungslosen Situationen ihren Ursprung. Bevor Sie sich aber zu einer Pause zurückziehen, sollten Sie sich die Zeit nehmen, genau das aufzuschreiben, was Sie im Augenblick für die Ursache Ihrer Schwierigkeiten halten. Darüber wird in Kapitel 6 mehr zu sagen sein.

Was soll ich aber tun, falls ich mich zur Fortsetzung der Arbeit entschließe? In Kapitel 2 habe ich beschrieben, welche Fragen eine hilfreiche Person als Hilfestellung an Sie richten würde. Diese Fragen werden aber nur dann besonders nützlich sein, wenn Sie Ihr eigener Tutor sein können, d.h., wenn sie fester Bestandteil Ihrer Vorgehensweise sind. Auf jeden Fall wird es angezeigt sein, in die Planungsphase zurückzugehen und sich erneut den Fragen

- Was ist bekannt?
- Was ist mein Ziel?
- Welche Hilfsmittel kann ich einsetzen?

zuzuwenden.

Mögliche Reaktionen hierauf sind:

- Fassen Sie sorgfältig zusammen, was bekannt ist und was gesucht wird.
- Versuchen Sie, die Frage auf eine Ihnen vertraute Situation umzumünzen.
- Nutzen Sie die Erkenntnisse aus Ihren bisherigen Untersuchungen aus.
- Lesen Sie die Fragestellung noch einmal sorgfältig durch, um so möglicherweise andere Gesichtspunkte aufzudecken.

Wenn ich Sie auffordere, die Frage erneut sorgfältig durchzulesen, so habe ich dabei nicht im Hinterkopf, dass Sie beim ersten Mal geschludert haben könnten. Im Gegenteil! Oft ist es so, dass die wahre Bedeutung einer Aufgabenstellung erst dann richtig erkannt werden kann, wenn man bereits einige Spezialfälle durchüberlegt hat. Mit diesem Vorverständnis versehen lesen Sie jetzt den Text erneut durch. Wenn jemand so verfährt, so ist das ein Zeichen dafür, dass er Selbstvertrauen gewonnen hat und sich gewisser Denkabläufe bewusst geworden ist. Natürlich soll das nicht heißen, dass man die Frage wieder und wieder ohne großes Nachdenken neu durchlesen soll; entscheidend ist, dass Sie Ihre Erfahrungen einbringen und auf andere Interpretationsmöglichkeiten achten. Da Sie die Aufgabe ja bis jetzt noch nicht gelöst haben, besteht immer noch eine Lücke zwischen Soll und Haben. Das erneute Aufrollen der Aufgabe dient dazu, zu klären, wie weit Sie gekommen sind und wie viel noch zu tun ist.

Nehmen Sie nun an, Sie hätten einen gewissenhaften Neuanfang versucht und alles zusammengestellt, was bekannt und gesucht ist, und dennoch tut sich noch eine Lücke, vielleicht sogar ein gähnender Abgrund auf. In fast jedem Falle wird es dann angezeigt sein, weitere Spezialfälle zu betrachten. Nur so können Sie vielleicht eine zugrunde-liegende Gesetzmäßigkeit entdecken. Vielleicht müssen Sie die eigentliche Frage auch zunächst noch drastisch vereinfachen. Im Fall SCHACHBRETTQUADRATE hätte ich mich beispielsweise dazu entschließen können, nur die Quadrate in einem „Schachbrett" der

Größe 2×2 auszuzählen, dann zu einem Brett der Größe 3×3 überzugehen usw. Dadurch, dass die eigentliche Zählaufgabe beträchtlich vereinfacht wird, kann ich mich darauf konzentrieren, eine Gesetzmäßigkeit aufzudecken und so zu sehen, was eigentlich vor sich geht.

Ich habe mich sehr stark darauf konzentriert, meine eventuellen Schwierigkeiten frühzeitig zu entdecken; viele Leute bemerken nämlich erst zu einem späten Zeitpunkt, dass sie Hilfe brauchen. Sobald ihnen dann irgendetwas einfällt, stürzen sie sich kopflos auf den nächstbesten Gedanken. Hier wird es für Sie sehr hilfreich sein, wenn Sie sich dazu zwingen, vorab schriftlich niederzulegen, was Sie nun eigentlich versuchen wollen oder wovon Sie sich etwas versprechen, und sei dies anfänglich auch noch so verschwommen. Dies hat folgende Nutzeffekte:

- Sie werden ein bisschen in Ihrer Euphorie gebremst.
- Ihre Ideen werden besser und systematischer ausgewertet.
- Sie können später nachsehen, was Ihr eigentliches Ziel war.

Gerade dabei hilft das Verwenden einer klaren Gliederung. So sehr wir uns alle innerlich dagegen sträuben, mitten im Arbeitsfluss gebremst zu werden, ist es doch eine Erfahrungstatsache, dass gerade im kopflosen Verfolgen irgendwelcher Projekte die Quelle vieler Schwierigkeiten steckt. Sie sollten zu Ihrer Lösung dieselbe Einstellung haben wie ein Feinschmecker zu einem guten Mahl; statt einfach alles hinunterzuschlingen, sollten Sie sich Zeit zum Genießen nehmen. Wenn Sie daher einen guten Gedanken haben, schreiben Sie Aha! hin, und notieren Sie dahinter Ihre Idee. Wenn Sie sich das angewöhnen, wird Ihnen allein schon das Hinschreiben von Aha! Freude bereiten und Ihnen die Genugtuung vermitteln, dass Sie eine Idee gehabt haben.

Für die Bewältigung der nächsten Aufgabe werden Sie wahrscheinlich etwas mehr Zeit brauchen als gewöhnlich. Investieren Sie diese Zeit! Sie werden sehen, wie Sie in Schwierigkeiten kommen und wie Sie diese überwinden können.

NADEL UND FADEN
Auf dem Umfang eines Kreises ist in gleichen Abständen eine Reihe von Nadeln angebracht. Nun wird an einer von ihnen ein Faden befestigt und danach mit irgendeiner zweiten verbunden. Danach schlingt man den Faden um eine dritte Nadel. Dies soll so gemacht werden, dass die im Uhrzeigersinn gemessene Lücke zwischen der ersten und der zweiten Nadel so groß ist wie die zwischen der zweiten und der dritten. Beispiel:

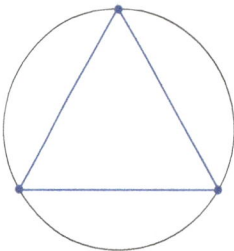

| 3 Nadeln, Abstand 1 | 5 Nadeln, Abstand 2 | 6 Nadeln, Abstand 3 |

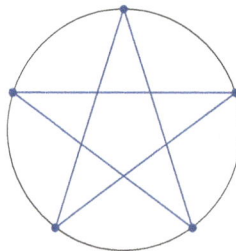

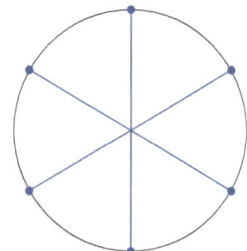

Das wird so lange durchgeführt, bis die erste Nadel wieder erreicht wird. Dabei sind stets gleiche Abstände einzuhalten. Sollte irgendeine Nadel dabei noch nicht in den Prozess einbezogen worden sein, so beginnt man das Ganze von neuem.

Wenn Sie bei diesem Vorgang von fünf Nadeln ausgehen und nur jeweils jede zweite berücksichtigen, dann werden Sie mit einem Faden auskommen. Haben Sie dagegen sechs Nadeln und lassen jeweils eine Lücke von 3, dann brauchen Sie drei Fäden. Wie viele Fäden werden Sie im Allgemeinen brauchen?

> Versuchen Sie, eine Lösung zu finden!

Schwierigkeiten?
Planungsphase:

- Am besten ist es, wenn Sie Spezialfälle betrachten.
- Bringen Sie Ordnung in Ihre durch Spezialisierung gewonnenen Resultate.
- Welche **Hilfsmittel** können dazu herangezogen werden, Ihre **Ziel**-Vorstellung kurz und bündig auszudrücken?

Durchführungsphase:

- Beschäftigen Sie sich zuerst mit der Hilfsfrage, welche Nadeln von der ersten aus erreicht werden können!
- Stellen Sie eine Vermutung auf, und sei sie auch noch so kühn!
- Prüfen Sie Ihre Vermutung. Entscheiden Sie dabei, weshalb sie richtig ist bzw. woran sie scheitert.
- Vielleicht müssen Sie eine ganze Reihe von Hypothesen aufstellen, bevor Sie eine allgemeingültige Lösung entdecken.

Rückblickphase:

- Selbst wenn Sie überhaupt nicht mehr von der Stelle kommen, sollten Sie Ihre Arbeit noch einmal durchgehen, bevor Sie meinen Lösungsvorschlag durchlesen.

Fremde Lösungen lassen sich oft nur schwer mit der eigenen vergleichen. Ich rate Ihnen daher eindringlich, meine Lösung erst dann zu studieren, wenn Sie selbst einen halbwegs zufriedenstellenden Stand der Dinge erreicht haben oder wenn Sie sich hoffnungslos verfranzt und alle Ratschläge aus den ersten beiden Kapiteln befolgt haben.

Ein Lösungsvorschlag:
Nachdem ich eine Reihe von Fällen zeichnerisch durchgespielt hatte, kehrte ich zur eigentlichen Fragestellung zurück. Mein erstes Problem bestand darin, zu klären, wie viele Fäden bei einer gegebenen Zahl von Nadeln und einer festen Lückengröße benötigt werden. Natürlich muss ich systematisch vorgehen, aber wie kann ich die Zahl der Nadeln und die Größe der Lücken unter einen Hut bringen? Aha! Ich sollte eine Tabelle aufstellen! Welche Eintragungen sollte ich dabei vorsehen? Ah natürlich! Ich brauche

die Zahl der Fäden für verschiedene Nadelmengen und Lückengrößen! Durch Probieren ermittelte ich folgenden Sachverhalt:

Nadeln	Lücken								
	1	2	3	4	5	6	7	8	9
3	1	2	3						
4	1	2	1	4					
5	1	1	1	1	5				
6									
7									
8									

Nun kann ich ganz und gar darin aufgehen, die Tabelle weiter auszufüllen und dabei total die eigentliche Frage vergessen. Wenn ich mir diese in die Erinnerung zurückrufe, so bemerke ich, dass ich die jeweilige Fadenzahl vorhersagen möchte. Ich bin daher gezwungen, Bezeichnungen für die Zahl der Nadeln und die Größe der Lücken einzuführen; hier bieten sich die Buchstaben N und L an.

Bekannt: N und L

Ziel: Bestimmung der Zahl der Fäden

Bis jetzt habe ich keine Gesetzmäßigkeit entdecken können; daher bin ich dazu gezwungen, die Tabelle weiter auszuarbeiten. Wieso werden die Zeilen eigentlich immer länger? In der Tat kann man für $N = 3$ den Fall $L = 4$ zulassen; nichts spricht dagegen. Wie sieht die Sache für zwei bzw. nur eine Nadel aus?

> Füllen Sie die Tabelle weiter aus!

Weshalb lege ich auf alle diese Spezialfälle Wert? Mein **Ziel** ist es, irgendeine Gesetzmäßigkeit aufzudecken und ein Gefühl dafür zu bekommen, was überhaupt los ist. Bezeichne ich mit F die Zahl der Fäden, so sind mir folgende Beziehungen aufgefallen:

$L = 1$ $F = 1$

$L = N$ $F = N$

$L = N/2$ $F = N/2$

$\left. \begin{array}{l} L = L \\ L = N - L \end{array} \right\}$ F hat beide Male denselben Wert

L teilt N $F = L$

Dies führt mich zu folgenden Vermutungen:

1. Lücken der Größe L erfordern dieselbe Zahl von Fäden wie Lücken der Größe $N - L$.
2. Ist L ein Teiler von N, so ist $F = L$.

Sollte die Aussage von 2) richtig bleiben, falls L kein Teiler von N bleibt und man den ganzzahligen Wert der Division betrachtet? Die Antwort ist nein, wie folgende kleine Aufstellung zeigt:

$$L = 4 \qquad N = 6 \qquad F = 2$$
$$L = 6 \qquad N = 4 \qquad F = 2$$

Nun stecke ich in Schwierigkeiten! Wenn ich das obige Ergebnis ansehe, so fällt mir auf, dass die Zahl 2 sowohl L als auch N teilt. Sollte das der Schlüssel zum Erfolg sein? Um das zu prüfen, muss ich kompliziertere Beispiele betrachten:

$$L = 6 \qquad N = 9$$
$$L = 8 \qquad N = 12$$
$$L = 12 \qquad N = 15$$

> Machen Sie das jetzt!

Wenn ich mir die so erweiterte Tabelle ansehe, bemerke ich, dass F immer N und L teilt. Meine neue Vermutung scheint sich also zu erhärten. Aha! F scheint also der größte gemeinsame Teiler von N und L zu sein. Ob das wohl in allen Fällen stimmt?

Vermutung:
Die Zahl der benötigten Fäden ist gleich dem größten gemeinsamen Teiler von L und N.

Dies ist zu testen. Für $L = 6$ und $N = 8$ bzw. für $L = 8$ und $N = 6$ stimmt die Vermutung. Ich bin nun davon überzeugt, die allgemeingültige Regel gefunden zu haben, aber ich weiß noch nicht, wie ich sie beweisen soll. Mein Ziel ist es, eine Begründung anzugeben, warum meine Hypothese stimmt. Hier stehe ich zunächst vor einer unüberwindlichen Hürde.

Auch nachdem ich mich einige Zeit mit der Frage befasst habe, wie viele Nadeln ich ausgehend von einer festen Nadel erreichen kann, bin ich der Beantwortung der entscheidenden Frage keinen Schritt nähergekommen. Wenn ich die Voraussetzungen durchmustere, sehe ich zunächst nur, dass ich, wenn N und L beide gerade sind, nur die Hälfte aller Nadeln erreichen kann. Wenn ich diese Beobachtung auf durch drei teilbare Werte ausdehnen will, stelle ich fest, dass ich anscheinend nur jede dritte Nadel erreichen kann.

Aha! Ich führe nun für den größten gemeinsamen Teiler eine Bezeichnung ein, sagen wir T. Was weiß ich nun über T, wenn ich mein Fadenspiel beginne? Nun, ich weiß, dass T die Zahl L teilt. Aha! Jedes Mal, wenn ich zur jeweils nächsten Nadel springe, bewege ich mich um ein Vielfaches von T vorwärts. Da T auch N teilt, kann ich nur hoffen, dabei N/T verschiedene Nadeln mit einem Faden zu erreichen. Aha! Das ist aber doch gerade das, was ich beweisen möchte, denn dann brauche ich ja effektiv T Fäden!

Nachbereitung:

Der größte gemeinsame Teiler kam durch die Analyse einiger Spezialfälle ins Spiel. Dabei bin ich aber nicht unsystematisch vorgegangen. Ich habe vielmehr durch die Betrachtung von Beispielen nach einer Anregung gesucht. Dabei habe ich eine verborgene Gesetzmäßigkeit nicht nur durch das Studium der nackten Zahlenwerte gesucht, sondern durch eine direkte Analyse des Fädchenziehens. Die Einführung des größten gemeinsamen Teilers war somit der Schlüssel zum Erfolg. Der entscheidende Durchbruch wurde erzielt, als ich die Bezeichnungen N und L einführte. Ich hätte auch dann zum Ziel kommen können, wenn ich darauf basierend eine Reihe von algebraischen Überlegungen angestellt hätte. Hier habe ich eine in Worte gefasste Lösung bevorzugt.

Im Zuge der Nachbereitung fand ich einen anderen Zugang zum vorliegenden Problem. Stellen Sie sich vor, die Nadeln wären so gleichförmig um den Kreis herum verteilt wie die Ziffern auf einer herkömmlichen Uhr, und stellen Sie sich vor, ein einziger Zeiger weise auf die Nadeln. Das Fadenziehen kann dann durch eine Zeigerbewegung ersetzt werden. Wenn Sie L Ziffern auslassen, dann dreht sich der Zeiger um den Anteil L/N einer ganzen Umdrehung. Damit nun ein Faden alle für ihn erreichbaren Nadeln tangiert, muss ich das kleinste Vielfache von L/N finden, das ganzzahlig ist. Dann bin ich ja wieder am Ausgangspunkt angekommen. Sicher ist N so ein Vielfaches; tatsächlich aber ist N/T per definitionem die kleinste derartige Zahl. Daher benötige ich insgesamt N/T Fäden.

Verallgemeinern:

Hier sind zahlreiche Verallgemeinerungen denkbar; fast alle aber sind wohl nur recht schwierig zu lösen. Hier einige Anregungen:

1. Ersetzen Sie die feste Lückengröße durch eine vorgegebene Folge wie etwa 1, 2, 1, 2, ...

2. Wählen Sie die Lückengröße zufallsbedingt, beispielsweise mit Hilfe eines Würfels, und gehen Sie der Frage nach, mit welcher Wahrscheinlichkeit ein einziger Faden ausreichend ist.

Ich hoffe, dass Sie bei der Bearbeitung von NADEL UND FADEN gesehen haben, wie man in schwere See gerät und dennoch die auftretenden Schwierigkeiten meistern kann. Dies sollte selbst dann der Fall sein, wenn Sie keine vollständige Lösung gefunden haben. Es gibt Dinge, die Sie tun können, wenn Sie nicht mehr weiter wissen. Der einzige Weg, diesen Vertrauen entgegenzubringen, besteht darin, dass Sie sich ihrer auch tatsächlich bedienen. Dann aber werden Sie sehen, wie nützlich sie sind, und das hinwiederum wird Sie dazu ermutigen, in Zukunft auch bei schwierigen Aufgaben nicht vorzeitig zu verzagen.

Eine bekannte Geschichte berichtet von einem Studenten aus den niederen Semestern, er sei zu spät in eine Vorlesung gekommen und habe nur noch kurz die als Hausaufgabe gestellten Übungen von der Tafel abschreiben können. Ein oder zwei Wochen später habe er dann seinen Professor getroffen und sich über den Schwierigkeitsgrad der gestellten Aufgaben beklagt. In der Tat sei er nur imstande gewesen, zwei davon zu lösen. Der Professor war sichtlich überrascht und teilte ihm dann mit, dass dies tatsächlich eine

Sammlung von berühmten, bisher ungelösten Problemen gewesen sei. Da der Student das nicht wusste, ging er unbefangen ans Werk und erzielte durch seinen Mangel an schädlicher Ehrfurcht seine Resultate. Was Sie daraus lernen können ist, dass Ihre innere Einstellung durchaus Einfluss auf Ihren Erfolg oder Misserfolg haben kann.

Hier biete ich Ihnen eine weitere Übungsaufgabe an. Vielleicht finden Sie sie schwieriger als alle bisherigen Aufgaben; wenn Sie aber das bisher Gelernte beherzigen, kommen Sie vielleicht trotzdem zum Zuge. Viel Erfolg und viel Spaß!

LAUBFRÖSCHE
Zehn Stöpsel in zwei unterschiedlichen Farben stecken wie unten gezeichnet in einem Brett mit Löchern. Ziel ist es, die schwarzen und weißen Stöpsel gerade zu vertauschen. Dabei dürfen aber die schwarzen Stöpsel nur nach rechts und die weißen Stöpsel nur nach links bewegt werden. Es ist aber zulässig, über einen anderen Stöpsel hinweg in das einzige jeweils vorhandene Loch zu springen. Ist dies durchführbar?

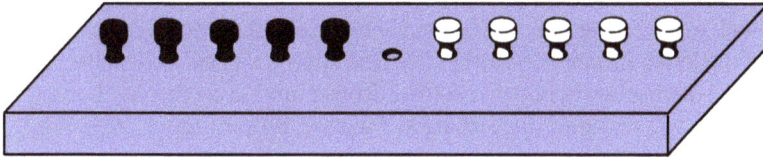

> Versuchen Sie, eine Lösung zu finden!

Schwierigkeiten?
Planungsphase:

- Haben Sie schon an Hand geeigneter Modelle wie Münzen oder Papierschnitzeln Versuche angestellt?
- Haben Sie schon den Fall untersucht, dass weniger Stöpsel vorhanden sind?

Durchführung:

- Welche Züge müssen unter allen Umständen vermieden werden?

Rückblick:

- Wenn Sie eine Lösungsstrategie gefunden haben, so machen Sie eine Ausarbeitung, die eine komplette Anleitung zum Spielverhalten gibt. Das ist nicht so leicht, wie es sich vielleicht anhört, aber überaus lohnend. Dabei sollten Sie alle Möglichkeiten berücksichtigen.
- Versuchen Sie, Verallgemeinerungen zu finden!

Ich hoffe, dass Sie sich nicht mit der gestellten Frage zufriedengegeben, sondern Verallgemeinerungen durchgeführt haben. Beispielsweise ist es naheliegend, das Problem für andere Stöpselzahlen zu lösen. Noch interessanter ist es womöglich, zu analysieren, welche anderen Züge sinnvollerweise zugelassen werden können und was jeweils die

Minimalzahl der nötigen Züge ist. Dies ist in der Tat der interessanteste Aspekt der Aufgabe LAUBFRÖSCHE.

Was ist die Minimalzahl der benötigten Züge?

Versuchen Sie, eine Lösung zu finden!

Ein Lösungsvorschlag:
Zunächst einmal versuche ich herauszufinden, ob die Aufgabe überhaupt lösbar ist. Ferner hoffe ich, dadurch Anhaltspunkte für eine sinnvolle Strategie auffinden zu können. Selbst wenn ich glaube, alle Regeln richtig verstanden zu haben, ist es doch unerlässlich, sie auszuprobieren. Meine ersten Versuche schlagen fehl, und ich gerate in Schwierigkeiten. Möglicherweise ist die Aufgabe unlösbar! Sicherlich kann eine Strategie, die darauf beruht, die beiden Farbklumpen beisammenzulassen, keinen Erfolg zeitigen, denn dann gerät das freie Loch an eine Stelle, wo ich es überhaupt nicht brauchen kann.

Wie kann ich nun bei dieser Aufgabe Spezialisierungen durchführen? Wie wäre es, wenn ich mein Glück mit weniger Stöpseln versuchen würde? Allerdings muss ich dabei getreu meinen Instruktionen immer sorgfältig alles festhalten, was ich beobachte. Ich bezeichne mit S bzw. W jeden schwarzen bzw. weißen Stöpsel und lasse für das Loch jeweils einen Platz frei. Sehen wir uns nun die Situation für zwei Stöpsel an:

Ausgangssituation:	S		W	
S nach rechts:		S	W	
W hüpft nach links:	W	S		
S nach rechts:	W		S	

Sehen wir uns das Ganze nun für je zwei Stöpsel von jeder Farbe an:

Ausgangssituation:	S	S		W	W	
S nach rechts:	S		S	W	W	
W hüpft nach links:	S	W	S		W	
S nach rechts:	S	W		S	W	
W hüpft nach links:	S	W	W	S		**Autsch!**

Aha! Offenbar falle ich auf die Nase, wenn ich die weißen Stöpsel vereint durchmarschieren lasse; ich vermute, dass es günstiger ist, die Farben bunt zu mischen. Nach mehreren Versuchen fand ich folgende Strategie:

1	S	S		W	W
2	S		S	W	W
3	S	W	S		W
4	S	W	S	W	
5	S	W		W	S
6		W	S	W	S
7	W		S	W	S
8	W	W	S		S
9	W	W		S	S

Nun will ich einen erneuten Versuch mit noch mehr Stöpseln starten und sehen, ob dieses Prinzip erhalten bleibt. Tatsächlich habe ich Erfolg, bin mir aber immer noch nicht im Klaren, ob ich eine allgemeingültige Methode gefunden habe und wie ich sie beschreiben soll. Ich sollte daher eine sorgfältige schriftliche Ausarbeitung vornehmen und dabei eine gründliche Kontrolle durchführen.

> Machen Sie eine Ausarbeitung!

Als Konsequenz aus meiner Ausarbeitung ziehe ich die Erkenntnis, dass ich, nachdem ich einmal mit einem ganz bestimmten Stöpsel begonnen habe, im Rahmen meiner Strategie immer festgelegt bin, welcher Zug als Nächstes zu erfolgen hat. Dies deckt sich auch mit dem, was ich bei meinen Beispielen gesehen habe. Somit kann ich mich nun der Frage zuwenden, wie viele Züge ich mindestens benötige.

Das geeignete Hilfsmittel, um dies festzustellen, ist die Einführung einer Tabelle. Tatsächlich habe ich bis jetzt die Zahl der Züge nie gesondert protokolliert; ich muss also in meinen Aufzeichnungen nachsehen und die gewünschte Zahl durch Abzählen ermitteln.

Zahl der Stöpsel pro Seite	Minimalzahl der nötigen Züge
1	3
2	8
3	15
4	24
5	35

Jetzt weiß ich zwar, dass bei 5 Stöpseln 35 Züge genügen, ich hätte aber gern das Ergebnis für eine beliebige Stöpselzahl S. Wenn ich mir die rechte Spalte meiner Tabelle so ansehe, dann fällt mir auf, dass die ermittelte Minimalzahl immer um 1 unterhalb einer Quadratzahl liegt. Es fragt sich nur, um welche Quadratzahl es sich jeweils handelt. Eine kurze Überlegung legt hier die Formel

$$\text{Zahl der Züge} = (S + 1)^2 - 1$$

nahe. Offenbar stimmt das für alle bisherigen Tabellenwerte.

Ich habe nun zwar eine solide Vermutung, bin aber noch weit davon entfernt, sie beweisen zu können. Dazu müsste ich imstande sein, die zugrundeliegende Gesetzmäßigkeit
besser zu verstehen. Hierzu muss ich mir noch einmal ein Beispiel ansehen, wobei ich
mein Augenmerk jetzt stärker auf die einzelnen Züge richte. Offenbar gibt es zwei Typen von Zügen: seitliche Verschiebungen und Sprünge. Für jede dieser Klassen suche ich
nun nach einer gewissen Gesetzmäßigkeit. Das läuft aber darauf hinaus, beide Typen
gesondert auszuzählen!

Zahl der Stöpsel	Zahl der Verschiebungen	Zahl der Sprünge
1	2	1
2	4	4
3	6	9
4	8	16
5	10	25

Aha! Sehen Sie sich das an! Die Zahl der Sprünge ist gleich dem Quadrat der Zahl
der Stöpsel, während die Zahl der seitlichen Verschiebungen genau mit dem Doppelten
der Stöpselzahl übereinstimmt. Aber woran liegt das? Ich bin durch diese Zahlenmuster
immer noch nicht ganz zufriedengestellt; sie sind zwar beeindruckend, ein Beweis ist das
aber noch lange nicht. Mein Ziel ist es vielmehr zu verstehen, wie diese Muster zustande
kommen.

Es hat für mich den Anschein, als ob die Zahl der Verschiebungen plus die Zahl der
Sprünge gleich der Zahl der Felder ist, um die ein Stöpsel überhaupt bewegt werden
muss. Vielleicht kann ich diese Zahl genau ermitteln.

1. Falls nur je ein Stöpsel vorhanden ist, ist diese Zahl jeweils gleich 2; insgesamt
   finden also 4 Positionsänderungen statt.

2. Falls je zwei Stöpsel vorhanden sind, muss jeder Stöpsel um 3 Felder bewegt
   werden. Somit findet insgesamt eine Verlagerung um 12 Positionen statt.

3. Falls je drei Stöpsel vorhanden sind, muss jeder Stöpsel um 4 Felder bewegt werden; es ergibt sich also die Gesamtzahl 24.

Nun ist das zugrundeliegende Muster hinlänglich klar geworden. Wenn auf jeder Seite S
Stöpsel stecken, dann muss jeder Stöpsel um $S+1$ Positionen bewegt werden. Insgesamt
finden also

$$2 \cdot S \cdot (S+1)$$

Positionsänderungen statt. Ich habe diese Hilfsaussage aufgestellt und getestet, aber
was hat sie mit dem Ausgangsproblem zu tun?

Aha! Wie viele Sprünge brauche ich? Jeder Stöpsel muss doch über alle Stöpsel der jeweils anderen Farbe hinwegspringen. Jeder weiße Stöpsel muss also über jeden schwarzen
Stöpsel springen und umgekehrt. Jeder weiße Stöpsel ist also an S Sprüngen beteiligt.
Das bedeutet aber doch gerade, dass $S \cdot S$ Sprünge stattfinden müssen! Genau das ist
aber auch das, was ich aus meiner letzten Tabelle herauslesen kann. Spitze!

Was ist bis jetzt bekannt?

Gesamtzahl der Positionsänderungen: $\quad 2 \cdot S \cdot (S+1)$

Gesamtzahl der Sprünge: $\quad S \cdot S$

Ferner entspricht jeder Sprung einer Verschiebung um zwei Positionen. Aha!

$$\text{Gesamtzahl der Positionsänderungen} = \text{Zahl der Verschiebungen}$$
$$+ 2 \text{ mal Zahl der Sprünge}$$

Daraus kann ich aber die Gesamtzahl der Züge berechnen, denn es gilt:

$$\text{Gesamtzahl der Züge} = \text{Zahl der Sprünge} + \text{Zahl der Verschiebungen}$$
$$= S \cdot S + 2 \cdot S$$
$$= S \cdot (S+2)$$

Nachbereitung: Der entscheidende Durchbruch gelang nicht mit Hilfe reiner Zahlenmuster. Wichtig war vielmehr, dass wir herausfanden, weshalb die Hypothese zutrifft. Dazu wurde die Ausgangsfrage in handlichere Teilprobleme zerlegt. Im Nachhinein halte ich es für besonders wichtig, zu welch großer Zahl von Hilfsgrößen ich Zuflucht nehmen musste, wobei diese im Einzelfall nicht einmal präzis definiert waren. Dies werde ich in Zukunft im Auge behalten.

Beim Vergleich mit meiner ursprünglichen Hypothese stelle ich allerdings noch eine Diskrepanz fest. Ich hatte doch vermutet, die Gesamtzahl der nötigen Züge liege bei

$$(S+1)^2 - 1 \,.$$

Herausgekommen ist aber

$$S \cdot (S+2) \,.$$

Dieser scheinbare Widerspruch löst sich sofort, denn eine leichte Rechnung zeigt, dass diese beiden Zahlen miteinander übereinstimmen. Allerdings sollte man nicht vor lauter Euphorie vergessen, solche Diskrepanzen auszuräumen; sonst ist die Gefahr groß, dass sich unbemerkt Fehler einschleichen können!

Wenn ich nun meine Lösung teste, so fällt mir auf, dass ich im Grunde nicht nachgewiesen habe, dass der angegebene Wert tatsächlich die Minimalzahl von Zügen darstellt. Ich habe nur gezeigt, dass der betreffende Wert tatsächlich ausreicht. Ebensowenig habe ich mich darum gekümmert, ob die von mir gewählte Strategie tatsächlich mit der von mir ermittelten Zahl von Zügen auskommt. Da das Problem auf alle Fälle in endlich vielen Zügen bewältigt werden kann (ich habe ja eine obere Schranke angegeben!), muss ein derartiges Minimum in der Tat existieren. Weil außerdem die Zahl der Positionsänderungen festliegt (Rückwärtsbewegungen sind ja verboten), kann die Minimalzahl nur dadurch erreicht werden, dass man möglichst viele Sprünge einbaut, weil jeder Sprung gleich eine Verschiebung um zwei Positionen beinhaltet. Der einzige Weg, die Zahl der Sprünge noch zu steigern, besteht darin, auch Sprünge über gleichfarbige Stöpsel mit ins Spiel zu bringen; ich habe allerdings den Eindruck, dass dadurch die Aufgabe als Ganzes unlösbar wird. Will ich das freilich exakt nachweisen, so bin ich wieder mitten in die Durchführungsphase geraten!

3.2   Zusammenfassung

Wir haben gesehen, dass es durchaus heilsam sein kann, wenn
man in Schwierigkeiten gerät, denn davon kann man profitieren.
Außerdem ist dies eine nützliche Erfahrung, wenn Sie schwieri-
gere Aufgaben in Angriff nehmen müssen. Es ist nicht so einfach,
wie es sich im ersten Augenblick anhört, zu erkennen, dass man
in Schwierigkeiten steckt, und dies zu akzeptieren. Oft sind Sie
ohne es zu bemerken in Schwierigkeiten und können demzufolge
auch keine Hilfsmaßnahmen dagegen einleiten.

Wenn Sie einmal hängengeblieben sind, bewahren Sie Ruhe.
Entspannen Sie sich, akzeptieren Sie die Situation und begreifen
Sie sie als Chance. Betrachten Sie Spezialfälle und konsultieren
Sie noch einmal Kapitel 2 zum Thema Planung. Wenn Sie ei-
ne neue Idee haben, die Sie aus Ihren Problemen befreit, so
notieren Sie sie kurz. Wenn Sie meinen, dass dieser Gedanke
den Durchbruch darstellt, schreiben Sie doch einfach Aha! hin.
Allein schon dadurch werden Sie sich besser fühlen.

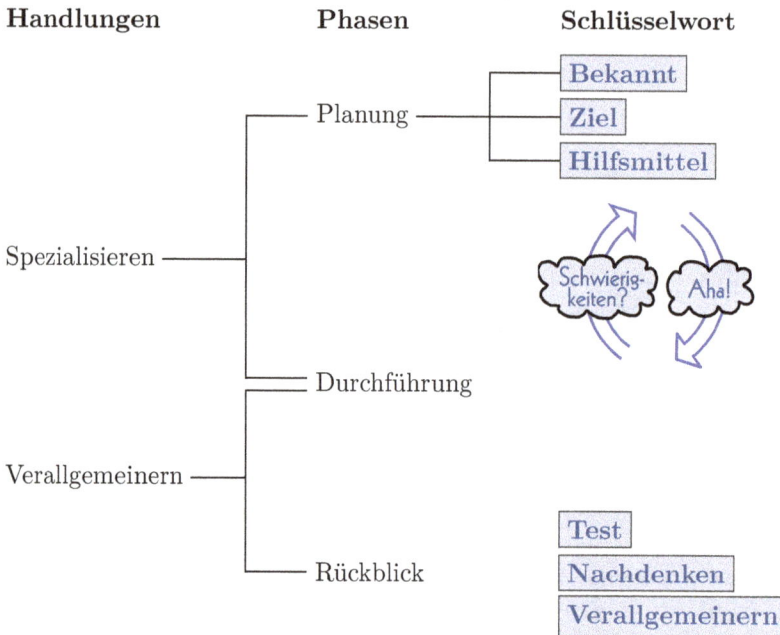

Die folgenden Aufgaben aus Kapitel 10 dürften von ihrem Schwierigkeitsgrad her geeignet sein, Sie mit der Überwindung von Krisensituationen vertraut zu machen.

KARTESISCHE JAGD, DIAGONALEN IM RECHTECK, EINUNDDREISSIG,
MÜNZENROLLEN, UNGERADE TEILERZAHL

Weitere in den Lehrplan zu integrierende Aufgaben finden Sie in Kapitel 11.

4

4 Das Aufstellen von Vermutungen

Dies ist das erste von drei Kapiteln, die der Durchführungsphase gewidmet sind. Hauptsächlich werden wir uns damit beschäftigen, wie man Vermutungen über den wahren Sachverhalt aufstellt. In Kapitel 5 fragen wir uns dann, wie wir uns und andere von der Richtigkeit einer Hypothese überzeugen können, und Kapitel 6 gibt Anhaltspunkte dafür, was man tun kann, wenn alles andere bereits gescheitert ist.

4.1 Was versteht man unter dem Aufstellen von Vermutungen?

Wenn Sie einen Mathematiker darum bitten, Ihnen eine Vermutung zu sagen, so wird er im Allgemeinen eine Antwort von folgendem Typ geben:

> GOLDBACH-VERMUTUNG
> Jede gerade Zahl größer als 2 lässt sich als Summe von zwei Primzahlen darstellen.

(Beachten Sie bitte, dass 1 per definitionem keine Primzahl ist; daher wird oben die Zahl 2 ausdrücklich ausgeschlossen.) Im Laufe der Zeit sind sehr viele Fakten zusammengetragen worden, die darauf hindeuten, dass die GOLDBACH-VERMUTUNG richtig ist. Beispielsweise hat man sie durch Probieren für Millionen von geraden Zahlen nachgewiesen, und nie ergab sich ein Widerspruch. Weitere Ergebnisse besagen, dass jede gerade Zahl als Summe einer Primzahl und einer Zahl, die aus höchstens zwei Primfaktoren zusammengesetzt ist, darstellbar ist. Noch kein Mensch hat es jedoch geschafft, diese Vermutung in voller Allgemeinheit zu beweisen.

Eine Vermutung ist nichts anderes als eine Aussage, die zwar sehr vernünftig aussieht, deren Richtigkeit aber noch nicht bewiesen werden konnte. Mit anderen Worten, es existiert bislang weder ein Beweis noch ein Gegenbeispiel noch würde die Richtigkeit der Hypothese zu irgendwelchen offensichtlich falschen Konsequenzen führen. Die vorher erwähnte GOLDBACH-VERMUTUNG ist eine der berühmtesten Vermutungen der gesamten Mathematik. Im Gegensatz zu den meisten anderen hat sie dazu noch den Vorzug, sich allgemeinverständlich formulieren zu lassen. Versuche, diese Vermutung zu beweisen, haben zu einer Fülle von für sich selbst

interessanten Resultaten und Methoden geführt. Das ist bei derartigen bedeutenden Vermutungen oft der Fall.

Natürlich sind nicht alle Vermutungen von einer solch eminenten Bedeutung. Tatsächlich sind die meisten in ihrer ursprünglichen Form falsch und müssen schon kurze Zeit nach ihrer Formulierung modifiziert werden. Das Aufstellen von Vermutungen ist dennoch einer der Hauptbestandteile der mathematischen Arbeit. Gerade der Vorgang, zu erahnen, was wahr sein könnte, und zu versuchen, dies nachzuweisen, ist das Herzstück der Mathematik. Beispielsweise enthielt die Lösung der Aufgabe FLICKENMUSTER eine ganze Reihe kleiner Arbeitshypothesen wie etwa die, dass vier, drei und schließlich sogar nur zwei Farben ausreichend seien.

Vermutungen wie diese bilden das Rückgrat der mathematischen Arbeit. Man nimmt an, irgendetwas sei der Fall. Oft steht am Anfang einer Vermutung nur ein vages Gefühl für einen bestimmten Sachverhalt; es ist quasi ein erstes Vortasten in die Dunkelheit. Langsam aber sicher schreitet die Erkenntnis voran, die Vermutungen werden immer klarer, bis sie schließlich im vollen Licht eines exakten Beweises dastehen und zu voll akzeptierten Aussagen werden. Stellt sich eine Vermutung dagegen als falsch heraus, so muss sie entweder abgeändert oder verworfen werden. Kann sie aber überzeugend nachgewiesen werden, dann ist sie eine wichtige Stufe auf dem Weg zu einer Lösung des Ausgangsproblems. Man kann das Aufstellen von Vermutungen durch folgenden zyklischen Prozess versinnbildlichen:

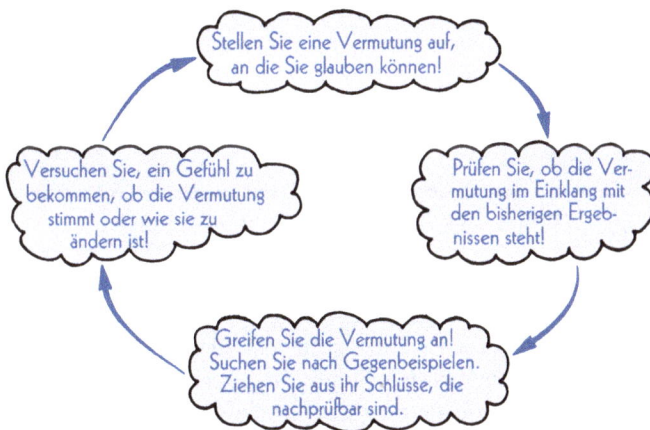

Wie immer lernt man eine Theorie erst dann richtig zu schätzen, wenn man sie in der Praxis ausprobiert hat.

FARBE AM RAD
Als ich einmal mit meinem Fahrrad einen Weg entlang fuhr, musste ich eine Stelle überqueren, wo eine Pfütze mit nasser Farbe von etwa 60cm Breite am Boden war. Nachdem ich eine Weile geradeaus gefahren war, schaute ich zurück und studierte das Muster, das meine Reifen auf dem Straßenbelag hinterlassen hatten. Was bekam ich da wohl zu Gesicht?

Denken Sie darüber nach!

Schwierigkeiten?

Der Vorderreifen hinterlässt eine Spur auf dem Straßenbelag. Wie steht es mit dem Hinterreifen?

Wir haben es also mit einer zweifachen Schwierigkeit zu tun. Zum einen können wir davon ausgehen, dass ein bestimmtes Muster immer nach jeweils einer vollen Raddrehung wiederkehrt. Zum anderen kann man davon ausgehen, dass es zu zwei Musterserien kommen wird; eine wird vom Vorderrad, die andere vom Hinterrad erzeugt. Diese Vermutung lässt sich noch dahingehend ausbauen, dass man den Einfluss des Radabstandes miteinbezieht.

Was halten Sie von diesen Vermutungen?

Haben Sie auch bemerkt, dass das Studium der beiden Vermutungen wesentlich leichter fällt, nachdem sie erst einmal schriftlich niedergelegt worden sind? Meist ist schon die halbe Arbeit getan, wenn man ein Gefühl dafür entwickelt, wie die Verhältnisse liegen, und man eine Vermutung aussprechen kann. In diesem Fall muss man sich nur die bestehenden Möglichkeiten vergegenwärtigen. Nachdem man sie gründlich durchdacht hat, kann man sich die Frage stellen, was plausibler ist, und jede Vermutung vor dem Hintergrund der bekannten Tatsachen neu auf ihre Richtigkeit hin untersuchen.

Sind Sie zu dem Ergebnis gekommen, dass die beiden Reifen unterschiedliche Spuren hinterlassen? Wenn das der Fall sein sollte, so fragen Sie sich einmal, was geschehen würde, wenn zwei Personen auf Einrädern in einem gewissen zeitlichen Abstand entlanggefahren kämen. Sie sehen: Dadurch, dass Sie die Voraussetzungen in einem etwas anderen Licht angesehen haben, bekamen Sie mehr Klarheit. Natürlich werden die beiden Räder dieselben Spuren hinterlassen, wenn sie nur denselben Radius besitzen.

Verallgemeinern:

> Was passiert, wenn die beiden Reifen – wie das üblicherweise der Fall ist – nicht gleich stark aufgeblasen sind oder mein Gewicht nicht in gleicher Weise auf beide Räder verteilt wird? Was passiert, wenn ich nicht geradeaus fahre?

Mir kommt es bei dieser Aufgabe entscheidend darauf an, dass bei einer Frage, in der nicht bereits eine Angabe über das Ergebnis enthalten ist, das Aufstellen geeigneter Vermutungen das A und O ist. Selbst wenn man nur eine vage Vorstellung vom eigentlichen Sachverhalt hat, bekommt man damit doch bereits einen Punkt, auf den man seine Bemühungen konzentrieren kann. Andererseits dürfen Sie natürlich nicht der Gefahr erliegen, Ihrer Vermutung nun blindlings zu glauben; diesem Thema werden wir uns im nächsten Kapitel noch ausführlich zuwenden. Für den Augenblick konzentrieren wir uns lieber auf den Entstehungsprozess von Vermutungen.

POLSTERSESSEL

Ein sehr schwerer Polstersessel soll umgestellt werden; es ist aber nur möglich, ihn jeweils um genau 90 Grad um jede seiner Ecken herumzudrehen. Ist es möglich, ihn so zu verschieben, dass er im Endeffekt genau neben seiner ursprünglichen Position steht und die Rückenlehne ebenfalls wieder hinten ist?

> Versuchen Sie, die Frage zu beantworten!

Schwierigkeiten?
Planungsphase:

> Haben Sie die Situation mit einer Schachtel oder einem anderen geeigneten Modell durchgespielt?
>
> Haben Sie eine Möglichkeit entdeckt, wie Sie die einzelnen Bewegungen beschreiben können, um so eine Gesetzmäßigkeit aufzuspüren?

Durchführungsphase:

> Halten Sie die Aufgabe für lösbar? Äußern Sie eine Vermutung!
>
> Haben Sie sich schon die allgemeinere Frage, welche Endpositionen überhaupt erreichbar sind, gestellt?
>
> Versuchen Sie die jeweilige Stellung des Polstersessels durch einen Pfeil zu veranschaulichen, und überlegen Sie sich, wie Sie die Bewegungen dieses Pfeils notieren können!

Hilft die Einführung geeigneter Koordinaten?

Welche Positionen kann eine feste Ecke des Polstersessels einnehmen?

Machen Sie einen weiteren Versuch!

Bereits nach wenigen Minuten intensiven Versuchens macht sich ein Gefühl der Hoffnungslosigkeit breit. Explizit ausgesprochen führt dies zu der Vermutung:

Die Aufgabe ist unlösbar.

Achten Sie auf den großen Unterschied zwischen vielleicht am Anfang gehegten Zweifeln an der Lösbarkeit und obiger durch negative Erfahrungen gehärteter Vermutung. Jetzt haben Sie ein klares Ziel vor Augen, ohne sich von dem Gedanken „Vielleicht geht es ja doch" ablenken zu lassen. Unsere neue Arbeitshypothese führt in natürlicher Weise zu Fragen der Art:

Woran scheitert das Ganze?

Wie kann ich die Unlösbarkeit nachweisen?

Der Übergang zu der Frage, was denn nun konkret zum Nachweis der Unlösbarkeit unternommen werden kann, ist eine sehr wichtige Stufe im Prozess des Hypothesenaufstellens. Dies kann nämlich leicht zu einem Befund führen, der weit über die ursprüngliche Aufgabenstellung hinausragt. Folgt man der Richtung, in der die Rückenlehne steht, oder orientiert man sich an den Bewegungen einer einzelnen Stuhlecke, so bekommt man ein altvertrautes Schachbrettmuster. Diese Untersuchung wird im nächsten Kapitel weitergeführt, in welchem es darum geht, wie man eine Vermutung verifizieren kann.

4.2 Vermutungen: das Rückgrat jeder Lösung

Die Beispiele aus den früheren Abschnitten und unsere bisherigen Erfahrungen sollten Ihnen ein reichhaltiges Material zu der Frage, „Wie kommt man zu einer Vermutung", geliefert haben. In diesem Abschnitt machen wir eine Fallstudie, um zu sehen, welche Rolle eine Vermutung bei der Lösung einer Aufgabe spielt. Die Fragestellung an sich ist recht interessant, besonders deswegen, weil sie auf ganz verschiedenartige Weisen angegangen werden kann. Bitte lesen Sie daher meine Anmerkungen erst dann durch, wenn Sie ernsthafte Lösungsversuche unternommen haben, und wundern Sie sich nicht darüber, wenn Sie einen schnelleren Lösungsweg gefunden haben. Genauso wie beim Beispiel PALINDROME kann eine auf einem abstrakten Kalkül beruhende Lösung schneller sein, obwohl damit nicht automatisch ein besseres Verständnis für die Frage einherzugehen braucht. Der Zweck dieser Fallstudie besteht darin, Ihnen zu zeigen, dass das Aufstellen von Vermutungen wie ein roter Faden durch die ganze Mathematik geht.

SUMMEN AUFEINANDERFOLGENDER ZAHLEN

Einige Zahlen lassen sich als Summen von aufeinanderfolgenden natürlichen Zahlen ausdrücken. Beispiele:

$$9 = 2 + 3 + 4$$
$$11 = 5 + 6$$
$$18 = 3 + 4 + 5 + 6$$

Charakterisieren Sie die Zahlen mit dieser Eigenschaft!

Versuchen Sie es!

Schwierigkeiten?

Spielen Sie eine Reihe von Beispielen durch!
Versuchen Sie, die Fragestellung ein wenig abzuändern!
Betrachten Sie systematisch gewisse Spezialfälle!
Suchen Sie nach Gesetzmäßigkeiten!

Ein Lösungsvorschlag:

Planung: Arbeiten Sie systematisch eine Reihe von Spezialfällen durch! Mir fallen auf Anhieb zwei systematische Vorgehensweisen ein: Entweder ich prüfe für eine ganze Reihe von aufeinanderfolgenden Zahlen durch, ob sie die gewünschte Eigenschaft haben, oder ich untersuche, was für Zahlen als Summen von 2, 3, ... aufeinanderfolgenden Zahlen darstellbar sind. Im Augenblick bevorzuge ich die erste Alternative.

Durchführung:

$1 = 0 + 1$	Ist 0 zulässig?
	Nein, denn 0 ist keine natürliche Zahl.
$2 = ?$	Geht nicht!
$3 = 1 + 2$	
$4 = ?$	Geht nicht!

Vermutung 1:

Gerade Zahlen lassen sich nicht als Summen von aufeinanderfolgenden natürlichen Zahlen darstellen.

Wir betrachten weitere Spezialfälle:

$$5 = 2 + 3$$
$$6 = 1 + 2 + 3$$

Damit ist Vermutung 1 widerlegt. Machen wir also weiter:

$$7 = 3 + 4$$
$$8 = ? \qquad \text{Geht nicht!}$$

Vermutung 2:

> Zweierpotenzen lassen sich nicht als Summen von aufeinanderfolgenden natürlichen Zahlen darstellen.

Natürlich steht Vermutung 2 bislang noch auf recht schwachen Füßen. Angenehm ist freilich, dass der Fall $1 = 2^0$ in dieser Hypothese enthalten ist; dies ist als glücklicher Zufall zu werten, denn bei der Aufstellung von Vermutung 2 hatte ich diesen Fall gar nicht bedacht. Als Nächstes wäre nun zu prüfen, ob sich 16 in der gewünschten Form darstellen lässt. Die Antwort lautet Nein. Allerdings müssen nun noch weitere Beispiele gesammelt werden. Hat man nun erst einmal eine gewisse Datenfülle erreicht, so ergeben sich alle möglichen Muster, betreffend Summen aus zwei oder drei Summanden. Diese Muster sollten unter dem Stichwort Aha! oder als Vermutungen aufgeschrieben werden. Natürlich können sie in diesem Stadium noch nicht als gründlich geprüft gelten, doch dies sollte uns nicht zurückhalten. Einige von ihnen können doch richtige Kerne enthalten, aus denen heraus später die wirkliche Lösung erwächst.

> Greifen Sie meine Vorschläge auf!

Nachdenken: Machen Sie nun eine kleine Pause, und achten Sie darauf, wie weit Sie durch Ihre Vermutungen bereits gekommen sind. Durch die bereits vertrauten Vorgänge des Spezialisierens und Verallgemeinerns kommen Sie ganz automatisch zu Vermutungen. Spezialisieren verschafft Ihnen ein Gefühl für das, was vorgeht. Dadurch entdecken Sie ein allgemeines Muster, und wenn Sie diese Verallgemeinerung in Worte fassen, so gelangen Sie bereits zu Vermutungen. Diese Hypothesen können nun in Frage gestellt oder erhärtet werden. In unserem konkreten Beispiel hat das Betrachten von Spezialfällen unsere Vermutung 2 gestützt.

Der bisher geschilderte Vermutungsprozess lässt sich durch das auf Seite 73 abgebildete Diagramm beschreiben:

Vermutung 2 hat einen vollständigen Kreislauf erfolgreich überstanden. Alle bis jetzt herangezogenen Beispiele sprechen für ihre Richtigkeit. Bevor wir nun gründlich darüber nachdenken, weshalb Vermutung 2 richtig ist, wollen wir eine weitere Verbesserung durchführen. Genaugenommen wollen wir ja folgende Aussage machen:

Vermutung 3:

1. Alle Zweierpotenzen lassen sich nicht als Summen von aufeinanderfolgenden natürlichen Zahlen darstellen.
2. Alle anderen Zahlen besitzen dagegen eine entsprechende Summendarstellung.

Um diese Vermutung allgemein nachweisen zu können, müssen wir die beiden folgenden Fragen klären:

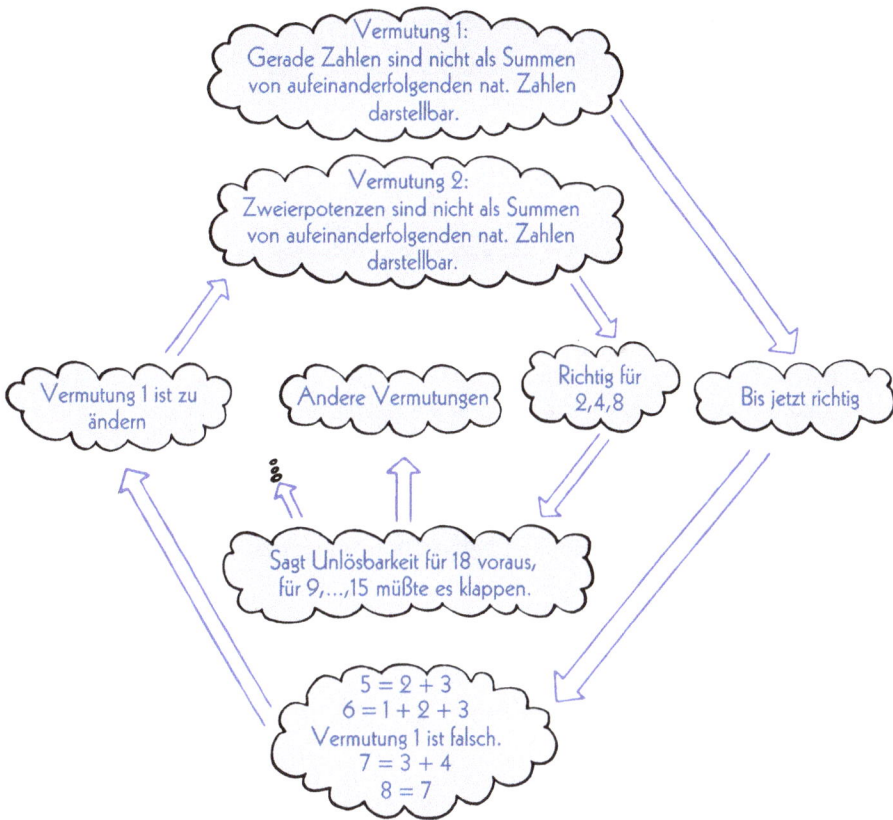

1. Wie kann eine Zahl, die keine Zweierpotenz ist, als Summe von aufeinanderfolgenden natürlichen Zahlen dargestellt werden?

2. Warum können Zweierpotenzen nicht als Summen von aufeinanderfolgenden natürlichen Zahlen dargestellt werden?

Diese beiden Fragen lassen sich im Grunde auch auf folgende zurückführen: Was unterscheidet eigentlich Zweierpotenzen von allen anderen natürlichen Zahlen? Bekannt ist, dass Zweierpotenzen keine anderen Primfaktoren als 2 haben; so sind sie ja gerade definiert worden! Alle ihre Teiler außer 1 sind somit geradzahlig.

Beispielsweise hat 16 die Teiler:

$$16, 8, 4, 2, 1 \, .$$

Die Teiler von 22 lauten dagegen:

$$22, 11, 2, 1 \, .$$

Es gibt also abgesehen von 1 noch einen weiteren ungeraden Teiler. Bis jetzt bin ich mir allerdings noch nicht darüber im Klaren, ob diese Beobachtung wichtig ist oder nicht. Auf jeden Fall werde ich diese Tatsache aber im Auge behalten. Im Grunde hat sie einen

Status, der zwischen einer Vermutung und einer erwiesenen Tatsache liegt. Das ist ein bisschen eine Frage der Einstellung.

Vermutung 4:

> Jede Zahl, die keine reine Zweierpotenz ist, besitzt einen von 1 verschiedenen ungeraden Teiler.

Ich habe dies als Vermutung deklariert, weil ich im Moment noch nicht weiß, ob ich bei meiner Lösung tatsächlich auf diese Beobachtung zurückkomme und daher jetzt keine unnötige Energieverschwendung betreiben will. Gefühlsmäßig dürfte die Aussage richtig sein, und ich kann sie nötigenfalls immer noch im Rückblick beweisen. Auf Grund meines mathematischen Gefühls halte ich sie für korrekt, möchte mich aber nicht in Nebensächlichkeiten verzetteln. Allerdings darf ich später nicht vergessen, darauf zurückzukommen, wenn die Vermutung in meinen Beweis mit eingeflossen ist! Hier leistet ihre schriftliche Fixierung vorbeugende Dienste.

Wie soll mir nun aber die Existenz eines ungeraden Teilers weiterhelfen, wenn ich eine gegebene Zahl als Summe von aufeinanderfolgenden natürlichen Zahlen ausdrücken soll? Hier muss ich eben wieder Spezialfälle betrachten, und zwar interessiere ich mich für Vielfache von 3 und 5:

$$
\begin{aligned}
3 &= 1 + 2 \\
6 &= 1 + 2 + 3 \\
9 &= \quad\ \ 2 + 3 + 4 \\
12 &= \qquad\quad 3 + 4 + 5 \\
15 &= \qquad\qquad\ \ 4 + 5 + 6
\end{aligned}
$$

$$
\begin{aligned}
5 &= \quad\ \ 2 + 3 \\
10 &= 1 + 2 + 3 + 4 \\
15 &= 1 + 2 + 3 + 4 + 5 \\
20 &= \quad\ \ 2 + 3 + 4 + 5 + 6 \\
25 &= \qquad\quad 3 + 4 + 5 + 6 + 7
\end{aligned}
$$

Sieht man also von einem gewissen „Einschwingvorgang" ab, so erhält man ein klar erkennbares Muster. Hinreichend große Vielfache von 3 lassen sich also als Summe von 3 aufeinanderfolgenden natürlichen Zahlen darstellen, während hinreichend große Vielfache von 5 durch je 5 Summanden erhalten werden können. Gerade in einer derartigen Situation sollten Sie eine vage Vermutung unbedingt in Worte fassen. Dadurch werden Sie nämlich dazu gezwungen, vage Gefühle zu konkretisieren, und Sie bekommen etwas in die Hand, was Sie überprüfen können. Das heißt andererseits nicht, dass Sie eine derartige durch Probieren gefundene Vermutung unbedingt formelmäßig ausdrücken sollen. Wichtig ist nur, dass Sie die dahinterstehende Idee klar zu fassen bekommen. Ein erster Versuch in diese Richtung könnte so aussehen:

Vermutung 5:

> Besitzt eine Zahl einen ungeraden Teiler T, so lässt sie sich als Summe von aufeinanderfolgenden natürlichen Zahlen darstellen. Ist sie hinreichend groß, so genügen dazu T Summanden.

Wir haben fünf Anläufe gebraucht, um so weit zu kommen! Unpräzise bleibt noch die Formulierung „hinreichend groß"; hier fehlen mir noch nähere Informationen. Um nun Vermutung 5 zu testen, muss ich mit einigen anderen ungeraden Teilern operieren. Besonders von Interesse dürfte es sein, eine ganz neue Klasse von Beispielen ins Feld zu führen:

Vielfache von 3:
$$3 \cdot 2 = 1 + 2 + 3$$
$$3 \cdot 3 = 2 + 3 + 4$$
$$3 \cdot 4 = 3 + 4 + 5$$
$$3 \cdot F = F - 1 + F + F + 1$$

Vielfache von 5:
$$5 \cdot 3 = 1 + 2 + 3 + 4 + 5$$
$$5 \cdot 4 = 2 + 3 + 4 + 5 + 6$$
$$5 \cdot 5 = 3 + 4 + 5 + 6 + 7$$
$$5 \cdot F = F - 2 + F - 1 + F + F + 1 + F + 2$$

Das sieht vielversprechend aus! Ich gewinne den Eindruck, dass der mittlere Summand von besonderem Interesse ist. Wenn

$$N = (2K + 1) \cdot F$$

ist, dann steht zu erwarten, dass N die Summe von $2K + 1$ aufeinanderfolgenden natürlichen Zahlen ist, deren mittlere gerade F ist.

Vermutung 6:

Für $N = F \cdot (2K + 1)$ lässt sich aus folgenden Gleichungen eine Darstellung der gewünschten Art gewinnen:

$$
\begin{aligned}
F &= & F \\
2F &= & F - 1 + F + 1 \\
2F &= & F - 2 \quad + \quad F + 2 \\
2F &= & F - 3 \quad + \quad F + 3 \\
&\cdots \\
2F &= F - K \quad & + \quad\quad F + K
\end{aligned}
$$

In der Tat haben wir es hier mit K+1 Gleichungen zu tun. Wenn man beide Seiten gesondert zusammenzählt, so ergibt sich als Summe der linken Seiten:

$$(K \cdot 2F) + F = (2K + 1) \cdot F = N.$$

Rechts aber steht die Summe von $2K + 1$ aufeinanderfolgenden Zahlen. Aha! Es klappt!

Trotz allem Optimismus wollen wir aber nicht vergessen, das alles noch einmal zu kontrollieren. Oh je! Wir haben nicht ausdrücklich darauf geachtet, dass alle auftretenden Summanden positiv sind! Tatsächlich wird dies nur dann sichergestellt sein, wenn F groß genug ist. Sehen wir uns dazu eine Reihe von Beispielen an. Wir folgen dabei dem von Vermutung 6 nahegelegten Schema.

$$
\begin{array}{lll}
F = 1 & 3 \cdot 1 = & 1 - 1 + 1 + 1 + 1 \\
 & = & 0\ \ \ + 1 +\ \ 2 \\
F = 1 & 5 \cdot 1 = & 1 - 2 + 1 - 1 + 1 + 1 + 1 + 1 + 2 \\
 & = & -1\ \ +\ \ 0\ \ + 1 +\ \ 2\ \ +\ \ 3 \\
F = 2 & 5 \cdot 2 = & 2 - 2 + 2 - 1 + 2 + 2 + 1 + 2 + 2 \\
 & = & 0\ \ \ +\ \ 1\ \ \ + 2 +\ \ 3\ \ +\ \ 4 \\
F = 1 & 7 \cdot 1 = 1 - 3 + 1 - 2 + 1 - 1 + 1 + 1 + 1 + 1 + 2 + 1 + 3 \\
 & = -2\ \ -\ \ 1\ \ +\ \ 0\ \ + 1 +\ \ 2\ \ +\ \ 3\ \ +\ \ 4 \\
F = 2 & 7 \cdot 2 = 2 - 3 + 2 - 2 + 2 - 1 + 2 + 2 + 1 + 2 + 2 + 2 + 3 \\
 & = -1\ \ +\ \ 0\ \ +\ \ 1\ \ + 2 +\ \ 3\ \ +\ \ 4\ \ +\ \ 5 \\
F = 3 & 7 \cdot 3 = 3 - 3 + 3 - 2 + 3 - 1 + 3 + 3 + 1 + 3 + 2 + 3 + 3 \\
 & = 0\ \ \ +\ \ 1\ \ +\ \ 2\ \ + 3 +\ \ 4\ \ +\ \ 5\ \ +\ \ 6
\end{array}
$$

Aha! Offenbar kann ich den Summanden 0 stets weglassen, und etwa auftretende negative Summanden werden durch gleichlautende positive Summanden wieder aufgehoben. Somit haben wir:

$$
\begin{array}{lll}
3 \cdot 1 = & 0 + 1 + 2 & = 1 + 2 \\
5 \cdot 1 = & -1 + 0 + 1 + 2 + 3 & = 2 + 3 \\
5 \cdot 2 = & 0 + 1 + 2 + 3 + 4 & = 2 + 3 + 4 \\
7 \cdot 1 = -2 + -1 + 0 + 1 + 2 + 3 + 4 & & = 3 + 4 \\
7 \cdot 2 = & -1 + 0 + 1 + 2 + 3 + 4 + 5 & = 2 + 3 + 4 + 5 \\
7 \cdot 3 = & 0 + 1 + 2 + 3 + 4 + 5 + 6 = 1 + 2 + 3 + 4 + 5 + 6
\end{array}
$$

Dies gibt mir die Möglichkeit, den Begriff „hinreichend groß" in Vermutung 6 zu präzisieren. **Bekannt** ist, dass jede Zahl, die einen Teiler der Form $2K + 1$ besitzt, sich als Summe von $2K + 1$ aufeinanderfolgenden Zahlen schreiben lässt; einige davon können allerdings noch negativ oder 0 sein. Diese Summanden werden durch entsprechende positive Summanden aufgehoben. Mein **Ziel** ist es aber nur, zu zeigen, dass sich jede solche Zahl als Summe von zwei oder mehr aufeinanderfolgenden natürlichen Zahlen schreiben lässt. Wenn ich das miteinander vergleiche, stelle ich fest, dass ich bereits fertig bin!

Stop! Könnte es nicht sein, dass nur ein einzelner positiver Summand übrigbleibt? Das könnte zum Beispiel so aussehen:

$$-2 + -1 + 0 + 1 + 2 + 3$$

Diese Summe kann bei uns allerdings nicht vorkommen; sie besteht ja aus einer geraden Anzahl von Summanden. Haben wir aber eine ungerade Anzahl von Summanden, so kann infolge der Präsenz der 0 nie nur ein einzelner positiver Summand übrigbleiben; der einzige Weg von negativen aufeinanderfolgenden Zahlen zu positiven führt ja über die 0. Dies lässt sich so verallgemeinern:

Vermutung 7:

> Starte ich mit einer ungeraden Anzahl aufeinanderfolgender Zahlen, so bleibt bei dem von uns betrachteten Prozess stets eine gerade Anzahl positiver Zahlen übrig.

Kann diese gerade Zahl auch nicht 0 sein? Nein, denn als Summe ergibt sich ja auf Grund der Konstruktion eine positive Zahl.

Nun weiß ich, dass jede Zahl mit einem ungeraden Teiler als Summe von aufeinanderfolgenden natürlichen Zahlen darstellbar ist; ja, ich kann sogar immer eine derartige Darstellung explizit angeben.

Rückblick: Ich habe nun die erste Teilfrage gelöst. Zu klären bleibt die Frage, ob die Zweierpotenzen tatsächlich keine derartige Darstellung besitzen. Ob die Antwort darauf bereits aus meinen bisherigen Überlegungen zu ersehen ist? Nun, wir wollen einmal sehen. Dazu nehme ich an, eine Zahl N lasse eine Darstellung der gewünschten Art zu. Sehen wir uns dazu Beispiele an:

$$7 = 3 + 4; \quad 5 = 2 + 3.$$

Dies konnte systematisch aus den Beziehungen

$$7 = -2 + -1 + 0 + 1 + 2 + 3 + 4$$
$$5 = -1 + 0 + 1 + 2 + 3$$

hergeleitet werden. **Aha!** Kann ich das nicht erneut nutzen? Ich gehe nun von einer beliebigen Folge von aufeinanderfolgenden natürlichen Zahlen aus. Diese ergänze ich bis hinunter zur 0 und sogar noch weiter ins Negative hinein, bis alle zusätzlich eingeführten positiven Summanden ein negatives Pendant haben. Mein Ziel ist der Nachweis, dass jede so darstellbare Zahl notwendigerweise einen ungeraden Teiler besitzt. **Aha!** Das steht und fällt damit, ob die Summe aus einer geraden oder ungeraden Zahl von Summanden besteht. Demgemäß sind zwei Fälle zu unterscheiden:

1. N lässt sich als Summe einer geraden Anzahl von aufeinanderfolgenden natürlichen Zahlen schreiben.

2. N lässt sich als Summe einer ungeraden Anzahl von aufeinanderfolgenden natürlichen Zahlen schreiben.

Fall 2) sieht nach einer Umkehrung von Vermutung 6 aus. Ich sollte also zeigen, dass N einen ungeraden Teiler besitzt. Fall 1) dagegen sollte mit Vermutung 7 korrespondieren.

Ich fühle mich nun imstande, einen Nachweis zu führen. Ich überspringe einige kleinere Überlegungen und formuliere **Vermutung 8:**

> Lässt sich N als Summe einer ungeraden Zahl von nicht notwendig positiven aufeinanderfolgenden Summanden schreiben, so hat N einen ungeraden Teiler.

Beweis:

Ich verwende das Schema aus Vermutung 6. Konkret gehe ich von $2K+1$ Summanden aus, die sich um ihren mittleren Wert F wie folgt gruppieren lassen:

$$
\begin{array}{ccccc}
 & & F & & \\
 & F-1 & + & F+1 & \\
F-2 & & + & & F+2 \\
 & & \cdots\cdots & & \\
F-K & & + & & F+K
\end{array}
$$

Das bedingt aber, dass

$$N = F \cdot (2K+1).$$

Damit aber ist nachgewiesen, dass N einen ungeraden Teiler besitzt.

Beweis von Vermutung 2:

Jede Zahl, die sich in der gewünschten Art schreiben lässt, ist die Summe einer geraden oder einer ungeraden Zahl von aufeinanderfolgenden natürlichen Zahlen. Hat man eine ungerade Summandenzahl, so hat N gemäß Vermutung 8 einen ungeraden Teiler, kann also keine Zweierpotenz sein. Ist die Summandenzahl dagegen gerade, so erweitere man die Kette der Summanden bis hin zur 0 und so weit ins Negative hinein, bis die zusätzlich betrachteten Summanden wieder einzeln ausgeglichen werden. Dadurch entsteht eine Summe mit einer ungeraden Summandenzahl, deren Wert nach wie vor gleich N ist. Damit aber kann erneut Vermutung 8 angewendet werden, und wieder ist gezeigt, dass N einen ungeraden Teiler hat und somit keine Zweierpotenz ist.

Damit glaube ich das Ausgangsproblem gelöst zu haben.

Rückblick: Wenn ich meine Ausführungen im Einzelnen kontrolliere, so scheint alles in Ordnung zu sein. Eine schriftliche Ausarbeitung verschafft mir dann noch zusätzliche Sicherheit. Hat man allerdings erst den Aufbau durch die Kette von Vermutungen nicht mehr vor Augen, so wird die Lösung ziemlich steril. Bei dieser Aufgabe gab es eine ganze Reihe von entscheidenden Ideen. Der Durchbruch kam durch die Ausdehnung der Betrachtung auf nichtpositive Summanden; ich habe sie eingeführt, obwohl ich wusste, dass ich sie im Endeffekt wegzulassen hätte. Sie spielten quasi die Rolle eines Katalysators. Durch sie war es leicht möglich, Vermutung 6 zu beweisen, und dies schuf eine Basis für meine Lösung. Außerdem erinnere ich mich an einige besonders wichtige Momente. So blieben mir die Zeitpunkte in Erinnerung, wo ich Symbole wie N, $2K+1$ oder F eingeführt habe. Damit konnte ich meine Untersuchungen schon in großer Allgemeinheit durchführen.

Die Einführung geeigneter Symbole ist eine sehr wirksame Technik. Dadurch lassen sich Vermutungen klarer fassen und leichter beweisen. Natürlich muss jede Bezeichnung präzis definiert sein, und man sollte einige Aufmerksamkeit darauf richten, dass sich keine Widersprüchlichkeiten ergeben. Es ist nie verkehrt, wenn man sich vor der Formulierung einer neuen Hypothese noch einmal gründlich Rechenschaft über die verwendeten Bezeichnungen ablegt. Sollte Ihnen der symbolische Kalkül nicht liegen, so sollten Sie sich seine Bedeutung immer wieder durch geeignete Zahlenbeispiele klar machen.

Ansonsten war ich sehr angetan von der raschen und natürlich anmutenden Aufeinanderfolge der Vermutungen. Da ich mir stets der Problematik von Hypothesen bewusst bin, ging ich mit der nötigen Vorsicht zu Werke. Wenn ich in Schwierigkeiten gerate, gehe ich zum Ausgangspunkt meiner Überlegungen zurück und versuche nun, skeptisch geworden, meine Vermutung zu widerlegen.

Vermutungen sind wie Schmetterlinge. Hat man erst einmal eine, so kommen gleich weitere in ihrem Gefolge. Jedes Mal, wenn eine neue auftaucht, vernachlässigt man die alte, und so besteht immer die Gefahr, dass man sie ganz aus den Augen verliert. Sollte hier eine geistige Unordnung entstehen, so ist es angezeigt, die Ideen schriftlich aufzupieksen. Allerdings sind Gedanken und Schmetterlinge nicht leicht zu fangen. Manchmal bedarf es mehrerer Anläufe. Bei jedem Versuch wächst aber Ihre Konzentration, und die Vermutung nimmt immer mehr Gestalt an. Das eröffnet weitere Möglichkeiten.

Von Bedeutung ist es außerdem, den Unterschied zwischen einer Vermutung und einem bereits nachgewiesenen Sachverhalt im Auge zu behalten. Ein dogmatischer Glaube an eine Aussage hat nichts mit Mathematik zu tun, und sei sie noch so einleuchtend! Man geht nicht fehl, wenn man jede Behauptung zunächst als Vermutung auffasst, die der Nachprüfung bedarf. In unserem letzten Beispiel habe ich die einzelnen Hypothesen sorgfältig herauspräpariert und diejenigen bewiesen, die entscheidend waren. Wie man dies genau macht, wird in Kapitel 5 besprochen.

Bei der Ausarbeitung der Lösung ist eine Fülle von Daten angefallen, die zunächst nicht ausgewertet wurden. Beispielsweise habe ich bemerkt, dass

$$9 = 4 + 5 = 2 + 3 + 4;$$
$$15 = 7 + 8 = 4 + 5 + 6 = 1 + 2 + 3 + 4.$$

Es erhebt sich die Frage, wie viel wesentlich verschiedene Darstellungen eine einzelne Zahl besitzt. Dieser Frage wird in Kapitel 10 nachzugehen sein.

4.3   Wie kommen Vermutungen zustande?

Mein Lösungsvorschlag zu SUMMEN AUFEINANDERFOLGENDER ZAHLEN zeigt exemplarisch auf, wie sich in der Mathematik eine Vermutung auf die andere aufbauen kann. Natürlich erhebt sich nun aber vor allem die Frage, wie man eigentlich zu einer Vermutung kommen kann. Das Wichtigste dabei ist, zuversichtlich und manchmal ein bisschen hasardmäßig vorzugehen. Wenn Sie immer übervorsichtig zu Werke gehen und nicht bereit sind, auch einmal verwegen vorzugehen und sich dem Mechanismus von Versuch und Irrtum zu unterwerfen, dann werden Sie Ihre Fähigkeiten nie voll zum Einsatz bringen können. Natürlich können Sie ein gesundes Selbstvertrauen nicht dadurch erwerben, dass Sie sich mit lauter Stimme sagen:

> Ich traue mir etwas zu!

Selbstvertrauen resultiert vielmehr aus der Erfahrung, auch früher schon erfolgreich gearbeitet zu haben, und daraus, dass man weiß, wie man sich aus Schwierigkeiten heraushelfen kann. Um derartige Probleme besser in den Griff zu bekommen, schlage ich

Ihnen vor, die Liste Ihrer Schlüsselwörter erneut – und jetzt zum letzten Mal – zu erweitern. Dabei soll vor allem darauf abgehoben werden, Gedanken kurz zu protokollieren. Bemerkungen wie

> Vielleicht ...
> Warum sollte ich eigentlich nicht ...
> Versuchen wir doch einmal ...

sind in zweifacher Hinsicht hilfreich: Zum einen lenken sie Ihre Aufmerksamkeit auf Ihren Gedanken; dadurch vermeiden Sie die Gefahr, dass eine soeben aufgetauchte Idee im Strom der nachfolgenden Überlegungen wieder untergeht. Zum zweiten aber wird Ihnen so in Erinnerung gerufen, was Sie mit einem bestimmten Vorgehen erreichen wollten. Versuch und Vielleicht markieren in Ihren Notizen zunächst nur kleine Anknüpfungspunkte. Im Laufe der Zeit werden Sie aber vielfach feststellen können, dass sie die Keimzelle von späteren Arbeitshypothesen sind. Wenn Sie sich daher zunächst noch nicht darüber im Klaren sind, wie Sie ein bestimmtes Problem angehen sollten, so schreiben Sie einfach Vielleicht, Warum nicht ... oder Versuch in Ihre Notizen, und probieren Sie danach, durch die Untersuchung von geeigneten Spezialfällen Ihre Denkansätze zu bestärken.

Vermutungen fußen oft auf zwei Säulen. Die wichtigere von beiden ist das Betrachten geeigneter Spezialfälle; darüber haben wir schon öfter gesprochen; die andere besteht im Aufspüren von Analogien und stellt somit eine Form des Verallgemeinerns dar.

Während der Bearbeitung einer Aufgabe kann es passieren, dass Ihnen plötzlich eine Ähnlichkeit mit einer früher behandelten Fragestellung auffällt. Manchmal herrscht sogar vom mathematischen Gehalt her gesehen eine völlige Übereinstimmung; im Grunde sind beide Aufgaben identisch, sie präsentieren sich nur in verschiedenem Gewand. Oft wird zwar nur in gewissen Teilbereichen Gleichheit zu finden sein. Dennoch hilft eine so aufgefundene Ähnlichkeit beim Aufstellen von Vermutungen und kann zu guten Ansätzen führen. Natürlich kann man dafür schwer Beispiele geben, denn hier hängt alles von den persönlichen Erfahrungen und dem individuellen Umfeld ab. Außerdem spielt es eine Rolle, wie man an gewisse Fragestellungen herangeht. Für mich lag eine derartige Analogie vor, als ich einige Zeit nach der Bearbeitung von SUMMEN AUFEINANDERFOL- GENDER ZAHLEN mit folgender Aufgabe konfrontiert wurde:

DIFFERENZ VON QUADRATZAHLEN
Welche Zahlen lassen sich als Differenzen von zwei Quadratzahlen schreiben?

> Versuchen Sie, eine Lösung zu finden!

Schwierigkeiten?

> Betrachten Sie Spezialfälle; geben Sie nicht vorschnell auf!
> Gehen Sie systematisch vor. Erinnern Sie sich daran, dass bei SUMMEN AUFEINAN- DERFOLGENDER ZAHLEN zwei Methoden zur Erzeugung von Beispielen gefunden wurden: Man konnte von einer Zahl oder von einer Summe von aufeinanderfolgen- den Zahlen ausgehen.
> Beachten Sie, dass sich jede Differenz von zwei aufeinanderfolgenden Quadratzahlen in zwei Faktoren zerlegen lässt.

Ich begann mit dem Versuch, die Zahlen $1, 2, 3, \ldots$ als Differenz von zwei Quadratzahlen auszudrücken. Vergeblich! Ich fand oft keine derartige Darstellung. Danach besann ich mich auf den zweiten Ansatz bei SUMMEN AUFEINANDERFOLGENDER ZAHLEN und ging wie folgt systematisch vor:

$$2^2 - 1^2 \qquad 3^2 - 1^2 \qquad 4^2 - 1^2 \qquad \ldots$$
$$3^2 - 2^2 \qquad 4^2 - 2^2$$
$$4^2 - 3^2$$

Diese Aufstellung legte das Vorhandensein einer Verbindung mit SUMMEN AUFEINAN- DERFOLGENDER ZAHLEN nahe. Bald erwuchs daraus eine Vermutung. Diese bezog sich auf solche Zahlen, die das Doppelte eines ungeraden Faktors sind. Ich erinnerte mich außerdem an meine Schul-Algebra und machte von folgender binomischer Formel Gebrauch:

$$N^2 - M^2 = (N - M)(N + M).$$

Dies führte zu einer Vermutung, die im Einklang mit meinen Beispielen stand.

Eine Freundin von mir fand eine andere Beziehung zwischen DIFFERENZ VON QUA-
DRATZAHLEN und SUMMEN AUFEINANDERFOLGENDER ZAHLEN. Sie hatte jene Aufgabe
dadurch gelöst, dass sie die Beziehung

$$M + 1 + M + 2 + \ldots + N = (N - M)(N + M + 1)/2$$

aufstellte und bemerkte, dass stets mindestens eine der Zahlen $N - M$ und $N + M + 1$
ungerade sein muss. Diesen Gedanken wandte sie auf die neue Aufgabe an und fand
heraus, dass $N - M$ und $N + M$ entweder beide gerade oder beide ungerade sind. Dies
führte sie zu einer Lösung des Problems. Bei beiden Lösungsansätzen bestand nur eine
Teilanalogie zu SUMMEN AUFEINANDERFOLGENDER ZAHLEN; dennoch kam man zum
Ziel.

Manchmal stellt man freilich völlige Übereinstimmung fest, und das kann mitunter
ganz unvorhergesehen passieren. So werden wir in einem späteren Kapitel eine Aufgabe
kennenlernen, die ganz analog zu NADEL UND FADEN ist. Achten Sie einmal darauf!

Das folgende Spiel weist große Ähnlichkeit zu einem bekannten Kinderspiel auf. Sehen
Sie, was für ein Spiel ich meine?

FÜNFZEHN
Auf einem Tisch liegen 9 Spielmarken, auf denen die Ziffern 1 bis 9 stehen. Zwei
Personen nehmen abwechselnd je eine Marke an sich. Gewonnen hat derjenige, der
aus seinen Marken drei herausgreifen kann, deren Summe genau 15 ist. Gibt es eine
Gewinnstrategie?

> Versuchen Sie, eine Lösung zu finden!

Schwierigkeiten?
  Führen Sie das Spiel so lange durch, bis Sie den bestmöglichen ersten Zug entdecken!
  Steht die Zahl 15 in irgendeinem Zusammenhang mit den Zahlen $1, 2, \ldots, 9$?
  Welche Klassen von (zulässigen) Zahlentripeln ergeben die Summe 15?
  Wie oft kommt jede einzelne Zahl in diesen Tripeln vor?
  Können Sie diese Tripel so anordnen, dass eine Beziehung sichtbar wird?

4.4   Das Aufdecken von Gesetzmäßigkeiten

Das Finden von Vermutungen steht und fällt mit dem Aufdecken von Gesetzmäßigkeiten oder Analogien; mit anderen Worten: Man ist auf eine geeignete Verallgemeinerung
angewiesen. Das Erkennen von Zusammenhängen ist natürlich in letzter Konsequenz
ein kreativer Akt, den Sie nicht erzwingen können. Wie immer im kreativen Bereich
kann man aber entsprechende Vorarbeiten leisten, um so das Aufspüren von Gesetzmäßigkeiten zu erleichtern. Nahezu selbstverständlich ist es, dass Sie weitere Spezialfälle
untersuchen sollten. Dies gibt Ihnen mehr Informationen und verstärkt Ihr Gefühl für
die Fragestellung. Ein weiteres wichtiges Hilfsmittel ist es, vorhandene Informationen
neu auszuwerten und besser zu organisieren. Das kann man einfach so machen, dass

man alles neu aufschreibt, oder Sie können das Ganze unter einem neuen Blickwinkel ansehen.

In unserem Beispiel SUMMEN AUFEINANDERFOLGENDER ZAHLEN verhalf folgende Neugruppierung zum Durchbruch:

$$3 \cdot 1 = 0 + 1 + 2 \qquad\quad = 1 + 2$$
$$5 \cdot 1 = -1 + 0 + 1 + 2 + 3 = 2 + 3$$

Dies führte mich nämlich auf die entscheidende Idee, Summen mit geradzahliger Summandenzahl zu Summen gleichen Wertes mit ungeradzahliger Summandenzahl zu erweitern.

Wesenspunkt einer Verallgemeinerung ist es, dass man sich auf Gemeinsamkeiten von Beispielen konzentriert und unwichtige Aspekte demgegenüber vernachlässigt. Dies wird bei Vermutung 5 aus der Bearbeitung von SUMMEN AUFEINANDERFOLGENDER ZAHLEN besonders deutlich. Hier taucht nämlich die Formulierung „für hinreichend große Zahlen" auf. Die Eigenschaft, um die es mir ging, war nicht bei allen Zahlen aufzufinden! Entscheidend ist, dass man sich nicht mit der Bearbeitung einer Fülle von Beispielen begnügen darf, um sich dann gemütlich zurückzulehnen und nach Gemeinsamkeiten zu forschen. Eine kreative Bearbeitung setzt vielmehr voraus, dass man sich so weit in die Beispiele hineinzuleben versucht, dass man gewissermaßen mit ihnen einen Dialog führt. Der Augenblick, wo man dann die Zusammenhänge begreift und eine Vermutung aufstellen kann, ist ein Moment höchster Befriedigung. Der Weg dorthin ist allerdings häufig mit Frustrationen über falsche Vermutungen und scheinbar ausweglose Sackgassen gepflastert.

Die kreativen Fähigkeiten lassen sich durch Übung und durch das Heranwagen an offene Probleme vergrößern. Die beiden Hauptwege sehen demnach so aus:

- Entwickeln Sie eine Ahnung für mögliche Zusammenhänge, und seien Sie dazu bereit, diese aufzufinden!
- Erweitern Sie Ihren mathematischen Kenntnisstand!

Eine der erfreulichsten und befriedigendsten Eigenschaften der Mathematik ist ihr Reichtum an Grundstrukturen, die sich wie ein roter Faden durch die verschiedensten Gebiete ziehen. Wer bei einer mathematischen Untersuchung auf das Vorhandensein von Gesetzmäßigkeiten vertraut, ist auf dem richtigen Wege, und das Gefühl dafür wächst mit zunehmender mathematischer Erfahrung. Bei der Bearbeitung von SUMMEN AUFEINANDERFOLGENDER ZAHLEN war ich davon überzeugt, dass eine Gesetzmäßigkeit vorhanden ist. Dies führte dazu, dass ich vertrauensvoll auf sie losgesteuert bin und Dinge, die auf den ersten Blick aus dem Rahmen fielen, zunächst einmal vernachlässigte. Ebenso hing der Erfolg bei FÜNFZEHN im Wesentlichen davon ab, dass ich an das Vorliegen eines Grundmusters glaubte, bis mir die Analogie zum Studium von magischen Quadraten ins Auge fiel.

Ein hoher mathematischer Wissensstand ist natürlich eine substantielle Hilfe beim Auffinden von Gesetzmäßigkeiten. Zum einen bekommt man dadurch eine gewisse Vertrautheit mit Grundstrukturen. Diese können so auch dann entdeckt werden, wenn sie nur

versteckt in einer Fragestellung enthalten sind. Wer beispielsweise mit der Folge der Quadratzahlen vertraut ist, wird schnell eine Beziehung zu Zahlenfolgen der Art

$$2, 8, 18, 32, 50, 72, \ldots$$
$$3, 8, 15, 24, 35, 48, \ldots$$

finden können.

Zum zweiten gibt es gewisse Standardmethoden wie etwa die Untersuchung der Differenzen von aufeinanderfolgenden Folgengliedern, die oft erfolgreich zum Aufspüren von Gesetzmäßigkeiten eingesetzt werden können. Daher ist es wichtig, diese zu kennen. Drittens sind Kenntnisse in gewissen Zweigen der Mathematik nützlich, um zu erkennen, welche Methoden bei entsprechenden Problemen erfolgverheißend sind. Die Bearbeitung von NADEL UND FADEN erinnerte mich beispielsweise an das Arbeiten mit Restklassen. In diesem Bereich der Mathematik ist aber der größte gemeinsame Teiler ein zentraler Begriff; daher war es für mich naheliegend, ihn gegebenenfalls ins Spiel zu bringen. Wer also seinen Wissensstand erweitert, vergrößert auch sein Arsenal an Hilfsmitteln. Natürlich wird man durch Erfahrungen nicht immer in die richtige Richtung gewiesen; es kann auch durchaus sein, dass der geistige Horizont durch gewisse vorgefasste Meinungen eingeschränkt wird. Wenn Sie nämlich erst einmal auf einen Lösungsweg fixiert sind, kommen Sie davon nur schwer wieder los. Eine wichtige Voraussetzung für kreatives Arbeiten ist die Kunst, für neue, sich spontan zeigende Ansätze offen zu sein. Über diesen Themenkreis wird in den Kapiteln 5 und 6 noch ausführlicher zu reden sein.

Wer mit Vorurteilen ans Werk geht, kann häufig auf völlige Abwege geraten. Es gibt Fälle, wo Gesetzmäßigkeiten alles andere als offensichtlich sind, und andere, wo der wahre Sachverhalt viel komplizierter ist, als man dies auf den ersten Blick vermutet. Die folgende Aufgabe ist ein gutes Beispiel dafür, dass man bei freimütigen Verallgemeinerungen auf die Nase fallen kann:

KREISE UND PUNKTE

Auf dem Umfang eines gegebenen Kreises werden N Punkte markiert. Je zwei dieser Punkte werden geradlinig verbunden. In wie viele Gebiete wird der Kreis bei dieser Prozedur höchstens eingeteilt? Hat man es beispielsweise mit 4 Punkten zu tun, so liegt das gesuchte Maximum – und im Übrigen auch das Minimum – bei 8.

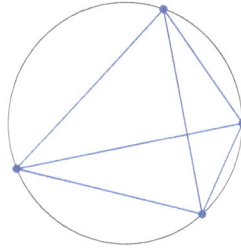

Versuchen Sie, eine Lösung zu finden!

Schwierigkeiten?

Arbeiten Sie sorgfältig mehrere Beispiele durch!

Wodurch können Sie sicherstellen, dass Sie tatsächlich die Maximalzahl von Gebieten erhalten haben?

Lässt sich bei den gefundenen Zahlen eine Gesetzmäßigkeit erkennen?

Testen Sie Ihre Vermutung an mehreren Beispielen!

Wie oft schneiden sich die Verbindungslinien?

Seien Sie vorsichtig!

Im Allgemeinen wird man durch das Ausprobieren der ersten fünf Fälle dazu verführt, zu glauben, bei S Punkten gebe es höchstens $2S - 1$ Gebiete. Für $S = 6$ würde dies bedeuten, dass es maximal 32 Teilbereiche gibt. Wer dies aber verifizieren will, wird verzweifelt nach dem zweiunddreißigsten Gebiet suchen, bevor er sich damit abfindet, dass er sich auf einer falschen Fährte befindet. Sie können daraus die lehrreiche Erkenntnis ziehen, dass Sie sich von einem „schönen" Muster nicht blenden lassen sollten!

4.5   Zusammenfassung

Vermutungen sind die Keimzellen von Verallgemeinerungen. Häufig sprudelt aus einer Vermutung gleich eine Fülle von weiteren Ideen hervor. Das ist gerade so, wie wenn Sie sich einer Gruppe von Schmetterlingen nähern, die bei Ihrer Ankunft alle auf einen Schlag verschreckt wegfliegen. Es kommt darauf an, einzelne von ihnen zu fassen zu bekommen und sich an den früher besprochenen zyklischen Prozess zu erinnern:

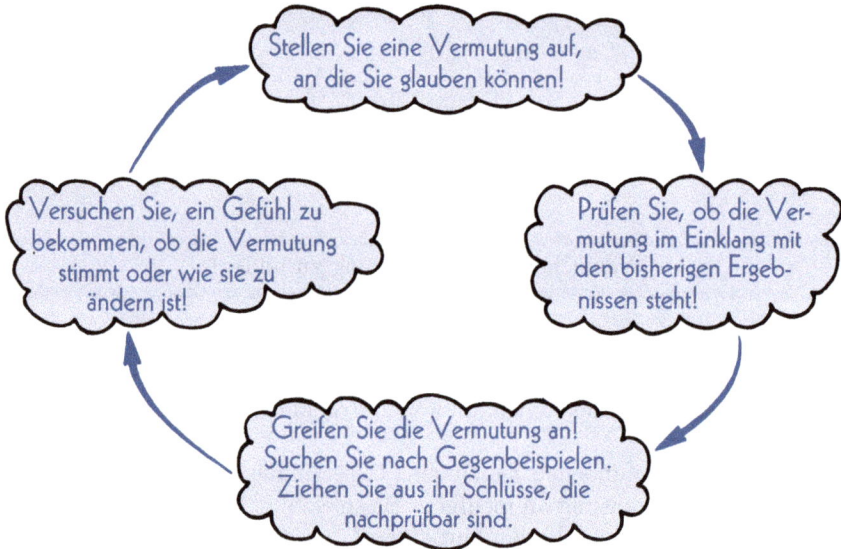

Das Formulieren, Testen und eventuelle Modifizieren von Vermutungen bildet das Rückgrat jeder Lösung.

Das Aufstellen von Vermutungen setzt den kreativen Vorgang des Verallgemeinerns voraus. Es genügt nicht, Beispiele anzusammeln und zu glauben, nun müsse einem eine Verallgemeinerung ins Auge springen. Wichtig ist es vielmehr, dass man sich die Fragestellung voll und ganz klar macht. Vielleicht müssen weitere, anders geartete Spezialfälle betrachtet werden. Ihre Möglichkeiten sind dabei umso größer, je mehr Übung Sie in der Handhabung von mathematischen Techniken haben und je höher Ihr Wissensstand ist. Schließlich und endlich bleiben Vermutungen immer suspekt. Halten Sie sich das Beispiel KREISE UND PUNKTE als Menetekel vor Augen!

In Kapitel 10 treten in den folgenden Aufgaben ähnliche Beispiele für das Aufstellen von Vermutungen auf.

> QUADRATSUMMEN, MEHR ÜBER SUMMEN AUFEINANDERFOLGENDER
> ZAHLEN, FAIRE TEILUNG, MEHR ÜBER DAS MÖBELRÜCKEN, WÜSTE

Weitere in den Lehrplan zu integrierende Aufgaben finden Sie in Kapitel 11.

Handlungen	Phasen	Schlüsselbegriffe	Prozesse	Zustände

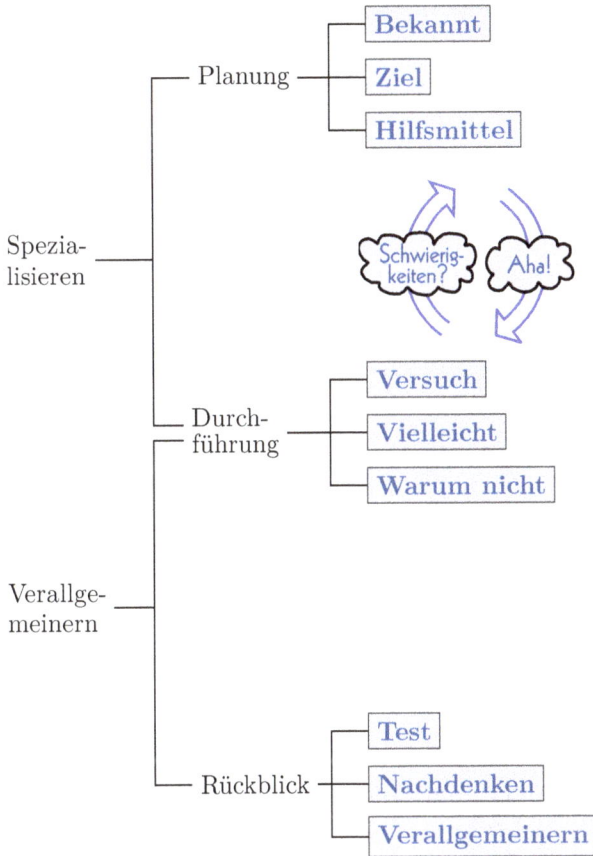

5 Erklären und Beweisen

In diesem Kapitel beschäftigen wir uns damit, wie bestimmte Sachverhalte erklärt und bewiesen werden können. Die Suche nach einer Erklärung setzt voraus, dass man ein Gefühl dafür bekommt, weshalb eine bestimmte Erscheinung auftritt. Wenn man dagegen einen Beweis antreten will, muss man in der Lage sein, sich selbst und mehr noch jede beliebige andere Person von der Wahrheit eines bestimmten Sachverhalts zu überzeugen. Dies setzt natürlich ein gewisses Grundverständnis für mathematische Beweistechniken voraus und ist eine erhebliche Weiterentwicklung verglichen mit dem bloßen Aussprechen von Vermutungen.

5.1 Strukturen

In den ersten drei Kapiteln sind wir bei der Lösung von Aufgaben stets so vorgegangen, dass wir zuerst den wahren Sachverhalt erraten wollten und danach bemüht waren, eine Erklärung dafür zu finden. Manchmal mussten wir auch einsehen, dass eine Hypothese fallengelassen werden musste. Als wir etwa das Beispiel SCHACHBRETTQUADRATE behandelt haben, ließen sich alle Vermutungen recht schnell durch geschicktes Auszählen von Quadraten beweisen. Das ist leider nicht typisch; oft ist es vielmehr so, dass die Führung eines Beweises weitaus schwieriger ist als das Erraten der Wahrheit. Noch schwieriger ist es selbstverständlich, andere von der Richtigkeit der eigenen Schlussfolgerungen zu überzeugen. Zwei besonders extreme Beispiele dafür, dass die Erklärung eines Sachverhalts im Dunkeln bleibt, sind die GOLDBACH-VERMUTUNG und folgende Zahlenspielerei:

ITERATIONEN
Wählen Sie irgendeine natürliche Zahl aus.

Ist die Zahl gerade, so teilen Sie sie durch 2.

Ist die Zahl dagegen ungerade, so multiplizieren Sie sie mit 3 und addieren anschließend 1. Die so erhaltene Zahl ist durch 2 zu dividieren.

Wiederholen Sie dieses Verfahren für die neugebildete Zahl!

Zu zeigen ist, dass Sie hierbei immer bei der Zahl 1 landen werden.

> Verwenden Sie nicht allzuviel Zeit für dieses Problem!

Dieses Beispiel wurde am Rechner mindestens für alle Zahlen unterhalb von einer Million durchgespielt, und immer landete man irgendwann bei der 1. Genau wie bei der GOLDBACH-VERMUTUNG hat man schon viele Spezialfälle untersucht, und in beiden

Fällen sind die Mathematiker von der Richtigkeit der jeweiligen Behauptungen überzeugt. Nichtsdestotrotz ist es bis zum heutigen Tag niemandem gelungen, einen allgemeingültigen Beweis zu finden. Es kommt nicht darauf an, immer noch mehr Beispiele aufzuhäufen; von Interesse ist es vielmehr, ein zugrundeliegendes Muster aufzudecken, das als Ausgangspunkt für einen Beweis herangezogen werden kann.

Die Mathematiker haben sehr viel Zeit und Mühe darauf verwendet zu erklären, was man unter einer Struktur versteht. Tatsächlich kann man sagen, dass große Teile der heutigen Mathematik durch die in ihnen behandelten Strukturen charakterisiert werden können. Es wäre vermessen, eine allgemeine Definition für den Strukturbegriff geben zu wollen; ich kann Ihnen aber an Hand einiger Beispiele eine grobe Vorstellung davon vermitteln.

STREICHHÖLZER I
Wie viele Streichhölzer benötigt man, um 14 Quadrate in einer Reihe zu basteln, von denen jedes als Seitenlänge die Länge eines einzelnen Streichholzes hat?

Versuchen Sie, eine Lösung zu finden!

Nun, das einfachste, was man hier tun kann, ist es, einfach die 14 Quadrate auszulegen und die nötigen Streichhölzer abzuzählen. Tatsächlich wird es aber genügen, sich die Situation für die ersten vier, fünf Quadrate anzusehen und dann eine allgemeingültige Gesetzmäßigkeit aufzusuchen. Man erhält hierbei die Zahlenfolge:

$$4, 7, 10, 13, \ldots$$

Man erkennt bereits auf den ersten Blick, dass sich jede Zahl von der vorhergehenden um 3 unterscheidet. Damit ist nicht nur klar, dass wir erwarten, für 14 Quadrate 43 Streichhölzer zu brauchen, wir können auch ganz allgemein sagen, dass wir für N Quadrate $3N+1$ Streichhölzer brauchen. Um das zu beweisen, müssen wir uns überlegen, wie wir einen Zuwachs um jeweils 3 Streichhölzer erklären können.

Das ist im vorliegenden Fall wirklich ganz einfach; Sie müssen sich nur klar machen, wie die Quadratreihe aufgebaut wird:

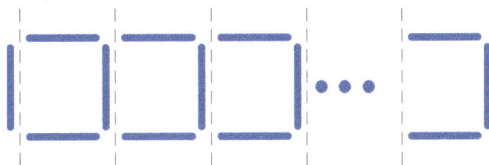

Offenbar kann man also ausgehend von einem einzelnen Streichholz durch geeignetes Hinzufügen von je drei Streichhölzern je ein weiteres Quadrat aufbauen. Wir haben also bei N Quadraten N Gruppen zu je 3 Streichhölzern sowie das einzelne vom Anfang, insgesamt also $3N + 1$ Streichhölzer. Dies ist eine schlüssige Argumentation, denn die vermutete Formel lässt sich auf die Struktur der Streichholzkonfiguration zurückführen.

Ziehen Sie aus der Einfachheit des letzten Beispiels aber keine voreiligen Schlüsse! Sehr oft hat man eine Vermutung und ist dennoch völlig außerstande, sie nachzuweisen. Versuchen Sie einmal, das folgende Beispiel zu lösen:

STREICHHÖLZER 2
Wie viele Streichhölzer braucht man, um N^2 Quadrate in der unten skizzierten Anordnung zu bilden?

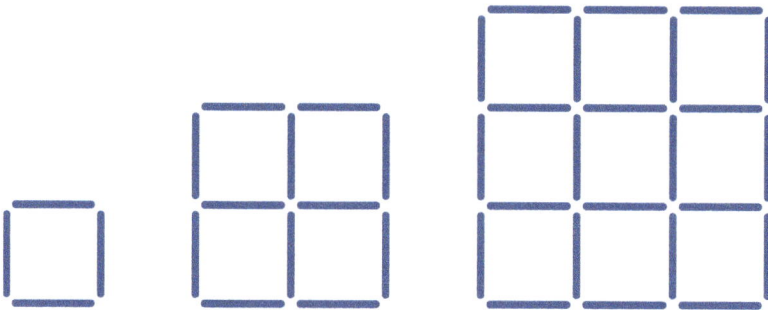

Probieren Sie es!

Schwierigkeiten?
Untersuchen Sie systematisch geeignete Spezialfälle!
Zählen Sie die Streichhölzer aus!
Gehen Sie zur nächsthöheren Stufe über und suchen Sie nach einer Gesetzmäßigkeit!
Wie haben Sie die Streichhölzer gezählt? Verallgemeinern Sie Ihre Methode!
Versuchen Sie andere systematische Zählweisen zu ersinnen!

Wenn Sie nur gedankenlos abgezählt haben, wie viele Streichhölzer für jede Figur verwendet werden mussten, werden Sie kaum zu einem vernünftigen Ergebnis kommen, denn die nackten Zahlen sagen Ihnen wahrscheinlich nichts. Haben Sie dagegen darauf geachtet, wie Sie die Zählung durchgeführt haben, so sieht die Sache anders aus. Dann können Sie nämlich sagen, wie Sie die Streichhölzer in der N-ten Figur auszählen können. Offenbar besteht die N-te Figur aus N kleinen Quadraten. Dabei gibt es:

$N + 1$ Reihen mit N waagrechten Streichhölzern;
$N + 1$ Spalten mit N senkrechten Streichhölzern.

Das sind zusammen $2N(N + 1)$ Streichhölzer. Das ist wirklich schwer herauszufinden, wenn man nur die Zahlenfolge

$$4, 12, 24, ?$$

vor Augen hat. Achtet man dagegen auf die zugrundeliegende Struktur, so ist alles ganz einfach.

Die soeben betrachtete Struktur bestand aus einem Zusammenhang zwischen dem geometrischen Muster aus Streichholzzeilen und -spalten und den daraus resultierenden Zahlen. Es ist schwer, diese Struktur abstrakt zu fassen; ihre beiden Realisierungen als Zahlenfolge bzw. Streichholzmuster sind dagegen leicht zu begreifen. Der Nachweis der Formel gelang durch Aufzeigen des Zusammenhangs zwischen Geometrie und Formelaufbau. Während der Beweis bei STREICHHÖLZER 1 auf dem Studium des Übergangs zum jeweils nächsten Quadrat beruht, wird bei STREICHHÖLZER 2 das Quadrat als Ganzes untersucht. Beide Vorgehensweisen sind in der Mathematik weit verbreitet: sowohl der iterative oder rekursive Aufbau einer Figur als auch die Betrachtung der Gesamtsituation.

Bei beiden Beispielen ließ sich die Struktur durch eine leicht zu definierende Zahlenfolge erfassen. Das ist freilich nicht immer so. Bei der Behandlung von POLSTERSESSEL trat eine ganz anders geartete Struktur auf. Hier haben wir einen Pfeil benützt, um zu charakterisieren, wo beim Sitz gerade vorne ist. Wenn man dann die Bewegungen des Sessels verfolgen möchte, muss man nur die Folge der zugehörigen Pfeile betrachten. Dies führt zu einem schachbrettartigen Muster aus abwechselnd waagrechten und senkrechten Pfeilen:

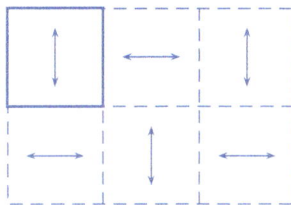

Bei allen Drehungen um 90 Grad bleibt dieses Schachbrettmuster erhalten. Daher ist es völlig ausgeschlossen, dass der Sessel genau neben seinem ursprünglichen Standort steht und die am Anfang vorhandene Orientierung besitzt.

Bei der Nachbereitung meines Beweises stellte ich mir die Frage, ob nicht ein anderer – von der Schachbrettstruktur völlig unabhängiger – Beweis hätte gefunden werden können. Zu diesem Zweck führte ich ein Koordinatensystem ein. Wenn ich nun die Bewegungen von einer Ecke in diesem System verfolgte, so fiel mir auf, dass die Summe der Koordinaten von einer festen Ecke immer gerade oder immer ungerade waren. Bei dieser Entdeckung hatte ich natürlich insgeheim die Schachbrettstruktur im Hinterkopf. Diese Entdeckung ließ sich nun wie folgt in einen Beweis ummünzen:

Wir nehmen an, eine feste Ecke besitze zunächst die Koordinaten (a, b). Nach einer Drehung um 90 Grad sind dann nur folgende Positionen denkbar:

$$(a, b), \qquad (a+1, b+1), \qquad (a+2, b),$$
$$(a-1, b-1), \qquad (a, b-2), \qquad (a+1, b-l).$$

Dies verdeutlicht die folgende Skizze:

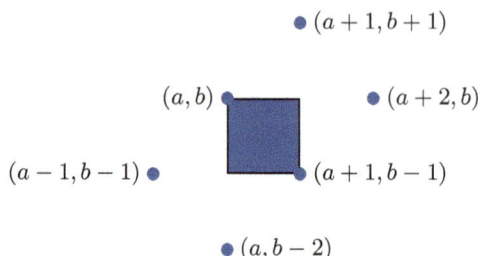

$$\bullet\,(a+1,b+1)$$

$$(a,b)\,\bullet \qquad\qquad \bullet\,(a+2,b)$$

$$(a-1,b-1)\,\bullet \qquad\qquad \bullet\,(a+1,b-1)$$

$$\bullet\,(a,b-2)$$

Wie Sie sehen, bleibt dabei die Koordinatensumme immer gerade oder ungerade, je nach der vorgefundenen Ausgangslage. Die Fragestellung verlangt aber, dass der Stuhl in eine Position gebracht wird, in der die Koordinatensummen ihre Parität wechseln. Das ist nach unseren Überlegungen aber völlig unmöglich.

Ein weiteres Beispiel für eine nicht-arithmetische Struktur tauchte bei FÜNFZEHN auf, wo alle relevanten Informationen aus einem magischen Quadrat bezogen werden konnten.

4	9	2
3	5	7
8	1	6

Die Beispiele aus diesem Abschnitt geben natürlich nur eine kleine Auswahl aus dem weiten Bereich der mathematischen Strukturen wieder. Komplizierteren Strukturen werden Sie bei wachsender Vertrautheit mit der Materie und schwierigeren Fragestellungen begegnen. Wichtig ist, dass Sie sich ins Gedächtnis rufen, dass eine Vermutung durch qualifiziertes Raten entsteht. Sie versucht zu beschreiben, was passiert. Hat man erst einmal eine Hypothese aufgestellt, muss man versuchen, sie zu beweisen oder nötigenfalls abzuändern. Dies ist die Suche nach dem Warum. Damit geht unsere Zielsetzung von der Frage nach dem Was zu der Suche nach einer Erklärung über. Die Antwort auf die Frage nach dem Warum besteht aus einer Struktur, die das Bekannte mit dem Vermuteten verbindet. Ihr Beweis besteht darin, diese Verbindung aufzuzeigen.

5.2   Die Suche nach Strukturen

In diesem Abschnitt wollen wir uns genauer damit befassen, wie Strukturen zum Beweisen von Vermutungen herangezogen werden können. STREICHHÖLZER 1 und STREICH-HÖLZER 2 zeigen, dass die Suche nach einer Erklärung für gewöhnlich das Hantieren mit zwei Grundmustern voraussetzt. Zum einen hat man es mit den ursprünglichen Daten wie etwa den Streichholzkonfigurationen zu tun; diese repräsentieren das, was gegeben ist. Sodann hat man eine Vermutung vorliegen, die bewiesen werden soll. Wenn man eine Frage in zufriedenstellender Weise beantworten will, muss man diese beiden Dinge klar und deutlich miteinander verknüpfen können. Manchmal lässt sich das gemeinsame Muster direkt aus dem angestrebten Ziel ableiten, wie etwa bei STREICHHÖLZER 1, wo die Analyse der Zahlenfolge

$$4, 7, 10, 13, \ldots$$

im Mittelpunkt stand. Manchmal kann man die benötigte Information auch direkt aus den Voraussetzungen ableiten; das war bei STREICHHÖLZER 2 der Fall. Meist ist es jedoch so, dass sich die gesuchte Gemeinsamkeit aus einem intensiven Wechselspiel zwischen den beiden Elementen Voraussetzung und Behauptung finden lässt. Das Band, das beide verbindet, ist die gesuchte Struktur. Die Natur des Beweises besteht darin, dieses Band explizit aufzuzeigen.

Die beiden Streichholz-Beispiele waren mit Absicht ganz einfach, die angesprochenen Prinzipien sind aber immer die gleichen. So führte beim Beispiel PALINDROME eine systematische Spezialisierung zu der Entdeckung, dass sich aufeinanderfolgende Palindrome um 110 oder 11 unterscheiden. Dies brachte ich in Zusammenhang mit dem, was ich bisher schon über Palindrome wusste.

Ebenso lagen die Verhältnisse bei FLICKENMUSTER. Dort entdeckte ich durch das systematische Auswerten von Spezialfällen, dass man stets mit zwei Farben auskommen kann. Diese Vermutung konnte ich mit Hilfe eines Algorithmus beweisen, der mir beschrieb, wie ich nach dem Hinzufügen einer weiteren Linie verfahren sollte. Dieser hing von zwei Grundvoraussetzungen ab: die Figur konnte durch systematisches Ergänzen einzelner Linien konstruiert werden, und jedes Teilgebiet blieb bei diesem Verfahren entweder intakt oder es zerfiel in genau zwei Teile. Sowohl die Behandlung von PALINDROME als auch die von FLICKENMUSTER erforderte mehr als eine systematische Spezialisierung. Man musste ein bestimmtes Grundmuster (das Ziel) entdecken und dieses in Beziehung zu der Grundstruktur, dem Bekannten, setzen.

KREISE UND PUNKTE ist ein anderes Beispiel für ein klares arithmetisches Muster, das in der Ausgangskonfiguration nicht erkennbar ist. Es scheint auf der Hand zu liegen, dass die durch Beispielbildung gewonnene Folge

$$1, 2, 4, 8, \ldots$$

durch weitere Zweierpotenzen fortzusetzen ist; dies hat aber nichts mit der geometrischen Figur zu tun. Das Auffinden einer Gesetzmäßigkeit auf Grund der ersten paar Werte ist aber nicht ausreichend; es genügt eben nicht, nur plausible Vermutungen zu äußern. All das nützt nichts, wenn keine Beziehungen zu den Ausgangsdaten hergestellt werden können. Die nächste Aufgabe illustriert, wie dies vielfach bei Zählaufgaben gemacht werden kann.

BIENENSTAMMBAUM
Männliche Bienen schlüpfen aus unbefruchteten Eiern und haben somit eine Mutter, aber keinen Vater. Weibliche Bienen kommen dagegen aus befruchteten Eiern. Wie viele Vorfahren besitzt eine männliche Biene, wenn man zwölf Generationen zurückgeht und den Ahnenschwund vernachlässigt? Wie viele dieser Vorfahren sind männlich?

⚑

> **Versuchen Sie, eine Lösung zu finden!**

Schwierigkeiten?

Planung:
  Zeichnen Sie ein Diagramm oder einen Stammbaum!
  Zeichnen Sie bloß nicht alle zwölf Generationen!

Durchführung:
  Suchen Sie nach einem Muster in den Zahlen und im Diagramm. Bestärkt dies
  Ihre Vermutung? Sie brauchen eine direkte Beziehung zwischen dem Wachstum der
  Zahlen und der Zunahme der Generationen.

BIENENSTAMMBAUM ist von Interesse, weil Leute, die die Folge der Fibonacci-Zahlen

$$1, 1, 2, 3, 5, 8, \ldots$$

kennen, diese schnell in diesem Zusammenhang zu erkennen glauben. Jede Fibonacci-
Zahl ab der dritten ist die Summe ihrer beiden Vorgänger. Zunächst einmal ist es aber
nur eine pure Vermutung, dass die Fibonacci-Zahlen die vorgegebene Aufgabe lösen. Es
ist notwendig, einen Zusammenhang zwischen ihnen und unserem Problem herzustellen.
Dieser kann wie folgt formuliert werden:

Zahl der Bienen		Zahl der Bienen		Zahl der Bienen
$N+2$	$=$	$N+1$	$=$	N
Generationen zurück		Generationen zurück		Generationen zurück

Beachten Sie bitte, dass die Aufstellung dieser Formel allein noch nicht genügt. Sie
müssen sie vielmehr in Beziehung zu den vorgegebenen Informationen setzen.

⚑

> **Versuchen Sie es!**

Nachdem somit die Struktur aufgeklärt worden ist, ist es nicht mehr schwierig, die ein-
gangs gestellte Frage zu beantworten. Das lässt sich nun einfach ausrechnen. Vielleicht
haben Sie das Ergebnis auf Grund Ihrer Kenntnis der Fibonacci-Zahlen erraten können;
das allein genügt aber nicht. Sie müssen unbedingt den Zusammenhang zum Problem
aufdecken (denken Sie zur Warnung an KREISE UND PUNKTE).

Die bei Zählaufgaben auftretenden Strukturen ähneln im Allgemeinen denen, die wir bei
BIENENSTAMMBAUM vorgefunden haben. Regeln, die für die gezählten Objekte gelten,
spiegeln sich in den zugehörigen Zahlen wider. Wenn Sie derartige Gesetzmäßigkeiten
bei Zahlen entdecken, ist es naheliegend, Analoga bei den betrachteten Objekten zu suchen. Manchmal ist es auch hilfreich, die gestellte Aufgabe auf ein anderes Zählproblem
zurückzuspielen, dessen Lösung man kennt.

Die Struktur, die bei der nächsten Aufgabe vorzufinden ist, ist weitaus komplizierter;
dennoch haben die Gesetzmäßigkeiten bei den bekannten Objekten ihre Pendants in
den gesuchten Zahlen.

NETTE ZAHLEN

Eine Zahl N heißt „nett", wenn ein Quadrat in N verschiedene Teilquadrate zerlegbar ist. Charakterisieren Sie die netten Zahlen!

> Versuchen Sie, eine Lösung zu finden!

Schwierigkeiten?

Planung:

- Was heißt „zerlegbar"?
- Probieren Sie einfache Fälle durch!

Durchführung:

- Betrachten Sie so lange systematisch Spezialfälle, bis Sie zu einer Vermutung gelangen!
- Treffen Sie irgendwelche Annahmen über das betrachtete Quadrat, die nicht ausdrücklich in der Aufgabenstellung erwähnt sind?
- Führen Sie eine Zerlegung durch, und zerlegen Sie eine der Quadratzahlen!
- Beginnen Sie mit einem einzelnen Quadrat, und konstruieren Sie andere darum herum!

Wenn Sie eine große Zahl von Beispielen durchprobiert haben, werden Sie bemerken, dass Zahlen der Art

$$1, 4, 9, 16, \ldots$$

nett sind. Wenn Sie bemerkt haben, dass nirgendwo geschrieben steht, dass alle Teilquadrate gleich groß sein müssen, werden Sie festgestellt haben, dass auch folgende Zahlen zu den netten zählen:

$$4, 7, 10, 13, \ldots$$

Gibt es darüber hinaus noch weitere? Bekannt ist, dass jede Zerlegung mindestens ein Quadrat umfasst. Wie kann man nun ein paar weitere darum herum gruppieren? Mit etwas Glück finden Sie so die Zahlen

$$6, 8, 10, 12, \ldots$$

Insgesamt haben wir somit folgende Liste von netten Zahlen:

1, 4, 6, 7, 8, 9, 10, ...

Dies kann man auch so ausdrücken, dass zu erwarten steht, dass alle Zahlen mit Ausnahme von 2, 3 und 5 nett sind. Wie will man aber zum Beispiel nachweisen, dass 1587 nett ist? Hierzu müssen Sie unbedingt eine passende Struktur finden, die den Beweis des erwarteten Sachverhalts gestattet.

> Versuchen Sie das jetzt!

Schwierigkeiten?

Durchführung:

Kann aus der Tatsache, dass K nett ist, geschlossen werden, dass auch alle größeren Zahlen nett sind? Gehen Sie von einem Ihrer K Quadrate aus!

Was können Sie aus der Tatsache schließen, dass 6, 7 und 8 nett sind?

Verallgemeinerung

Die dreidimensionale Verallgemeinerung des hier in Rede stehenden Sachverhalts handelt von Würfeln und „sehr netten" Zahlen. Man kann vermuten, dass alle Zahlen, die größer als 47 sind, sehr nett sind, doch bis zur Stunde ist darüber nur sehr wenig bekannt.

Die Idee, eine komplizierte Konstruktion aus einfacheren Elementen aufzubauen, wurde bereits früher erwähnt, und NETTE ZAHLEN kann unter dem gleichen Blickwinkel gelöst werden. Einer der Grundmechanismen für die Quadratzerlegung von Quadraten besteht darin, eines der K Quadrate einer 4er-Teilung zu unterwerfen; aus der ursprünglichen K-Zerlegung entsteht somit eine $K + 3$-Zerlegung. Wenn also die Zahl K nett ist, so gilt dies mit Sicherheit auch für $K + 3$. Nun ist aber bereits bekannt, dass 6, 7 und 8 nett sind; daher ist es möglich, systematisch mit Hilfe der vorhin geschilderten Idee alle weiteren Fälle zu erschlagen.

Ähnlich liegen die Verhältnisse beim BIENENSTAMMBAUM. Die dabei auftretende Fibonacci-Folge lässt sich doch dadurch charakterisieren, dass jede Zahl ab der dritten gleich der Summe der beiden vorhergehenden ist. Oft kennt man zwar die einzelnen Glieder einer Folge nicht, wohl aber das zugrundeliegende Bildungsgesetz. In diesem Fall spricht man davon, die Zahlenfolge sei rekursiv definiert. Da derartige Situationen in der Mathematik häufig vorkommen, beschäftigt sich ein ganzes Teilgebiet der Mathematik damit, für solche Fälle explizite Formeln aufzustellen. Derartige Überlegungen haben also zu einer Bereicherung der Mathematik geführt.

NETTE ZAHLEN vervollständigt die Liste unserer Beispiele, die die Rolle von Strukturen bei Beweisführungen illustrieren sollen. Im Hinblick darauf verweise ich Sie besonders auf die Aufgaben TASSENDREHEN und POLYGONZAHLEN in Kapitel 10.

5.3 Wann hat man eine Vermutung bewiesen?

Es ist wichtig, dass Sie sich darüber im Klaren sind, dass die meisten Vermutungen falsch sind. Gerade die falschen sind oft aber die lehrreichsten. Diese Sätze scheinen sich gegenseitig zu widersprechen; der Weg zu einer richtigen Lösung ist aber üblicherweise mit falschen Hypothesen, Fehlbeurteilungen von Sachverhalten und schieren Rechenfehlern gepflastert. Wir haben in den früheren Kapiteln mehrere Beispiele dafür kennengelernt; hier möchte ich Sie nur kurz an die folgenden erinnern:

PALINDROME:

Dort hatte ich fälschlicherweise vermutet, dass man alle vierziffrigen Palindrome erhält, wenn man konsequent 110 zu 1001 hinzuaddiert.

TOASTER:

Hier werden die meisten Leute zu falschen Spekulationen verführt.

FARBE AM RAD:
Diese Aufgabe lädt zu zwei sehr naheliegenden Hypothesen ein, die sich dummerweise gegenseitig ausschließen.

In all diesen Fällen wäre man sehr schlecht beraten gewesen, wenn man die ursprünglichen Vermutungen ungeprüft übernommen hätte. Gerade die Kontrollphase ist die Mutter vieler guter Einfälle. Das Dumme ist nur, dass es schwerfällt, einer Vermutung skeptisch gegenüberzustehen, die man nach langer und zäher Arbeit gefunden hat und die sehr plausibel klingt. Schließlich hat man in sie auch emotionell sehr viel investiert. Dies kann dazu verführen, beim Testen sehr nachlässig zu sein. Wie kann man dann aber sicher sein, dass man eine Hypothese sorgfältig genug geprüft bzw. endgültig bewiesen hat? Das kann man natürlich kurz und bündig dahingehend beantworten, dass es hierbei keine absolute Sicherheit gibt. Die Geschichte der Mathematik kennt viele Irrtümer. Aber Sie können lernen, wie Sie kritisch zu Werke gehen und die Gefahr einer falschen Schlussweise möglichst niedrig halten können.

Wie im letzten Abschnitt ausgeführt wurde, hat das Führen eines Beweises sehr viel damit zu tun, dass man eine zugrundeliegende Gesetzmäßigkeit oder eine Beziehung zwischen den Voraussetzungen und dem Ziel entdecken kann. Wenn Sie glauben, ein derartiges Bindeglied gefunden zu haben, ist der weitere Nachweis nur noch eine Frage der sorgfältigen Ausarbeitung. Wie bereits beim Auffinden der Vermutung kann es auch hier passieren, dass Ihre Beweisidee mehrfach modifiziert werden muss. Ich würde Ihnen empfehlen, in folgenden Stufen vorzugehen:

> Überzeugen Sie sich selbst.
> > Überzeugen Sie einen Freund.
> > > Überzeugen Sie einen Feind.

Der erste Schritt, nämlich sich selbst zu überzeugen, fällt einem leider oft viel zu leicht!

Der zweite Schritt besteht darin, einen Freund oder Kollegen überzeugen zu wollen. Das zwingt Sie dazu, Ihre Gedanken klar zu ordnen und klar zu artikulieren. Nur so können Sie Ihren Freund von der Richtigkeit Ihres Vorgehens überzeugen. Oft wird es dabei nützlich sein, die treffendsten Beispiele aus Ihrer Vorbereitungsphase noch einmal vorzuführen; dies verschafft Ihrem Freund einen gewissen Erfahrungshintergrund. Beispiele genügen natürlich bei weitem nicht. Vielleicht glaubt Ihr Freund sonst, dass Ihre Behauptung plausibel sei; Sie müssen aber schon jeden einzelnen Schritt sorgfältig begründen können. Beispielsweise reicht es bei der GOLDBACH-VERMUTUNG oder bei ITERATIONEN bei weitem nicht aus, wenn Sie sagen:

> Probiere eine Anzahl von Beispielen durch, und Du wirst sehen, dass das stimmt.

Nein, Sie müssen die strukturellen Gründe für die Richtigkeit Ihrer Behauptung auf den Tisch legen.

Selbst wenn es Ihnen gelungen sein sollte, Ihren Freund zu überzeugen, so ist das bei weitem noch nicht ausreichend! Der dritte
Schritt verlangt von Ihnen vielmehr, dass Sie sich mit jemandem
auseinandersetzen, der all Ihren Äußerungen skeptisch gegenübersteht und jedes Argument anzweifelt. Ich habe oben absichtlich davon gesprochen, dass Sie versuchen sollten, einen Feind zu
überzeugen. Es ist ein wichtiges geistiges Training, wenn Sie lernen, alles auch vom Standpunkt eines Feindes aus zu sehen. Sie
werden dadurch selbst Ihr schärfster Kritiker.

Wenn Sie sehen wollen, wie ein „innerlicher" Feind zu Werke geht, sollten Sie sich noch
einmal die Situation beim Lösen von FLICKENMUSTER ins Gedächtnis rufen. Unsere
Untersuchung führte uns zu folgender Vermutung:

> Man kommt immer mit zwei Farben aus.

Mehrere Versuche wurden angestellt, um einen Färbungsalgorithmus aufzustellen, der
mit zwei Farben auskommt. Zu diesem Zweck wurden einige Vermutungen aufgestellt
und wieder verworfen. All das verfolgte den Zweck, das Warum zu ergründen. Durch
systematisches Reduzieren des Problems auf überschaubare Situationen kam man langsam zu einer Methode, die zu funktionieren schien. Diese lässt sich folgendermaßen in
Worte fassen:

> Wenn eine neue Begrenzungslinie hinzugefügt wird, werden einige der alten
> Gebiete in zwei Teile zerlegt. Belassen Sie bei allen Gebieten auf einer festen
> Seite der neuen Grenze die alte Färbung, und ändern Sie bei den Gebieten
> auf der anderen Seite konsequent die Färbung.

Die Frage nach dem Warum ist damit noch nicht abschließend beantwortet, sie stellt
sich jetzt aber in etwas veränderter Form. Gefragt wird nicht mehr:

> Warum kommt man mit zwei Farben aus?

sondern

> Warum funktioniert der oben beschriebene Färbungsalgorithmus?

Einem Freund gegenüber erkläre ich das wie folgt:

> Das ganze Quadrat ist vorschriftsmäßig gefärbt, weil Gebiete entlang der
> neuen Grenze per Algorithmus verschieden gefärbt wurden und andere Re-
> gionen schon a priori unterschiedlich gefärbt waren; daran ändert sich ja
> nichts.

Die meisten meiner Freunde würden sich damit zufriedengeben, für etwaige Feinde wäre
die vorgetragene Argumentation dagegen bei weitem nicht ausreichend. Zwischen ihnen
und mir könnte sich etwa folgender Dialog abspielen:

Feind: Warum sind Gebiete, die die neue Linie als Grenze haben, verschieden gefärbt?

Ich: Bevor die neue Linie hinzugefügt wurde, waren diese Gebiete Bestandteile von
        ein und demselben Teilbereich. Daher waren sie ursprünglich gleich gefärbt. Jetzt
        liegt aber auf jeder Seite der neuen Trennlinie ein Teilbereich, daher werden sie
        per Vorschrift verschieden gefärbt.

Feind: Durch die Umfärbung könnte aber aus zwei Teilbereichen ein einheitliches neues Gebiet entstanden sein.

Ich: Nein, die neue Linie zerlegt die alten Gebiete in zwei Teile.

Feind: Woher wissen Sie, dass Gebiete längs alter Linien verschieden gefärbt sind? Könnte es nicht zu Überlappungen infolge der neuen Linie kommen?

Ich: Nein. Diese Gebiete waren ja schon von Beginn an verschieden gefärbt. Entweder behielten sie alle beide ihre alte Farbe bei oder sie wurden beide umgefärbt.

Feind: Woher wissen Sie, dass beide belassen oder beide umgefärbt wurden?

Ich: Das liegt daran, dass sie längs einer alten Linie aneinandergrenzen. Demzufolge können sie nicht auf verschiedenen Seiten der neuen Linie liegen.

Feind: Und warum nicht?

Ich: Zwei Teilbereiche liegen nur dann auf verschiedenen Seiten von zwei Linien, wenn sie nur in einem Punkt aneinanderstoßen. Dann haben sie aber auch keine gemeinsame Grenze.

Der innere Feind ist also dabei, eine niemals abreißende Kette von Fragen und Zweifeln zu äußern. Er ist ein hoffnungsloser Skeptiker. Natürlich erkennt man auf den ersten Blick, dass einige seiner Einwürfe ziemlich plump sind; dieser Eindruck verschwimmt aber, wenn man das Ganze unter der Prämisse betrachtet, dass man die vorgetragene Lösung für falsch hält und insbesondere genau erkunden möchte, wie es denn um die Zerlegung des Ausgangsgebiets bestellt ist. Fragen dieser Art sind auch für die „offenkundige" Verallgemeinerung zu stellen, dass beliebige, einander nicht überschneidende Kurven die Grenzen bilden. Irgendwo muss ganz wesentlich ins Spiel kommen, dass nur bestimmte gerade Linien zulässig sind. Die Mathematiker wurden aus solchen Fragen zu diesem Problemkreis heraus zu einer Fülle von Untersuchungen und Ideen angeregt; daraus ist eine ganz neue Disziplin, die Topologie, entstanden.

Wenn eine Frage in diesem Zusammenhang allerdings hilfreich sein soll, muss sie eine ganz bestimmte tatsächliche oder vermeintliche Schwachstelle aufspießen. Trotzdem kann mich die Entkräftung eines Einwands bis zur Darlegung der Anfangsgründe meiner Überlegungen zwingen, und wohl jeder Mathematiker kennt das Angstgefühl, dass seine schöne Lösung doch noch aus den Angeln gehoben werden könnte. Irgendwann einmal muss man natürlich den Schlussstrich ziehen; es fragt sich nur, wo. Fehler in allgemein anerkannten Beweisführungen traten oft erst dann zutage, wenn gerade das Selbstverständliche auf den Prüfstand gestellt wurde. Dies konnte auch völlig neue Entwicklungen stimulieren.

FLICKENMUSTER ist ein besonders hübsches Beispiel, denn dazu gibt es eine eng verwandte, weltberühmte Fragestellung:

VIERFARBENPROBLEM
Wie viele Farben werden mindestens benötigt, wenn man eine Landkarte so färben möchte, dass alle Gebiete, die eine gemeinsame Grenze besitzen, unterschiedliche Farben bekommen?

Schon im neunzehnten Jahrhundert kam die Vermutung auf, dass vier Farben immer ausreichend seien. Lange Zeit glaubte man sogar, einen Beweis für diesen Sachverhalt gefunden zu haben, bis ein findiger Kopf bei einem Verallgemeinerungsversuch doch noch einen Fehler entdecken konnte. Nach nahezu hundert Jahren gelang es dann erneut, einen Beweis zu finden. Dieser war aber so kompliziert, dass die einzelnen Schritte von einem Menschen gar nicht mehr bewältigt werden konnten; man ließ sie daher von einem Computer durchführen. Dies wirft natürlich für die Mathematik das philosophische und prinzipielle Problem auf, inwieweit man eine derartige Vorgehensweise als Beweis ansehen könne. Immerhin kann man ja nicht ausschließen, dass das Computerprogramm fehlerhaft ist. Hier hat der innere Feind ein reichhaltiges Betätigungsfeld, aber das Prinzip bleibt immer dasselbe: die Argumentation ist anzuzweifeln und auf Fehler oder unbewiesene Teile zu untersuchen.

Vielleicht sind Sie der Ansicht, dass die Forderung

> Überzeugen Sie einen Feind!

ein wenig seltsam klingt und stark übertrieben ist. Genau dies ist aber die Art und Weise, wie neue Resultate in der Mathematik allgemein geprüft werden, bevor sie anerkannt werden. Einer momentanen Erkenntnis folgend, wird ein Beweis formuliert und überprüft. Dies kann schriftlich oder im Dialog mit einem Kollegen geschehen. Nachdem dann einige Schwachstellen ausgemerzt worden sind, kann eine der Folgeversionen zur Publikation eingereicht werden. Dieser Entwurf wird von mindestens einem Experten auf dem betreffenden Gebiet (dem Feind!) durchgearbeitet. Die Ausarbeitung wird normalerweise von Entwurf zu Entwurf abstrakter. Der oder die Verfasser bemühen sich um formale Korrektheit und eliminieren die stärker anschaulichen Argumente. Das hat natürlich den unerfreulichen Effekt, dass der Leser später all die wunderschönen Formalismen wieder in seine konkrete Vorstellungswelt zurückübersetzen muss; nicht selten bleibt ihm dadurch die Einsicht in das Erreichte verborgen. Hätte man sich bei der Abfassung der Publikation dagegen stärker am Werdegang der Lösung orientiert, wäre das dem Verständnis wesentlich zuträglicher gewesen. Trotz aller eingebauter Sicherheitsvorkehrungen lässt sich aber nie völlig vermeiden, dass eine im Kern falsche Arbeit publiziert wird und man erst nach Jahren den oder die Fehler findet.

5.4   Wie wird man sein innerer Feind?

Es ist nicht immer leicht, einen Fremden als Feind zu gewinnen, der die eigenen Arbeiten geduldig, aber sehr kritisch durchliest. Daher ist es gut, wenn Sie lernen, Ihr eigener Feind zu werden. Abgesehen davon, dass Sie dann nicht nach einem „Feind" in Ihrem Bekanntenkreis Ausschau halten müssen, profitieren Sie bei Ihrer mathematischen Tätigkeit davon, dass Sie selbst Ihrem Tun skeptisch gegenüberstehen.

In diesem Abschnitt soll besprochen werden, wie Sie sich diese Haltung antrainieren können; Kapitel 7 wird dann weitere Einzelheiten liefern. Wer sein innerer Feind werden möchte, kann dies hauptsächlich durch folgende drei Maßnahmen erreichen:

1. Gewöhnen Sie sich daran, jede Aussage zunächst lediglich als Vermutung anzusehen. Dies wird Sie von der Meinung abbringen, in der Mathematik sei immer

alles richtig oder falsch, und Ihnen dazu verhelfen, nur solche Sachen als wahr zu akzeptieren, die Sie selbst kritisch nachvollzogen haben.

2. Gehen Sie an jede Vermutung sowohl mit dem Willen, sie zu bestätigen, als auch mit der Bereitschaft, sie zu Fall zu bringen, heran.

3. Gewöhnen Sie sich an, Einwände und Argumente von dritter Seite kritisch, aber positiv zu betrachten. Dies wird dazu führen, dass Sie im Kontrollieren von Aussagen besser geschult sind. Das ist wiederum sehr wichtig, denn gerade bei eigenen Arbeiten ist man nur allzugern bereit, Argumentationslücken oder -fehler zu übersehen.

Wer sich bemüht, seine eigenen Aussagen durch hässlich gewählte Beispiele zu Fall zu bringen, ist bei weitem nicht so masochistisch, wie dies auf den ersten Blick erscheinen mag. Es ist andererseits auch alles andere als einfach. Als wir uns mit dem zyklischen Prozess bei der Behandlung von Vermutungen auseinandergesetzt haben, war dieser Aspekt bereits Bestandteil des betreffenden Diagramms:

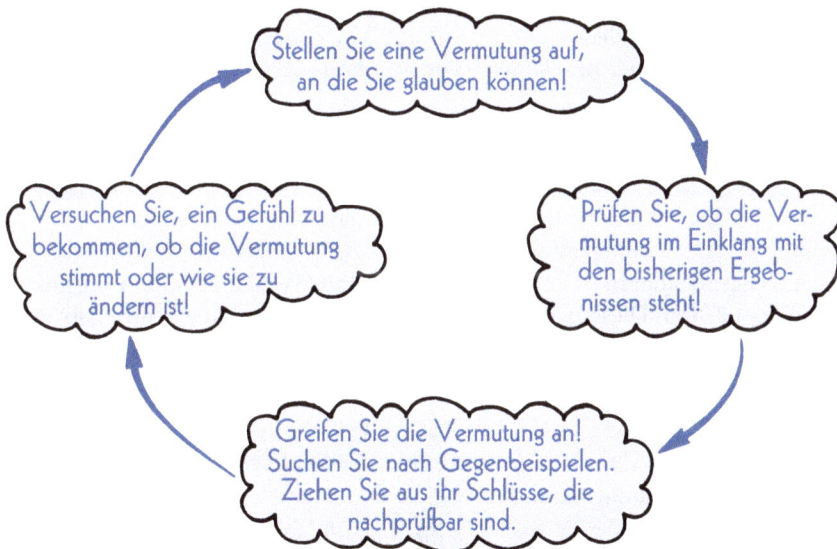

Wenn Sie Ihren eigenen Aussagen misstrauen sollen, so soll dies keineswegs nur ein Lippenbekenntnis zur eigenen Fehlbarkeit sein. Zum einen kann Ihre Argumentation in der Tat fehlerhaft sein, zum anderen können Sie bei dem Versuch, Ihre Hypothese zu Fall zu bringen, wertvolle Einsichten gewinnen, warum sie offenbar richtig ist. Es liegt in der menschlichen Natur begründet, dass die innere Einstellung zu einer Aussage sehr wesentlich die Handlungsperspektiven beeinflusst. Wer eine Behauptung daraufhin überprüft, ob sie wahr ist, kann scheitern; wenn derselbe Mensch aber versucht, sie zu Fall zu bringen, kann er ihre Richtigkeit einsehen. Das passierte mir beispielsweise, als ich FARBE AM RAD studierte. Ich war nicht in der Lage zu erkennen, weshalb nur eine Spurserie entstehen sollte. Erst als ich das innerlich in Abrede stellte und versuchte, den Abstand zwischen den von Vorder- und Hinterreifen herrührenden Markierungen zu berechnen, machte ich Fortschritte. Bei besonders hartnäckigen Problemeneweis halten sich viele Mathematiker an folgenden alten Ratschlag:

1. Halten Sie die Behauptung montags, mittwochs und freitags für wahr.
2. Halten Sie die Behauptung dienstags, donnerstags und samstags für falsch.
3. Nehmen Sie sonntags einen neutralen Standpunkt ein, und versuchen Sie, einen anderen Zugang zu finden.

Eines der besten Beispiele dafür, dass bei der Bearbeitung einer Aufgabe Glaube und Zweifel einander ständig abwechseln, basiert auf einem Gesellschaftsspiel aus der Viktorianischen Epoche:

EUREKA

Jemand denkt sich eine Regel aus, die dreigliedrige Zahlenfolgen erzeugt, und gibt eine Reihe von Zahlen an, die dieser Vorschrift genügen. Die anderen Anwesenden nennen ihrerseits Zahlentripel, und unser Spieler kommentiert, ob diese der Vorschrift genügen oder nicht. Alle Versuche sind allgemein bekannt. Wenn jemand glaubt, er habe die verborgene Regel entdeckt, so ruft er laut Eureka! Danach nennt er seinerseits regelgerechte Zahlentripel, um so den anderen auf die Sprünge zuhelfen.

Achtung! Dieses Spiel funktioniert nur dann, wenn nur verhältnismäßig einfache Vorschriften zugrundegelegt werden.

┌───┐
│   Spielen Sie EUREKA zum nächstmöglichen Zeitpunkt!   │
└───┘

Als hübsches Beispiel hierzu präsentierte Peter Wason (Wason und Johnson-Laird, 1972) das Zahlentripel 2, 4, 6. Diesem könnte eine ganze Reihe von einfachen Regeln zugrundeliegen. Nach kurzer Zeit stellt sich aber heraus, dass es sich nicht um eine der folgenden Vorschriften gehandelt haben kann:

- Nimm drei aufeinanderfolgende gerade Zahlen.
- Nimm drei gerade Zahlen in aufsteigender Reihenfolge.
- Nimm 3 Zahlen, deren Summe 12 ist.
- Nimm 3 Zahlen in aufsteigender Reihenfolge, von denen mindestens zwei gerade sein müssen.
- usw.

Der einzige Weg, diese und ähnliche Regeln auszuschließen, besteht darin, ein Beispiel anzugeben, das ihnen genügt und dennoch verworfen wird. Viele Leute bemühen sich nur, ihre eigenen Vermutungen zu erhärten und können so nie feststellen, dass ihre Regel falsch oder mindestens unvollständig ist. Wer beispielsweise glaubt, die Regel laute, man solle drei gerade Zahlen nehmen, sollte auf alle Fälle auch solche Beispiele anbieten, bei denen nicht drei aufeinanderfolgende gerade Zahlen auftreten; vielleicht übersieht man sonst eine eventuell enger als vermutet abgefasste Vorschrift! Obwohl Peter Wason keine der obengenannten Regeln verwendet hat, erfüllen alle Tripel von aufeinanderfolgenden geraden Zahlen die gesuchte Vorschrift. Wer bei diesem Spiel erfolgreich abschneiden will, muss seine Vermutungen klar und präzise äußern und sie bis ins letzte Detail hin austesten. Hier muss man auf jeden Fall prüfen, ob das Wachstum und die Geradzahligkeit signifikant oder rein zufällig sind. Wer so seine Annahmen systematisch nach allen Seiten hin absichert, kann durch einen Fehler leicht zu einer besseren Vermutung geführt werden.

Eines der Hauptcharakteristika von EUREKA ist es freilich, dass Sie eine absolute Sicherheit über die Richtigkeit Ihrer Vermutung nur dadurch gewinnen können, dass der Erfinder der Regel sie Ihnen ausdrücklich bestätigt. Dies liegt ganz einfach daran, dass man nicht in der Lage ist, die Richtigkeit einer gewissen Vorschrift schlüssig zu beweisen. Im Gegenteil! Zu jeder Kollektion von Zahlentripeln gibt es unendlich viele Vorschriften, mit denen sie konform ist. Eine Regel, die vernünftigerweise von keinem Menschen gefunden werden kann, lautet:

> Es müssen drei gerade Zahlen sein; nur das Tripel 22222, 44444, 66666 ist verboten.

Nach geraumer Zeit würden vielmehr alle Indizien für die Richtigkeit der Regel

> „Es müssen drei gerade Zahlen sein"

sprechen. Das wäre natürlich eine glänzende, aber trotzdem falsche Vermutung. So etwas müssen Sie natürlich von vornherein ausschließen (nur was heißt das schon: „So etwas"). Mit einer ähnlichen Situation sind die gesamten Naturwissenschaften konfrontiert, denn jedes Naturgesetz ist in unserem Sinne nicht mehr als eine plausible Vermutung. Auf alle Fälle ist es eine gute Übung, wenn Sie sich bei diesem Spiel kritisch mit den Lösungsvorschlägen der anderen Mitwirkenden auseinandersetzen.

Rufen Sie sich noch einmal das Spiel ITERATION ins Gedächtnis zurück. Das Ziel bestand dabei darin, ausgehend von einer beliebigen Zahl durch die vorgeschriebene Rechnung irgendwann einmal auf 1 zu kommen. Natürlich reicht es hin zu zeigen, dass man ausgehend von einer beliebigen Zahl N irgendwann einmal eine Zahl unterhalb von N erreicht. Die weitere Schlussweise sieht dann so aus:

- Ist N gerade, so führt der erste Schritt bereits zu einer Verkleinerung.
- Ist N von der Form $4M + 1$, so kommt man über $12M + 4$ zu $6M + 2$; dieses ist per Vorschrift zu halbieren, und man erhält den Wert $3M + 1$, der offensichtlich kleiner als N ist.
- Ist N von der Form $4M + 3$, so bleibt man zunächst einmal stecken.

Schwierigkeiten!

Jemand anders bemerkte, dass eine Zahl von der Form $4M + 1$ auch durch $2P - 1$ für ein ungerades P dargestellt werden kann. Ist N dagegen von der Form $4M + 3$, so lässt es sich darstellen durch $P \cdot 2^t - 1$; dabei ist P ungerade und $t > 1$. Dies erlaubt folgende Schlussfolgerungen:

$$N = 4M + 3$$
$$= P \cdot 2^t - 1\,.$$

Daraus folgt:

$$3N = 3P \cdot 2^t - 3$$
$$3N + 1 = 3P \cdot 2^t - 2$$

und schließlich:

$$(3N + l)/2 = 3P \cdot 2^t - 1 - 1.$$

Da $3P$ ungerade ist, hat die letzte Zahl die Form $4M + 3$, vorausgesetzt dass $t - 1$ größer als 1 ist; ansonsten hat sie die Gestalt $4M + 1$. Mit anderen Worten: Nach $t - 1$ Iterationsschritten wird die ursprüngliche Zahl in eine von der Form $4M + 1$ übergeführt.

Wenn man nun die beiden Teilergebnisse zusammenfasst, hat es den Anschein, dass die Ausgangsfrage gelöst ist.

> Stimmen Sie dem zu?

Schwierigkeiten?

Haben Sie die beiden Teillösungen überprüft?
Haben Sie die beiden Teillösungen mit Ihren eigenen Worten formuliert?
Inwiefern greifen die beiden Teillösungen ineinander? Tun sie das wirklich?

Der scheinbar offensichtliche Erfolg kann leicht etwaige Einwände des inneren Feindes über den Haufen rennen. Unerlässlich ist es aber, alle Argumente sorgfältig zu kontrollieren.

Ein Lösungsvorschlag:

Das erste Resultat besagt, dass Zahlen der Form $4M + 1$ bei dem beschriebenen Verfahren zwar in kleinere übergeführt werden, aber dass sie nicht notwendigerweise wieder die Gestalt $4M + 1$ haben. Das zweite Ergebnis stellt zwar sicher, dass Zahlen der Form $4M + 3$ irgendwann in Zahlen der Form $4M + 1$ transformiert werden; es kann aber durchaus sein, dass sie dabei größer werden. Als Fazit muss festgestellt werden, dass nicht klar ist, dass jede Zahl im Endeffekt verkleinert und auf die Form $4M + 1$ gebracht werden kann. Auf der anderen Seite ergeben sich daraus gewisse Ansätze für das mögliche weitere Vorgehen; zu zeigen ist doch, dass jede Zahl von der Form $4M + 1$ im Endeffekt in eine kleinere Zahl dieser Gestalt umgeformt wird. Der Nachweis hiervon scheint allerdings leider genauso schwierig zu sein wie das ursprüngliche Problem. Jedenfalls sehen Sie, wie sich aus fehlgeschlagenen Lösungsversuchen neue Zugänge und neue Fragestellungen ergeben können. Manche von diesen präzisieren den Wesensgehalt des Ausgangsproblems und können so zu dessen Lösung beitragen. Aufgaben führen vielfach auch zu einer ganzen Kette von Hilfsfragen und Nebenproblemen; manchmal besteht dabei die Gefahr, dass man das eigentliche Problem ganz aus den Augen verliert!

Hat man erst einmal seinen inneren Feind entwickelt, kann er einem bei vielerlei Denkprozessen – nicht nur bei Beweisen – von Nutzen sein. Wenn Sie in der Planungsphase stillschweigende Annahmen machen, kann das Ihr weiteres Vorgehen ebenso hemmen wie Schwierigkeiten in der Durchführungsphase. Am Beispiel EUREKA wird jeder zunächst glauben, die verborgene Regel habe etwas mit geraden Zahlen zu tun; daher sollte man zunächst hier den Hebel ansetzen und das überprüfen. Bei QUADRATZERLEGUNG kommt es auf die Feststellung an, dass nirgendwo gesagt wird, die Teilquadrate müssten alle gleich groß sein. Hat man derartige Vorurteile erst einmal aufgespürt, sind sie völlig klar, und man wundert sich darüber, dass man ihnen jemals aufgesessen ist. Hier sind einige typische Beispiele für diesen Effekt:

STILLSCHWEIGENDE ANNAHMEN

1. Neun Punkte, die in einem 3×3-Feld angeordnet sind, sollen ohne Absetzen des Bleistifts durch vier gerade Linien miteinander verbunden werden.
2. Drei Männer, die unbedingt einen reißenden Fluss überqueren müssen, sehen zwei Jungen in einem kleinen, selbstgefertigten Boot. Dieses kann entweder die beiden Jungen oder genau einen der Männer transportieren. Gelingt unter diesen Voraussetzungen die Überquerung des Flusses?
3. Stellen Sie mit Hilfe von sechs Streichhölzern vier gleichseitige Dreiecke her!
4. Wie viele Streichhölzer werden mindestens zum Auslegen von sechs Quadraten gebraucht?
5. Wie viele gleichseitige Dreiecke braucht man mindestens, um einen Ring zu formen? Die Dreiecke müssen sich an den Kanten berühren!

Diese Rätsel können Ihnen erhebliche Schwierigkeiten bereiten; wenn Sie schließlich eine Lösung gefunden haben oder man sie Ihnen verrät, können Sie sich veralbert fühlen. Je stärker diese Reaktion ist, umso tiefer war die stillschweigende Annahme in Ihnen verwurzelt.

Achten Sie aber auf den Unterschied zwischen einer stillschweigenden Annahme und einer Vermutung. Eine Vermutung ist der eindeutige Versuch, einen bestimmten Sachverhalt zu erraten; sie kann richtig oder falsch sein. Eine stillschweigende Annahme ist dagegen eine implizit vorgenommene Einschränkung, die alles Weitere gerade deswegen hemmen kann, weil man sie nicht als solche erkennt.

5.5 Zusammenfassung

Oft ist es verhältnismäßig leicht, eine Lösung zu erraten, aber schwer, sie dann zu beweisen. Ein derartiger Nachweis erfordert, alles so genau zu erklären und zu rechtfertigen, dass auch der kritischste Leser keinen Einwand mehr vorbringen kann. Um dies zu erreichen, muss man normalerweise eine Struktur finden, die die Voraussetzungen mit der Behauptung verknüpft. Die Kontrolle, ob ein Beweis stichhaltig ist, kann äußerst schwierig sein. Auf alle Fälle ist es angebracht, den eigenen Vermutungen mit gesunder Skepsis zu begegnen und zu versuchen, sie durch geeignete Beispiele aus den Angeln zu heben. Wichtig ist, dass man sowohl eigenen als auch fremden Argumenten kritisch gegenübersteht. Die drei Stufen der Überzeugungsarbeit,

- Überzeugen Sie sich selbst!
- Überzeugen Sie einen Freund!
- Überzeugen Sie einen Feind!

werden wir in Kapitel 7 näher beleuchten.

Das folgende Schema zeigt den Zusammenhang zwischen diesem Kapitel und den vorherigen:

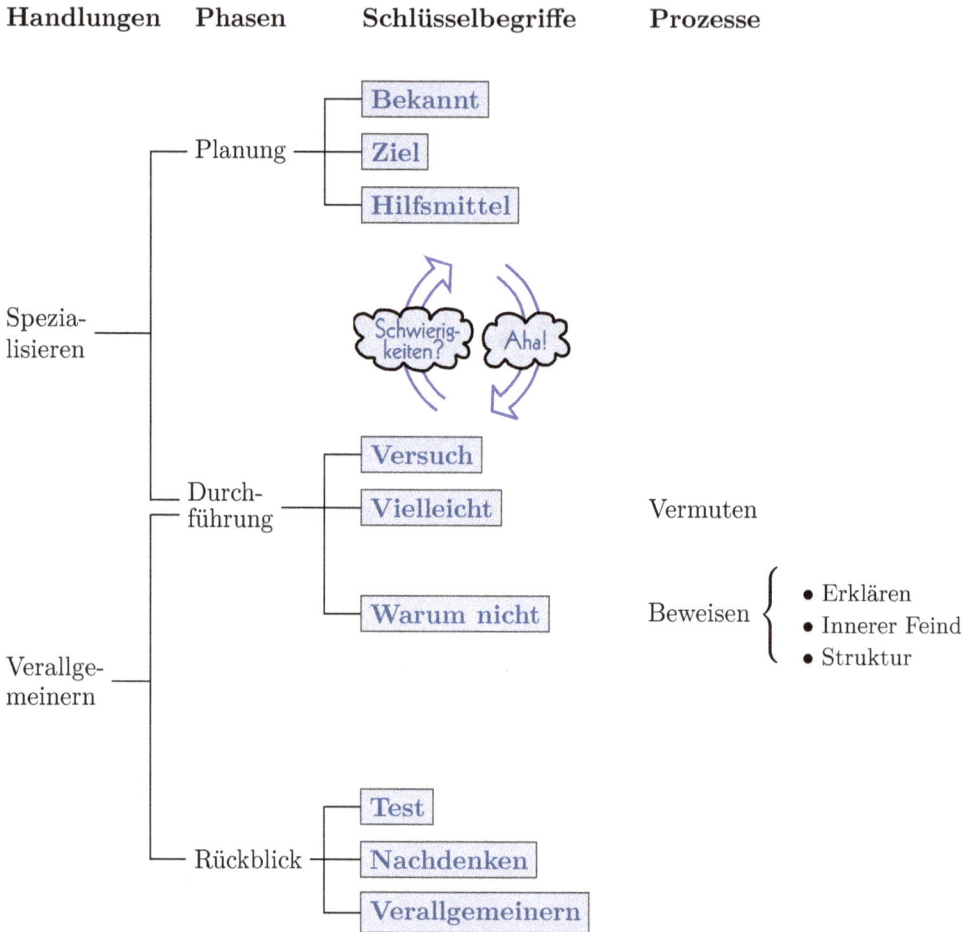

Handlungen **Phasen** **Schlüsselbegriffe** **Prozesse**

Planung — Bekannt / Ziel / Hilfsmittel

Spezialisieren

Schwierigkeiten? *Aha!*

Durchführung — Versuch / Vielleicht / Warum nicht

Vermuten

Beweisen
- Erklären
- Innerer Feind
- Struktur

Verallgemeinern

Rückblick — Test / Nachdenken / Verallgemeinern

Wenn Sie sich im Beweisen üben wollen, schlage ich Ihnen vor, erneut eine oder mehrere der früheren Aufgaben in Angriff zu nehmen, bei denen Sie zwar eine Lösung erraten konnten, aber nicht imstande waren, diese auch zu beweisen. Machen Sie einen weiteren Versuch, bei dem Sie gezielt nach einer Struktur Ausschau halten, die die Voraussetzungen mit der Behauptung verknüpft. Darüber hinaus bietet es sich an, einige der folgenden Aufgaben aus Kapitel 10 zu bearbeiten:

> TASSEN DREHEN, KATYS MÜNZEN, BIERSTÄNDER, LIOUVILLE, DREIECKSZERLEGUNG, POLYGONZAHLEN

Weitere in den Lehrplan zu integrierende Aufgaben finden Sie in Kapitel 11.

Literaturhinweis
Wason, P. C. und Johnson-Laird, P. N. *Psychology of Reasoning.* London: Batsford 1972.

6

6   Haben Sie immer noch Schwierigkeiten?

In diesem Kapitel beschäftigen wir uns damit, was man noch tun kann, wenn alle bisherigen Ratschläge keinen Erfolg zeitigen. Jetzt ist aus der ursprünglichen Aufgabe ein echtes Problem geworden. Wenn Sie sie weiterhin bearbeiten, müssen Sie sich auf lange Phasen einstellen, in denen scheinbar überhaupt kein Fortschritt erzielt werden kann. Trotzdem werden Sie – und sei es auch unbewusst – weiterarbeiten. In der Tat können Sie selbst einiges dazu beitragen, dass dies in nützliche Bahnen gelenkt wird.

Was soll nun geschehen, wenn Sie all meine bisherigen Ratschläge befolgt haben, aber immer noch in Schwierigkeiten sind? Nachdem alle naheliegenden Berechnungen ausgeführt worden sind, alle typisch erscheinenden Beispiele mit der größtmöglichen Sorgfalt betrachtet wurden und auch eine systematische Fehlersuche durchgeführt wurde, was bleibt dann noch zu tun übrig?

Nun ist es an der Zeit, ernsthaft nachzudenken. Anstatt dass Sie nun an dem Problem weiterkauen, beginnt dieses, in Ihnen zu arbeiten. Bevor ich genauer darauf eingehe, was ich damit meine, möchte ich sicherstellen, dass Sie die bisher vorgeschlagenen Möglichkeiten auch tatsächlich vollständig ausgeschöpft haben. Beispielsweise schrecken viele davor zurück, mühsame Rechnungen durchzuführen, nachdem alle anderen Wege verbaut scheinen. Wenn Sie ein schwieriges Problem bearbeiten, müssen Sie einfach die notwendigen Spezialfälle gründlich studieren. Natürlich soll das nicht gedankenlos vor sich gehen, sondern Sie müssen immer nach gewissen Gesetzmäßigkeiten und Strukturen Ausschau halten.

Hat all das nichts gefruchtet, kommen Sie früher oder später an einen Punkt, bei dem Sie sich für eine der drei folgenden Möglichkeiten entscheiden müssen:

1. Sie können die Bearbeitung der Aufgabe einstellen.
2. Sie können die Bearbeitung der Aufgabe für geraume Zeit zurückstellen.
3. Sie können weitermachen.

Sie sollten sich diese Entscheidung nicht leicht machen. Das gilt natürlich nur dann, wenn Sie tatsächlich eine Wahlmöglichkeit besitzen. Sehr oft ist es so, dass Ihre Aufmerksamkeit anderweitig mit Beschlag belegt und das betreffende Problem in den Hintergrund gedrängt wird; genauso gut kann es Ihnen passieren, dass Sie die behandelte Fragestellung gar nicht mehr loslässt. Wenn Sie sich dazu entschließen, die Bearbeitung einzustellen, so ist dazu nichts weiter zu sagen. Das Problem kann freilich in Ihrem Hinterkopf weiterschlummern und eines Tages beim Auftreten neuer Fakten oder der Behandlung einer ähnlich gearteten Aufgabe wieder in Ihr Bewusstsein treten. Wenn Sie allerdings von innen heraus dazu getrieben werden weiterzuarbeiten, dann sind sinnvolle Handlungen nötig, um zu vermeiden, dass Sie sich immer wieder im Kreise bewegen.

Ihre Tätigkeit muss nun die Form eines aktiven Wartens annehmen. Dies kann auf dreierlei Arten geschehen:

1. Sie reduzieren das Problem auf eine präzise Fragestellung.
2. Sie denken intensiv nach.
3. Sie betrachten noch mehr Spezialfälle und versuchen weitere Verallgemeinerungen.

6.1 Die Reduzierung auf eine präzise Fragestellung und der Prozess intensiven Nachdenkens

Eines der charakteristischen Merkmale eines Problems, das Sie nicht mehr loslässt, besteht darin, dass es auf seinen eigentlichen Kern reduziert ist. Dieser ist meist so leicht fasslich, dass Sie ihn sich gut merken können. Es war ja gerade der Sinn des Betrachtens vieler Beispiele, dass Sie die eigentliche Natur der Fragestellung entschlüsseln konnten; vorher lohnt es sich nicht, intensiv über das Problem nachzudenken. Es ist schwierig, dieses Stadium durch ein konkretes Beispiel zu beschreiben, denn hier hängt sehr vieles von Ihren früheren Erfahrungen und ganz allgemein von Ihrem mathematischen Kenntnisstand ab. Vielleicht hat Sie eines der früheren Beispiele wie etwa SUMMEN AUFEINANDERFOLGENDER ZAHLEN in einen Zustand versetzt, in dem Sie sich nach mehrfachem Umformulieren der Aufgabenstellung Fragen stellten, wie:

- Wodurch lassen sich die Zahlen charakterisieren, die nur auf eine, zwei, drei ... Arten als Summen von aufeinanderfolgenden natürlichen Zahlen darstellbar sind?
- Welche besondere Eigenschaft der Zweierpotenzen ist dafür verantwortlich, dass sie nicht als Summen von aufeinanderfolgenden natürlichen Zahlen darstellbar sind?

Sollten Sie diese Erfahrung noch nicht gemacht haben, können Sie sich das folgende klassische Beispiel ansehen:

WEGSCHNEIDEN
Von einem gewöhnlichen Schachbrett werden zwei einander diagonal gegenüberliegende Eckfelder entfernt. Lässt sich das verbleibende Brett durch Dominosteine überdecken, die jeweils zwei Felder umfassen?

> **Versuchen Sie, eine Lösung zu finden!**

Schwierigkeiten?

Haben Sie sich wirklich intensiv mit der Frage auseinandergesetzt?
Haben Sie Versuche mit kleineren Schachbrettern angestellt?

Zu einem bestimmten Zeitpunkt werden Sie zu der Überzeugung gelangen, dass die Frage zu verneinen ist. Vielleicht finden Sie aber keine Begründung dafür. Wenn Sie die Aufgabe erneut durchlesen, fällt Ihnen auf, dass die Verwendung eines Schachbretts nichts mit dem Kern des Problems zu tun hat. Der Kern der Fragestellung besteht vielmehr darin, zu untersuchen, welcher Zusammenhang zwischen einem Schachbrett und Dominosteinen besteht. Genau das meine ich, wenn ich von einer Präzisierung der Fragestellung spreche!

WEGSCHNEIDEN ist ein herausragendes Beispiel dafür, dass eine Frage so lange unangreifbar erscheint, bis man die Lösung erfährt; danach fasst man sich an den Kopf und sagt: „Das ist ja selbstverständlich!" Tatsächlich lohnt es sich nicht, viel Zeit für diese Aufgabe zu verwenden. Daher gebe ich Ihnen gleich folgende Tips:

- Was für Farben haben die weggeschnittenen Felder?
- Was für Farben hat ein Dominostein?

Wenn Sie die Aufgabe noch nicht kannten oder zufällig auf die richtige Idee kamen, werden Sie wahrscheinlich lauthals „Oh Nein!" oder „Aber natürlich!" rufen. Das Ganze sieht wie ein Trick aus; wenn Sie ihn aber erst einmal kennen, verbindet sich damit die völlige Einsicht in die Lösung. Zwar beschäftige ich mich hier mehr damit, wie Sie zu Einsichten gelangen können, und nicht so sehr mit Tricks, aber es ist wichtig, dass die Idee des Einfärbens weit mehr als ein bloßer Trick für eine Situation ist. Tatsächlich können Sie damit eine ganze Reihe von Problemen erfolgreich angehen; denken Sie etwa an POLSTERSESSEL. Nachdem Sie die Färbidee gefunden haben, haben Sie sich ein wichtiges Hilfsmittel für ähnlich gelagerte Fragestellungen zurechtgelegt. Wenn Sie ein anderes Beispiel hierzu bearbeiten möchten, sollten Sie sich KATYS MÜNZEN im Kapitel 10 ansehen.

Zum Herauspräparieren des eigentlichen Problems bieten sich mehrere Hilfsmittel an; im Grunde sind sie aber alle Variationen eines festen Gedankens. Das Ziel ist es, den Kern der Fragestellung so präzise wie irgend möglich herauszuarbeiten; am besten tun Sie das so, als ob Sie ihn jemand anders erklären sollten. Ich habe oft die Feststellung gemacht, dass mich der Versuch, eine Frage einem Außenstehenden zu erklären, zu neuen Einsichten geführt hat, ohne dass mein Zuhörer auch nur ein Wort gesagt hat. Schließlich erfordert dies eine Anstrengung, die Frage wirklich gut zu erklären. Sollte gerade kein potentieller Zuhörer zur Verfügung stehen oder möchten Sie sich auf einen derartigen Vortrag vorbereiten, sollten Sie all das aufschreiben, was Sie über das Problem wissen. Diese Niederschrift sollte alle Vermutungen, Beispiele und Gegenbeispiele umfassen. Wenn Sie etwas Schriftliches vorliegen haben, fällt es Ihnen leichter, Fehler oder Lücken in der Beweisführung aufzuspüren. Letztere kommen selbst bei Fachleuten häufiger vor, als diese selbst glauben. Daneben ergibt sich aber noch ein weiterer Vorteil. Sollte es sich als notwendig oder sinnvoll erweisen, die Aufgabe für eine Weile aus der Hand zu legen, so können Sie später leichter an Ihre bisherige Arbeit anknüpfen. In der Tat sollten Sie dabei durch eine konsequente Verwendung der Schlüsselworte und eine sorgfältige Gliederung keine Probleme haben.

Die in dieser Phase zu erstellende Niederschrift erfordert eine interessante Kombination der beiden in früheren Kapiteln vorgestellten Ausarbeitungsformen: Zum einen haben Sie die laufende Dokumentation mit Hilfe der Schlüsselwörter, zum anderen gibt es die sorgfältige Ausarbeitung der Rückblicksphase. Wie schon früher betont wurde, müssen auch solche Wege festgehalten werden, die sich als Sackgassen erwiesen haben; nur so vermeiden Sie es, ein und denselben nutzlosen Gedankengang mehrfach zu verfolgen. Alle Ergebnisse, die als gesichert gelten können, sind sauber zu dokumentieren. Aus Ihrer Darstellung müssen alle Voraussetzungen, Behauptungen, Bezeichnungen und Beweisführungen klar ersichtlich sein. Halten Sie sich stets vor Augen, dass Sie dabei in Ihrem ureigensten Interesse handeln; das Problem selbst erfordert diese Art des Vorgehens!

Nachdem Sie alles schriftlich festgehalten und vielleicht alles einem interessierten Freund vorgetragen haben, vor allem aber, nachdem Sie den Kern der Frage herausdestilliert haben, kann die eigentliche Denkarbeit beginnen. Obwohl sich bis jetzt noch kein sichtbarer Fortschritt eingestellt hat, sieht die Sache nicht trostlos aus; das Problem ist gewissermaßen nun ein guter Freund geworden. Das ist dasselbe wie bei einer liebgewonnenen Melodie, die einem immer wieder einmal in den Sinn kommt und vielleicht sogar andere Gedanken verdrängen kann. Die eigentliche Durchführung besteht nun darin, einfach abzuwarten, bis man eine neue Idee hat oder einen neuen Zusammenhang sieht. Dies ist weder ein rein passiver Vorgang noch ein aktives Handeln im üblichen Sinn des Wortes. Tatsächlich muss eine subtile Balance zwischen Handeln und Nichtstun eingehalten werden. Die Suche nach neuen Erkenntnissen kann frustrierend und fördernd sein. Wenn es tatsächlich auf einen völlig neuen Ansatz ankommt, hat es keinen Sinn, immer nur die alten Routen abzuschreiten. Im Gegenteil! Letzteres kann sich unter Umständen hemmend auswirken. Natürlich wird man nur in den seltensten Fällen definitiv wissen, dass ein alter Ansatz nicht weiterhilft. Sollten Sie den Drang verspüren, irgendetwas zu unternehmen, dann empfehle ich Ihnen, an die frische Luft zu gehen. Wenn dies auch sonst nichts bewirkt, so stimuliert es doch Ihren Kreislauf. Sollte man sich nicht mehr konzentrieren können, so ist ein Wechsel der Tätigkeitsart dringend angezeigt.

Eine neue Einsicht resultiert im Allgemeinen aus einer Gegenüberstellung des Problems mit einer neuen Erfahrung; hier kann es plötzlich und ganz unvorhergesehenerweise zu einer Resonanz kommen. Daher sollten Sie die Frage so in Ihrem Gehirn hin- und herbewegen, wie Sie die erste im Wald gefundene Himbeere im Mund hin- und herrollen. Schütteln Sie im Geist die Bestandteile der Frage durch, um so neue Kombinationsmöglichkeiten zu sehen. Der passive Teil Ihrer Tätigkeit besteht darin, nicht sinnlos alte Wege erneut zu beschreiten, sondern die Ideen neu auf sich einwirken zu lassen. In diesem Stadium haben Sie vielleicht eher den Eindruck zu reagieren statt zu agieren.

Wie nicht anders zu erwarten ist, sind die eben behandelten Denkvorgänge bereits von vielen Autoren untersucht worden; in vielfacher Hinsicht ist dies ja auch der faszinierendste Aspekt des Ganzen. Dabei wurden viele nützliche Beobachtungen gemacht, die Sie aus Ihren Schwierigkeiten befreien können. Letztendlich laufen alle diese Vorschläge darauf hinaus, dass Sie erneut in eine Phase des Spezialisierens und Verallgemeinerns eintreten sollten.

6.2   Spezialisieren und Verallgemeinern

Obwohl man bemüht ist, in Ruhe nachzudenken, überkommt einen doch oft der Drang, irgendetwas zu tun. Darauf kann man auf zweierlei Art reagieren. Einmal kann man weitaus extremere Spezialfälle heranziehen, man kann die Aufgabe mehr und mehr spezifizieren, einzelne Voraussetzungen abschwächen usw., bis sich ein gewisser Fortschritt einstellt. Es liegt nicht immer auf der Hand, wie man das tun soll, aber Folgendes dürfte immer die Quintessenz sein:

> Wer die momentane Fragestellung nicht lösen kann, sollte sie so lange abändern, bis ein Ergebnis gefunden werden kann.

Leider vergessen einige Forscher im hastigen Streben nach Resultaten die ursprüngliche Fragestellung. Alle bisher vorgestellten Aufgaben sind mit verhältnismäßig einfachen Spezialisierungen zu bearbeiten gewesen; allerdings ist der Vorschlag, bei WEGSCHNEIDEN zu kleineren „Schachbrettern“ überzugehen, ein reiner Akt der Verzweiflung, den nur wenige Leute in der Praxis versuchen würden. Wer sich aber mit einem 2×2-Brett beschäftigt und dann die Verhältnisse bei einem 3×3-Brett studiert, wird wahrscheinlich auf den richtigen Gedanken geführt werden.

Eine andere Strategie zur Erschließung einer Fragestellung besteht darin, Analogien zu anderen Aufgaben zu suchen. Dies setzt eine Kombination aus Spezialisierung und Verallgemeinerung voraus, denn schließlich müssen Sie sich dabei auf einige wenige Details des Problems konzentrieren. Danach fragen Sie sich, ob Sie eine derartige Aufgabe schon einmal in anderer Form bearbeitet haben. Wenn Sie sich angewöhnt haben, immer eine sorgfältige Nachbereitung durchzuführen, werden Sie einen reichen Vorrat an nützlichen Lösungsstrategien und Ideen haben; das macht die Suche nach Analogien besonders fruchtbar. Anders ausgedrückt: Wer sich Rechenschaft darüber ablegt, weshalb er bei einem bestimmten Problem Erfolg gehabt hat, kann allein schon daraus weiteren Nutzen ziehen. Wie bei vielen anderen Ratschlägen in diesem Kapitel fällt es mir hier schwer, alles präzis zu beschreiben; ich muss mich im Wesentlichen darauf beschränken, an Ihre Erfahrungen anzuknüpfen. Daher will ich einige Beispiele aus früheren Kapiteln hier zusammenstellen:

FÜNFZEHN:
Hier besteht ein struktureller Zusammenhang zwischen Zahlentripeln, deren Summe 15 ist, und magischen Quadraten.

TOASTER:
Hier hilft wie bei der Bearbeitung von PAPIERSTREIFEN das Heranziehen geeigneter Modelle.

BIENENSTAMMBAUM:
Hier liegt eine Analogie zu LAUBFRÖSCHE vor; in beiden Fällen kam es darauf an zu ergründen, weshalb eine gewisse Vermutung wahr ist. Es genügt nicht, einfach eine Formel hinzuschreiben, die die vorhandenen Zahlenbeispiele beinhaltet.

Wenn Sie die Aufgaben in Kapitel 10 bearbeiten, werden Sie auf viele andere Fälle stoßen.

Es ist verhältnismäßig leicht zu übersehen, dass Verallgemeinern nützlich sein kann, wenn man durch das Betrachten von Spezialfällen nicht mehr weiterkommt.

Manchmal werden Fragestellungen dadurch klarer, dass man sie von allem schmückenden Beiwerk entkleidet und sie nur ganz abstrakt betrachtet. Wer eine Verallgemeinerung vornehmen will, sollte sich die Aufgabenstellung genau ansehen und darauf achten, welche Rolle die einzelnen Voraussetzungen und Bedingungen spielen. Es kann häufig der Fall sein, dass das Weglassen einer oder mehrerer Bedingungen die Aufgabe spürbar erleichtert. Dies zeigte sich etwa bei SUMMEN AUFEINANDERFOLGENDER ZAHLEN, wo wir feststellten, dass die von uns gefundene Gesetzmäßigkeit bei verhältnismäßig kleinen Zahlen zu versagen schien. Nun, damals verfielen wir auf den Ausweg, Darstellungen der Art:

$$5 = \qquad -1 + 0 + 1 + 2 + 3$$
$$7 = -2 + -1 + 0 + 1 + 2 + 3 + 4$$

mit zuzulassen. Damit haben wir uns zwar über die Voraussetzung, alle Summanden müssten positiv sein, für den Augenblick hinweggesetzt, doch gerade dadurch fanden wir unsere Lösung.

6.3 Stillschweigende Annahmen

Nachdem Sie alle offensichtlichen Bedingungen untersucht haben, kann es immer noch passieren, dass Sie stillschweigende zusätzliche Annahmen mit einbringen. Diese sind naturgemäß am allerschwersten aufzuspüren, und sehr oft resultieren gerade darin Ihre Schwierigkeiten. Solche stillschweigenden Annahmen beruhen meist auf Vorurteilen. Wir haben schon im letzten Abschnitt eine Reihe von Beispielen dazu betrachtet; hier wollen wir folgende klassische Aufgabe noch einmal aufgreifen:

NEUN PUNKTE
Neun Punkte, die in einem 3×3-Feld angeordnet sind, sollen ohne Absetzen des Bleistifts durch vier gerade Linien miteinander verbunden werden.

Versuchen Sie, eine Lösung zu finden!

Schwierigkeiten?
Haben Sie irgendetwas unnötigerweise vorausgesetzt?
Gibt es irgendwelche Aussagen über die Länge der Linien?

Diese Aufgabe hat bereits weite Kreise gezogen. J. Adams hat 1974 aufgezeigt, welches Ausmaß hierbei stillschweigende Annahmen haben. Jemand war in der Lage, mit drei Linien auszukommen, wenn eine Voraussetzung fallengelassen wurde, ein anderer schaffte es sogar mit einer Linie, wenn eine weitere Einschränkung wegfiel. Denken Sie darüber nach! Ich beschreibe Ihnen hier keine Lösung, um nicht Ihre Denkprozesse zu stören.

Stillschweigende Annahmen sind es, die Rätsel wie NEUN PUNKTE so ärgerlich machen; andererseits sind sie nicht auf Rätsel beschränkt. Sie sind vielmehr ein grundlegender Bestandteil unseres Denkens. Sooft ein derartiges Vorurteil aufgedeckt werden kann, ändert sich die Stoßrichtung Ihres Vorgehens. Sehen Sie zum Beispiel folgende Aufgabe an:

RICHTIG ODER FALSCH
Entscheiden Sie für jede der Aussagen in folgender Liste, ob sie richtig oder falsch ist:

1. Behauptung 2 dieser Liste ist wahr.
2. Behauptung 1 dieser Liste ist falsch.

3. Behauptung 3 dieser Liste ist falsch.

4. Behauptung 4 dieser Liste enthält zwei Fehler.

Versuchen Sie, eine Lösung zu finden!

Schwierigkeiten?

Gehen Sie systematisch vor! Was können Sie daraus schließen, wenn eine bestimmte Behauptung wahr ist?

Seien Sie besonders sorgfältig bei der Analyse von Behauptung 4!

Die ersten drei Behauptungen scheinen in sich paradox zu sein, denn man kann nicht entscheiden, ob sie richtig oder falsch sind. Das liegt im Grunde daran, dass sie sich aufeinander beziehen. Phänomene dieser Art beschäftigen die Menschen seit mindestens 2000 Jahren. Viele Versuche zur Auflösung dieser Paradoxien wurden unternommen. Eine übliche Methode besteht darin, sie Wort für Wort zu sezieren. Schließlich haben Worte ja nicht eine Bedeutung an sich; ihr Sinn wird vielmehr durch den Leser oder Zuhörer in sie hineingelegt. So könnte man sich zum Beispiel fragen, was die Bezugnahme auf „diese Liste" bedeuten soll und ob sie überhaupt zulässig ist. Man kann das Ganze aber auch von einer anderen Warte aus betrachten. Beim Versuch, das Paradoxon aufzulösen, ist man über eine stillschweigende Annahme gestolpert, nämlich die, dass eine derartige Auflösung möglich sei. Kurt Gödel hat diese Annahme in den vierziger Jahren angezweifelt und hat dadurch die mathematische Logik revolutioniert. Gödel stellte eine Aussage über Zahlen auf, die sich auf sich selbst bezieht und die in etwa auf

„Diese Aussage kann nicht bewiesen werden."

hinausläuft. Eine der Schlussfolgerungen aus Gödels Idee bestand darin, dass mathematische Probleme nie ohne neue Annahmen gelöst werden können. Wir sind stets von stillschweigenden Annahmen umgeben! Nähere Details hierzu finden Sie bei Hofstadter (1979).

Die soeben beschriebenen Tatsachen sind natürlich recht unerfreulich. Wer jeden Teil einer Aufgabenstellung sorgfältig analysiert, kann nur auf solche Annahmen stoßen, die sich verbal fassen lassen. Dagegen ist es nicht ohne weiteres möglich, einen anderen Blickwinkel zu erkennen. Daher sollte der Prozess des Nachdenkens ebenso aus aktiven wie aus passiven Phasen bestehen. Eine neue Perspektive oder ein neuer Ansatz wird am ehesten dann gefunden, wenn man die intensive Beschäftigung mit einer speziellen Strategie aufgibt. Derartiges Neuland kann nicht auf dem Wege der Konfrontation, sondern nur im Gleichklang mit einer neuen Idee erschlossen werden. Dafür muss allerdings der Weg bereitet und der Kopf aufnahmefähig sein. Positiv wirkt sich in diesem Zusammenhang eine stark entwickelte innere Skepsis aus, die alles in Frage stellt.

Die ziemlich allgemeinen Ausführungen dieses Abschnitts können vielleicht, je nach dem Grade Ihrer mathematischen Vorbildung, durch die Beschäftigung mit folgender Aufgabe in der Praxis nachvollzogen werden. Ich verzichte darauf, Ihnen eine Lösung des Problems vorzuschlagen; geben Sie aber allenfalls erst nach einigen Stunden auf. Bleiben Sie am Ball!

FACETTEN

Stellen Sie sich ein Seil vor, das vor Ihnen auf dem Tisch liegt. Der Querschnitt dieses Seils sei ein reguläres N-Eck. Biegen Sie die Enden des Seils so zu sich hin, dass näherungsweise ein Kreis entsteht.

Nehmen Sie nun in Gedanken die Enden des Seils in Ihre Hände. Ihr Ziel ist es, die beiden Seilenden zusammenzukleben; bevor das aber geschieht, drehen Sie das rechte Ende um einen Winkel von $360/N$ Grad herum. Wiederholen Sie das T-mal, so dass insgesamt eine Drehung um $T \cdot 360/N$ Grad erfolgt ist. Jetzt wird geklebt, und zwar so, dass die Vielecke genau aufeinander zu liegen kommen.

Wenn die Klebestelle getrocknet ist, beginnen Sie damit, eine Facette der Seiloberfläche einzufärben; dies geht so lange vor sich, bis Sie an eine bereits eingefärbte Stelle gelangen. Wählen Sie dann eine andere Farbe, und beginnen Sie die Einfärbung an einer anderen Stelle der Oberfläche.

Wie viele Farben benötigen Sie?

> Versuchen Sie, eine Lösung zu finden!

Schwierigkeiten?

Planung:

Geben Sie nicht allein deswegen auf, weil Sie sich das Ganze nicht vorstellen können. Finden Sie einen Zugang!

Betrachten Sie Spezialfälle! Vereinfachen Sie dabei ruhig in ganz radikaler Weise! Suchen Sie nach geeigneten Modellen!

Suchen Sie nach einer Methode, wie Sie Ihre einfachen Beispiele dokumentieren können!

Durchführung:

Wenn Sie Probleme mit dem räumlichen Vorstellungsvermögen haben, sollten Sie versuchen, eine einfacher Darstellung für die Quintessenz der Fragestellung zu finden.

Versuchen Sie herauszufinden, wie die Facetten abgezählt werden können!

Machen Sie passende Diagramme!

Erinnert Sie die Aufgabenstellung nicht an etwas?

Stellen Sie eine Vermutung auf, und kontrollieren Sie sie.

Versuchen Sie, mehrere Teilhypothesen zu einem befriedigenden Gesamtresultat zusammenzufassen.

6.4   Zusammenfassung

Dieses Kapitel hatte von der Natur der Sache her einen mehr beschreibenden Charakter. Wenn Sie alle Routinemaßnahmen verrichtet haben und immer noch das Bedürfnis haben weiterzumachen, ist es am besten, wenn Sie versuchen, das eigentliche Kern-Problem so herauszudestillieren, dass Sie es sich merken und darüber nachgrübeln können. Wenn Sie alles, was bekannt ist, so aufschreiben, als wäre es für einen Freund bestimmt, dann kann allein schon dadurch eine etwaige Blockade beseitigt werden. Ansonsten sollten Sie die Augen offenhalten und Analogien zu anderen Problemen suchen und prüfen, ob Sie nicht vielleicht irgendwo eine stillschweigende Annahme mit eingebracht haben.

Wer die hier beschriebenen Denkvorgänge selbst erfahren möchte, kann sich eine der früher in Angriff genommenen, aber nicht oder nur unvollständig gelösten Aufgaben vornehmen; besonders bieten sich hierfür natürlich solche Aufgaben an, die Ihnen noch im Hinterkopf herumschwirren. KREISE UND PUNKTE hat mich jahrelang beschäftigt; daher ist es wohl auch eine meiner Lieblingsaufgaben. Ebenso würde ich Ihnen vorschlagen, eine Verallgemeinerung für NEUN PUNKTE durchzuspielen.

Schließlich möchte ich Sie auf einige recht anspruchsvolle Aufgaben aus Kapitel 10 hinweisen:

REZEPTE, PAPIERKNOTEN, MONDPHASEN, WOLLVERWERTUNG, POLYGONFALTUNG

Weitere in den Lehrplan zu integrierende Aufgaben finden Sie in Kapitel 11.

Handlungen	Phasen	Schlüsselbegriffe	Prozesse	Zustände

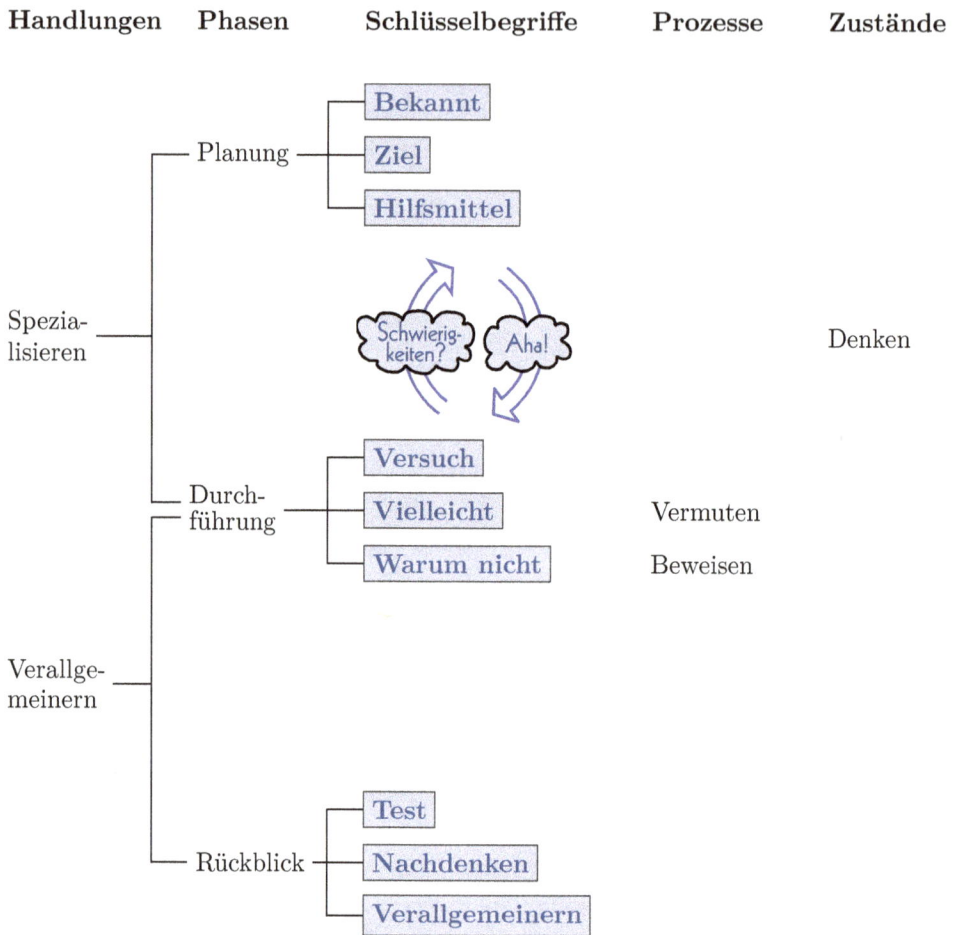

Handlungen
- Spezia-lisieren
- Verallge-meinern

Phasen
- Planung
- Durch-führung
- Rückblick

Schlüsselbegriffe
- Bekannt
- Ziel
- Hilfsmittel
- Schwierig-keiten? / Aha!
- Versuch
- Vielleicht
- Warum nicht
- Test
- Nachdenken
- Verallgemeinern

Prozesse
- Vermuten
- Beweisen

Zustände
- Denken

Literaturhinweise

Adams, J. *Conceptual Blockbusting*. New York: Perseus 2004.

Hofstadter, D.R. *Gödel, Escher, Bach: An Eternal Golden Braid*. London: Harvester 1999. Deutsch: *Gödel, Escher, Bach: Ein endloses geflochtenes Band*. Stuttgart: Klett-Cotta 2006.

7

7   Die Entwicklung eines inneren Ratgebers

Jedes der vorhergehenden sechs Kapitel gab Ihnen Ratschläge, wie Sie sich in bestimmten Situationen verhalten oder gewisse Probleme angehen können. Wenn Sie allerdings in Schwierigkeiten sind, wird es Ihnen nicht viel nützen, solche Hinweise irgendwo gedruckt herumliegen zu haben. Wichtig wäre es vielmehr, gerade den Tip parat zu haben, der für die betreffende Sachlage am besten geeignet erscheint. Vielleicht ist Ihnen aufgefallen, dass ich meine Ratschläge möglichst oft in Frageform gekleidet oder in Form von Ermahnungen ausgesprochen habe. Dies geschah mit voller Absicht, denn Sie sollten nicht die Chance verlieren, selbst nachzudenken und sich die wichtigsten Punkte einzuprägen, die mit derartigen Ratschlägen in Verbindung stehen. Weiter ist es so, dass eine reine Auflistung von Hinweisen den Eindruck erwecken könnte, die Mathematik sei ein Füllhorn von Tricks, die nur darauf warten, entdeckt und angewendet zu werden. Ich halte diese Betrachtungsweise für falsch und unangebracht. Wenn Sie in Schwierigkeiten sind – und selbst dann, wenn das noch nicht der Fall ist – brauchen Sie stattdessen eine Art Tutor, der Ihnen mit einer geschickten Frage oder Anregung weiterhilft. Dieses Kapitel soll Ihnen zeigen, wie Sie selbst Ihr Ratgeber werden können.

Bisher war es mein Hauptanliegen, meine Ratschläge in Wechselbeziehung zu Ihren persönlichen Erfahrungen zu setzen. Die in den Text eingestreuten Aufgaben dienten primär diesem Zweck. In diesem Sinne ist die wahrscheinlich wichtigste Tätigkeit die sorgfältige Nachbereitung der gelösten oder nur teilweise bearbeiteten Probleme. Manchmal hört man den Satz:

> Man kann nur durch Erfahrungen lernen.

Erfahrungen allein sind allerdings nicht genug. Entscheidend ist, dass jede Erfahrung ihre Spuren hinterlässt. Die Nachbereitung der wesentlichen Lösungsideen gestattet Ihnen, die wesentlichen Punkte Ihrer Ausarbeitung kristallklar herauszuarbeiten. Damit können Sie Ihre Lösung in den Schatz Ihres Wissens integrieren.

In Kapitel 5 sprach ich davon, Sie sollten sich einen inneren Feind schaffen, der etwaige Lücken in Ihren Beweisführungen aufspüren soll. In diesem Kapitel soll jener innere Skeptiker durch einen allzeit präsenten inneren Ratgeber ersetzt werden, der eine ganze Reihe von Funktionen zu übernehmen hat. Nachdem diese Rollen im Einzelnen beschrieben worden sind, beschäftigt sich dieses Kapitel damit, wie Sie sich einen derartigen inneren Tutor heranzüchten können.

7.1 Die Aufgaben des inneren Ratgebers

In den früheren Kapiteln war ich bemüht, Sie auf verschiedene Aspekte Ihrer Denkvorgänge hinzuweisen. Zu diesem Zweck habe ich diese Prozesse so ausführlich und explizit wie möglich beschrieben. Keine der dabei zur Sprache gekommenen Aktivitäten war dabei in irgendeiner Weise neu oder ungewöhnlich. All das vollzieht sich spontan in jedem Menschen; natürlich ist das Ausmaß dieser Vorgänge von Fall zu Fall verschieden, und mitunter dringen sie gar nicht bis in die bewusste Ebene vor. Dadurch, dass man sich über diese Dinge Rechenschaft ablegt und sieht, wie wirkungsvoll sie in bestimmten Situationen sein können, sollten sie häufiger und mit größerer Intensität als früher ablaufen. Nun biete ich Ihnen eine andersartige Perspektive an. Ich werde nun Ihre Denkvorgänge so beschreiben, als ob in Ihrem Gehirn eine von Ihnen unabhängige Person säße, die Sie mit Anleitungen versieht. Diese hat die Funktion eines persönlichen Ratgebers, der Sie sorgfältig beobachtet und immer wieder Fragen stellt. Dieser Tutor hat den Vorteil, in all Ihre Gedanken und Aktionen vollständig eingeweiht zu sein. Was kann nun ein derartiger Ratgeber alles tun?

1. Er behält alle durchgeführten Rechnungen im Auge und passt auf, dass sie noch für die zu lösende Frage relevant sind. Wenn langatmige Rechnungen Ihre Aufmerksamkeit auf ein Nebengleis oder in eine Sackgasse zu ziehen drohen, so lenkt er Sie auf das eigentliche Problem zurück.

2. Er achtet darauf, dass Sie planmäßig vorgehen und nicht zu weit von Ihrem ab-

gesteckten Kurs abweichen. Ein zunehmender Widerwille oder ein wachsendes Unbehagen signalisieren Ihnen die Tätigkeit Ihres Ratgebers.

3. Er achtet darauf, dass Sie Verallgemeinerungen erkennen, und seien sie auf den ersten Blick auch noch so gewagt. Dabei legt er gleichzeitig Wert auf die Unterscheidung zwischen Hypothesen und bewiesenen Behauptungen.

4. Er hilft Ihnen dabei, Gedanken auszuwerten und darauf zu sehen, ob ihre weitere Verfolgung lohnend erscheint. Je mehr Sie sich innerlich dagegen sträuben, wieder und wieder irgendwelche Berechnungen durchzuführen, umso mehr ist das ein Zeichen für das Wirken Ihres inneren Ratgebers. Eine seiner wichtigsten Tätigkeiten besteht darin, Sie dazu anzuleiten, einen bestimmten Gedankengang erst sorgfältig auszuloten, bevor Sie ihn zugunsten eines anderen verwerfen.

5. Er sieht, wann Sie in Schwierigkeiten sind, und macht Ihnen diesen Zustand bewusst. Dies ermöglicht Ihnen, darauf gezielt zu reagieren.

6. Er schlägt Ihnen vor, in die Planungsphase zurückzukehren, um klarzustellen, was bekannt und was gesucht ist, weiter systematisch gewisse Spezialfälle abzuklopfen, eine andere Bezeichnung oder andere Hilfsmittel einzuführen usw.

7. Er schlägt Ihnen vor, eine andere Lösungsstrategie zu verfolgen, um zugrundeliegende Gesetzmäßigkeiten besser aufspüren zu können.

8. Er überprüft kritisch Ihre Schlussfolgerungen und sucht nach Beweislücken, stillschweigend gemachten Annahmen oder logischen Fehlern.

9. Er treibt Sie dazu an, vor Beendigung der Arbeit Ihre Lösung noch einmal genau zu überdenken.

Wie Sie sehen, hat der innere Ratgeber eine Fülle von Aufgaben. Eine weitere wichtige Funktion wird ihm zusätzlich in Kapitel 8 zugewiesen werden:

Er soll darauf achten, ob sich aus Ihrer Tätigkeit – sei es innerhalb oder außerhalb der Mathematik – in natürlicher Weise weitere Fragestellungen entwickeln.

Achten Sie darauf, dass ich sorgfältig unterscheide zwischen

Denkprozessen

und

der Steuerung von Denkprozessen.

Dies ist der Unterschied zwischen dem Vorgang an sich und der Tatsache, dass man ihn sich bewusst macht. Besonders deutlich wird daraus erneut, welch große Rolle dabei die Nachbereitung spielen muss.

Wer seine eigenen Lösungen zu einigen Aufgaben in diesem Buch gewissenhaft reflektiert, sollte sich über den soeben angesprochenen Unterschied deutlich im Klaren sein. Wenn Sie sich zurückerinnern, stechen einige Momente deutlich hervor, ohne dass Sie diese erst mühsam gedanklich rekonstruieren müssen.

7.2 „Schnappschüsse" von Gefühlszuständen

Wenn Sie das Heranwachsen Ihres inneren Ratgebers stimulieren wollen, brauchen Sie eine ausgedehnte Praxis in effektiver Nachbereitung und Reflexion. Erfahrungen im Bearbeiten von Problemen sind nur insofern von Bedeutung, als sie ein Reservoir von erfolgreich abgeschlossenen Projekten bilden. Wer erfolgreich Schwierigkeiten überwunden hat, gewinnt Selbstvertrauen und eine positive Einstellung zu den Dingen; gerade aus dieser Quelle sprudeln aber in der Zukunft gute Ideen und Ansätze. Es ist sowohl wichtig, in Schwierigkeiten hineinzugeraten, als auch diese wieder zu überwinden. Früher oder später bleibt jeder einmal hängen, und gerade dann sind Sie am meisten auf Hilfe angewiesen. Diese Hilfe aber können Sie aus der gewissenhaften Nachbereitung ähnlich gelagerter Situationen schöpfen.

Wer zu einer sorgfältigen Reflexion befähigt sein will, muss in der Lage sein

zu beobachten,
zu erkennen,
zu formulieren
und einzuordnen,

was wirklich geschehen ist. Dabei sollte er sich jeder Bewertung und jeder Ausschmückung enthalten. In beiden Fällen macht sich ja nur Ihr Ego bemerkbar. Sie sollten sich stets darum bemühen, ehrlich mit sich selbst zu sein; nur Sie können ja schließlich wirklich Bescheid wissen.

In früheren Kapiteln habe ich betont, wie wichtig es ist, dass Sie sich Notizen über die entscheidenden Ideen und die Zeitpunkte machen, zu denen Sie einen Durchbruch erzielt haben. Diese Augenblicke bleiben Ihnen fest im Gedächtnis haften; es ist unnötig, sie mühsam nach Art von „Eigentlich müsste das so gewesen sein ..." zu rekonstruieren. Gerade deswegen, weil sie Sie gefühlsmäßig sehr stark beschäftigen, sind sie für die Entwicklung Ihres inneren Ratgebers von entscheidender Bedeutung. Wenn Sie sich an einen ausschlaggebenden Moment erinnern (nicht aber, wenn Sie ihn mühsam rekonstruieren müssen!), empfinden Sie häufig dieselben Gefühle wie damals. Wenn Sie diese Gefühle im Zuge der Nachbereitung mit bestimmten Tätigkeiten, also irgendwelchen Denkvorgängen, gekoppelt haben, wird die Erinnerung an die Gefühle in gleichem Maße die Erinnerung an bestimmte Aktionen stimulieren. Damit wird Ihnen aber auch wieder bewusst, was damals hilfreich war. Deswegen ist es gar nicht notwendig, eine umfangreiche Liste nützlicher Fragen oder Ratschläge auswendig zu lernen. Es kommt vielmehr darauf an, dass Sie all das in mehr oder minder fester Form in Ihrem Gedächtnis abspeichern, und hier hängt der Erfolg sehr wesentlich von der Intensität Ihrer Nachbereitung ab.

Damit sich all dies auch wirklich abspielt, sollten Sie sich angewöhnen, eine mit Schlüsselwörtern garnierte Gliederung anzufertigen. Dadurch werden wichtige Situationen schon in dem Augenblick hervorgehoben, in dem sie sich tatsächlich ereignen. Außerdem bekommt Ihr innerer Ratgeber infolge der durch die Schreibarbeit bedingten Pause die Gelegenheit, in das Geschehen einzugreifen. Wenn Sie immer nur wie im Fieber eine Idee nach der anderen verfolgen, hat Ihr Tutor dagegen kaum eine Chance, sich Gehör zu verschaffen. Ferner werden durch die Gliederung Pflöcke eingeschlagen, an denen Sie sich später beim Rückblick orientieren können.

Die gewissenhafte Anfertigung von Begleitnotizen ist also ein zentrales Hilfsmittel für die Ausbildung eines inneren Ratgebers; ebenso wichtig ist die Rückbesinnung auf die entscheidenden Phasen der Arbeit. Im Laufe der Zeit verblasst die Erinnerung an derartige Situationen; daher sollte man die Gefühle, die man in solchen Augenblicken empfindet, gewissermaßen fotografieren. Dadurch können sie später wieder zugänglich gemacht werden. Ich spreche in diesem Zusammenhang von „emotionalen Schappschüssen". Bedenken Sie immer, dass gerade die Gefühle die besten Wegweiser zu früher erfolgreich eingesetzten Methoden sind.

Welche Situationen sind es nun wert, „fotografiert" zu werden? Ich schlage Ihnen vor, sich hierbei auf ganz bestimmte Abschnitte Ihres Denkprozesses zu konzentrieren. Jede dieser Phasen hat einen ganz bestimmten gefühlsmäßigen Hintergrund; um ihre Identifizierung zu erleichtern, charakterisiere ich sie durch gewisse Schlüsselwörter. Je mehr „Schnappschüsse" Sie machen, umso größer wird der Vorrat an Schlüsselwörtern; dies führt dazu, dass man sie gar nicht mehr einzeln ansprechen kann. Ein gut gewähltes Schlüsselwort hat aber die Funktion eines Auslösers. Sobald Sie den durch einen bestimmten Begriff charakterisierten Zustand identifizieren können, flutet eine Vielzahl von Eindrücken zu Ihnen zurück. Damit gekoppelt sind Erinnerungen an ähnliche Situationen in der Vergangenheit. Das ist gerade so, als ob Sie von einem guten Freund unterstützt würden; mit anderen Worten: Sie haben einen inneren Ratgeber!

Ich unterscheide hier die folgenden Phasen:

>   Arbeitsbeginn
>   Engagieren
>   Nachdenken
>   Weiterarbeiten
>   Einsicht
>   Skepsis
>   Nachbereitung

Damit Sie sich nun unter diesen einzelnen Punkten etwas vorstellen können, werde ich sie in Beziehung zu früheren Fragestellungen setzen. Behalten Sie dabei aber immer im Auge, dass es sehr schwierig ist, psychologische Zustände exakt zu definieren. Bilder und Metaphern können Ihnen aber eine gewisse Vorstellung von dem vermitteln, was ich meine, und die direkte Bezugnahme auf meine Lösungsvorschläge kann auch recht nützlich sein. Wenn Sie allerdings eine Aufgabe mehr oder weniger mit einem Blick lösen können, werden Sie kaum verschiedene Zustände unterscheiden können; in diesem Fall vollzieht sich alles mit einer solch hohen Geschwindigkeit, dass die Grenzen zwischen den Phasen fließend werden; manche werden vielleicht auch ganz übersprungen. Allerdings hoffe ich, dass Sie zumindest von einigen der gestellten Aufgaben stärker in Anspruch genommen worden sind. Denken Sie aber stets daran, dass Sie sich nicht so sehr um einzelne Ideen kümmern sollen, sondern um die Gefühle, die Sie jeweils empfunden haben.

7.3   Arbeitsbeginn

Vielleicht sind Sie der Meinung, dass diese Phase so klar auf der Hand liegt, dass es sich gar nicht lohnt, sie überhaupt zu erwähnen. Dieser Standpunkt ist falsch, denn hier steckt mehr dahinter, als man auf den ersten Blick vermuten würde. Wer richtig beginnen will, sollte zunächst einmal erkennen und akzeptieren, dass überhaupt ein zu lösendes Problem vorliegt. Nur allzu oft dominiert das Gefühl und versperrt diese Einsicht. Leider ist ja bei uns die Mystifizierung der Mathematik und die damit verbundene Meinung, Mathematik sei nur etwas für ganz besonders schlaue Leute, weit verbreitet. Hoffentlich haben Sie durch den bisherigen Teil des Buches gelernt, dass diese vorherrschende Meinung vollkommen falsch ist. Ein wichtiger Bestandteil des Arbeitsbeginns ist es, dass Sie ein Gefühl für die Aufgabe als Ganzes bekommen, dass Sie herauspräparieren, was eigentlich genau gefragt ist, und dass Sie sich mit den Details vertraut machen.

Anfänglich steht die Aufgabe nur auf dem Papier da. Mit Sicherheit haben einige der früher behandelten Aufgaben Sie überhaupt nicht angesprochen. Vielleicht haben Sie eine Abneigung gegen Streichholzaufgaben und bevorzugen stattdessen praktischere Fragestellungen. Möglicherweise ließen Sie sich auch durch die Aufgabenstellung in FÜNFZEHN abschrecken, wo gar kein Anhaltspunkt für das Endergebnis aus der Aufgabe selbst zu ersehen war. Es ist auch durchaus möglich, dass Ihnen die Fragestellungen in MENAGERIE oder DAMENMAHL zu sehr an den Haaren herbeigezogen erschienen. Jeder Mensch hat ein gewisses Interessenspektrum und gewisse Vorlieben, und nur solche Fragen, die in diesen Rahmen passen oder sich wenigstens nicht allzu weit davon entfernen, werden von ihm angegangen. Andere Aufgaben dagegen berühren ihn nicht weiter. Dieser Rahmen wechselt im Übrigen von Zeit zu Zeit. Vielleicht wird das gegenwärtige Interesse auch durch äußere Zwänge stimuliert; vielleicht wollen Sie Ihrem Chef gefallen oder einen Doktorgrad erwerben. Wie auch immer! Wer nicht mit einer Arbeit beginnt, kann nicht hoffen, Fortschritte zu erzielen. Denken Sie nun an die früheren Aufgaben zurück. Welche von ihnen haben Sie besonders gereizt? Welche haben Sie völlig kalt gelassen?

> Überlegen Sie sich das jetzt!

Unabhängig davon, ob Ihre Einstellung zu einer bestimmten Aufgabe gerechtfertigt ist oder nicht, verrät sie insgesamt doch einiges darüber, was Ihrer Ansicht nach lohnende Fragestellungen sind. Versuchen Sie herauszufinden, welche Gemeinsamkeiten die Aufgaben haben, die Sie reizen, und tun Sie dasselbe für diejenigen Fragestellungen, an denen Sie kein Interesse haben!

Die Bereitschaft, sich ans Werk zu machen, kann damit verglichen werden, dass Sie ein Streichholz aus einer Zündholzschachtel herausnehmen und so die Vorbereitungen dafür treffen, jemandem Feuer zu geben. Es ist die automatische Reaktion auf den Impuls, dass jemand Feuer will. Bis dahin ist noch nichts Unwiderrufliches passiert. Genauso verhält es sich mit Aufgaben. Eine Frage taucht auf, und vielleicht haben Sie daran Interesse, vielleicht aber auch nicht. Wenn die Fragen immer nur von außen an Sie herangetragen werden und Sie nur infolge eines äußeren Drucks arbeiten, dann ist die Wahrscheinlichkeit groß, dass Sie dazu eine negative Einstellung entwickeln, die jegliches ernsthafte Engagement Ihrerseits unterbindet. Viel eher werden Sie bestrebt sein, die Aufgabe halt so eben zu bearbeiten, ohne innerlich daran interessiert zu sein. Das ist der Zustand, den Sie leider an vielen Schulkindern beobachten können: sie wollen so schnell wie möglich und mit minimalem Aufwand fertig werden. In diesem Klima kann kein wirklicher Fortschritt gedeihen, daher ist es nicht weiter verwunderlich, wenn Schwierigkeiten auftreten. Nachdem das Streichholz entzündet ist, erscheint eine Flamme; wenn man sich aber nicht weiter um sie kümmert, wird sie wieder verlöschen. Genauso kann sich herausstellen, dass eine bestimmte Aufgabe ganz reizlos ist. Andererseits können Sie aber auch Feuer fangen, und dann haben Sie wirklich ernsthaft begonnen.

Die in diesem Buch gestellten Aufgaben wurden auch unter dem Gesichtspunkt ausgewählt, dass sie dazu reizen sollen, gelöst zu werden. Fragestellungen, die im Grunde auf einem Gag beruhen, führen oft dazu, dass die Leute den Spaß daran verlieren. Die interessantesten Fragen sind dennoch immer diejenigen, die Sie sich selbst stellen. Wenn Sie lernen, aus Ihren alltäglichen Verrichtungen heraus oder in mathematischen Zusammenhängen Aufgaben zu finden, so ist das der beste Weg, Probleme aus anderen Quellen einschätzen und gegebenenfalls schätzen zu lernen. Wir werden uns damit in Kapitel 8 genauer auseinandersetzen.

7.4   Wie man sich engagiert

Die Unterscheidung zwischen dem eigentlichen Arbeitsbeginn und dem Zustand, dass Sie sich wirklich engagieren, scheint auf den ersten Blick müßig zu sein. Nichtsdestotrotz sind beide Phasen klar voneinander zu trennen. Wer sich wirklich engagiert, vertieft sich in das Problem und macht sich bildlich gesprochen die Hände schmutzig. Das Ziel besteht dann darin, vollständig mit der Fragestellung vertraut zu werden, verschiedene Spezialisierungen vorzunehmen, Beziehungen aufzudecken usw. Kurz gesagt geht es darum, dass die Aufgabe nicht länger nur auf dem Papier steht, sondern dass Sie sie sich gewissermaßen verinnerlichen. Dazu ist so viel Arbeit aufzuwenden, dass Sie den Kern der Frage herauspräparieren, so dass Sie in der Lage sind, alles We-

sentliche im Kopf zu behalten. Rein technische Dinge werden durch geeignete Beispiele klar gemacht; Voraussetzungen und Behauptungen sind sauber herausdestilliert.

Normalerweise beginnt das Engagement beim Beispiel KAUFHAUS in dem Augenblick, wo man bemerkt, dass die Reihenfolge von Steuerabzug und Rabattgewährung offensichtlich unerheblich ist. Wer bis dahin die Aufgabe eher mit einer kühlen Grundeinstellung bearbeitet hat, interessiert sich nun plötzlich stark dafür, ob hier eine allgemeine Gesetzmäßigkeit vorliegt oder ob der Zufall seine Hand im Spiel hat. Das eigentliche Engagement beginnt also nicht zu dem Zeitpunkt, in dem man sich die ersten Beispiele ansieht, sondern erst dann, wenn die Intensität der Arbeit zunimmt. Damit beginnt eine Wechselbeziehung zwischen Mensch und Aufgabe, die bis dahin noch nicht vorhanden war. Sie können das damit vergleichen, dass jemand sein Streichholz nun tatsächlich dazu benützt irgendetwas anzuzünden.

Bei PALINDROME oder im Grunde bei jeder anderen Aufgabe, die Sie bearbeitet haben, lässt sich so ein Zeitpunkt feststellen. Von da an war Ihre gesamte Aufmerksamkeit auf die Lösung des Problems gerichtet, und Sie haben sich immer intensiver damit auseinandergesetzt. Vielleicht ist es an dieser Stelle angebracht, dass Sie nicht weiterlesen, sondern sich einige dieser Situationen noch einmal vor Augen halten. Sie können daraus eine ganze Menge lernen.

Einige Leute sind sehr leicht dazu zu bringen, sich zu engagieren. Möglicherweise kann hier sogar ein übersteigertes Interesse festzustellen sein. Die Gedanken fließen, man freut sich, und nach einiger Zeit kommt man womöglich auch ans Ziel. Wenn man damit Erfolg hat, ist alles schön und gut; es besteht aber auch die Gefahr, dass sehr viel Zeit und Energie nutzlos vergeudet werden, mehr noch, dass gute Ideen dabei untergehen. Eine Möglichkeit, dieser Gefahr entgegenzuwirken, besteht darin, sich sorgfältig gegliederte Aufzeichnungen zu machen. Dies bremst Ihren Überschwang ein bisschen ab, sorgt aber dafür, dass die wesentlichen Gedanken schriftlich niedergelegt werden, und erinnert Sie daran, was Sie eigentlich mit einer bestimmten Vorgehensweise beabsichtigt haben. Mit der Zeit werden Sie derartige Momente selbst erkennen können und eine Pause einlegen, damit Ihr innerer Ratgeber die Gelegenheit zu einem gründlichen Überblick bekommt. Wer lernt, sich auch einmal zurückzuhalten, bewahrt sich davor, durch einen plötzlichen Ansturm von Energie und Enthusiasmus negativ beeinflusst zu werden.

Andere, vorsichtigere Menschen lassen sich recht gerne Zeit. Für sie ist eine engagierte Arbeitshaltung gleichbedeutend mit einem systematischen Herangehen an die Aufgabe, der sorgfältigen Suche nach Beispielen, dem gründlichen Anfertigen von Zeichnungen, der gewissenhaften Einführung treffender Bezeichnungen usw. Ihr Engagement mag ebenso tief sein wie das der vorher besprochenen Personengruppe, ähnelt aber mehr einem behäbigen Dampfer als einem schnittigen Rennwagen. Trotzdem ist das Holz entzündet worden. Wer lernt, das Erreichen dieses Zustandes zu diagnostizieren, kann besser auf Wechselbeziehungen mit anderen Fragen achten, die sich von innen heraus stellen, und ist weniger auf harte Kärrnerarbeit angewiesen.

Abgesehen davon, dass die genaue Form des Engagements vom jeweiligen Menschentyp abhängig ist, kann man einige interessante Beobachtungen beim Übergang vom reinen Arbeitsbeginn zum echten Interesse ausmachen. Sehen wir uns dazu zum Beispiel noch einmal die Aufgabe TOASTER an. Beim ersten Durchlesen hat mich diese Fragestellung zunächst gar nicht besonders angesprochen. Dass ich mich dann doch näher damit beschäftigt habe, geht auf den Einfluss eines Kollegen zurück. Nachdem ich mir einige Gedanken gemacht hatte, wurde ich plötzlich sehr stark überrascht, und schon war ich Feuer und Flamme. Das Holz war entzündet, aber hier hatte ein anderer das Streichholz gehalten. Fragen, die praktische Aktivitäten erfordern wie PAPIERSTREIFEN, LAUBFRÖSCHE, POLSTERSESSEL oder sogar ITERATIONEN können einen in hohem Ausmaß ansprechen, wenn erst einmal der Spieltrieb geweckt worden ist. Am meisten schreckt man am Anfang vor solchen Aufgaben zurück, bei denen keine klare Behauptung formuliert ist. Dies liegt möglicherweise daran, dass man zunächst einfach nicht sieht, worauf das Ganze im Endeffekt hinausläuft, und so fällt es schwer, ein Feuer zu legen. Wenn Sie mehr Erfahrungen gesammelt haben – besonders im Hinblick auf die Verallgemeinerung von bearbeiteten Problemen – werden Sie für ein größeres Aufgabenspektrum Interesse zeigen.

7.5   Der eigentliche Denkvorgang

Wenn Ihnen die Lösung einer Aufgabe sehr schnell zufällt, kann der eigentliche Denkprozess unter Umständen in einer momentanen Eingebung bestanden haben. Es kommt aber für jeden der Zeitpunkt, wo er sich mit einem schwierigen Problem auseinanderzusetzen hat. Sie haben die Aufgabe völlig verstanden, kommen aber dennoch für den Augenblick nicht weiter. Dieser Zustand wurde in Kapitel 6 eingehend geschildert. Charakteristisch dafür ist, dass man eine gewisse Distanz zur Aufgabe gewinnen muss. Während die Planungsphase ein immer ausgeprägteres Engagement erfordert, benötigt die Nachdenkperiode der Durchführungsphase das genaue Gegenteil davon. Hier halten Sie Ausschau nach ähnlich gelagerten Aufgaben, die Sie früher schon bearbeitet haben. Sie versuchen, die Fragestellung durch geschicktes Spezialisieren oder Verallgemeinern neu zu fassen, so dass sie besser zugänglich wird. Dadurch erhalten Sie einen neuen Ansatz. Der kann in einer neuen graphischen Darstellung oder auch einfach in einer Umorganisation der verfügbaren Information bestehen. Ein gutes Beispiel dafür haben wir bei SUMMEN AUFEINANDERFOLGENDER ZAHLEN kennengelernt, als wir Vermutung 5 aufgestellt haben. Aus meinem Lösungsvorschlag wird nicht mehr ersichtlich, wie viel Mühe ich aufzuwenden hatte, um auf die zentrale Rolle des ungeraden Faktors zu stoßen. Es ist typisch für diese Denkphase, dass Sie eben nicht unmittelbar engagiert sind. Sie sind in der Situation eines Wanderers, der auf dem Gipfel eines Hügels eine Rast macht, bevor er weitergeht. Damals habe ich eine neuartige Form der systematischen Spezialisierung ins Spiel gebracht, indem ich die Summen von zwei, dann von drei usw. aufeinanderfolgenden Zahlen genauer studiert habe.

Eine andere Fragestellung, die zu intensivem Nachdenken Anlass gegeben hat, war BRUCHTEILE. Sicher haben sich viele von Ihnen sofort auf diese Frage gestürzt und waren dann davon überrascht, dass Sie sie nicht richtig gelöst haben. Wenn Sie genauso vorgegangen sind, waren Sie dazu gezwungen, auf Distanz zu gehen und einen neuen Zugang zu suchen. Dies führte Sie zu einem neuen Gedanken. Aufgabe Ihres inneren Ratgebers ist es nun, derartige neue Aktivitäten im Voraus kritisch zu beleuchten. Danach können Sie mit Feuereifer weiterarbeiten.

Bis jetzt habe ich mich nur mit dem Aspekt der eigentlichen Nachdenkphase befasst, der eine distanzierte Haltung erforderlich macht. Genauso wichtig aber ist es, dass Sie ernsthaft mit dem Problem ringen und nach einem neuen Ansatz Ausschau halten. Diese Vorgänge wurden in Kapitel 6 ausführlich beschrieben. Besonders wichtig ist es, dass Sie die einzelnen Mosaiksteine zu immer neuen Mustern kombinieren, bis sich schließlich ein Ausweg zeigt. Ihre Aufgabe besteht hauptsächlich darin, Ihr inneres Feuer am Brennen zu halten, so dass Sie Ihre Aufmerksamkeit wieder und wieder auf die bearbeitete Problemstellung konzentrieren. Wenn Sie bei der Bearbeitung einer Aufgabe erst einmal diesen Zustand erreicht haben, werden Sie feststellen, dass alte Aufgaben, Ideen und Techniken nun ganz von selbst als nützliche Helfer zur Verfügung stehen.

7.6 Beharrlichkeit

Wer sich mit einem ernsthaften Problem auseinanderzusetzen hat, wird früher oder später mit der Frage konfrontiert werden, ob es sich lohnt, weiterzuarbeiten oder nicht. In derartigen Augenblicken – und es kann einige davon geben – hat man offenbar eine neue Beziehung zu dem Problem gewonnen. Wie schon in Kapitel 6 ausgeführt wurde, kann es durchaus sinnvoll sein, die Bearbeitung der Aufgabe zeitweilig oder ein für allemal einzustellen. Oft liegt es nahe, die Arbeit zunächst einzustellen mit der Absicht, sie später wieder aufzunehmen. Manchmal jedoch lässt einen die Fragestellung einfach nicht mehr los, und Sie bemerken, wie intensiv Ihr Engagement ist. Sie haben einfach das Gefühl, dass Sie eine Lösung finden oder zumindest noch mehr daran arbeiten können. Ver-

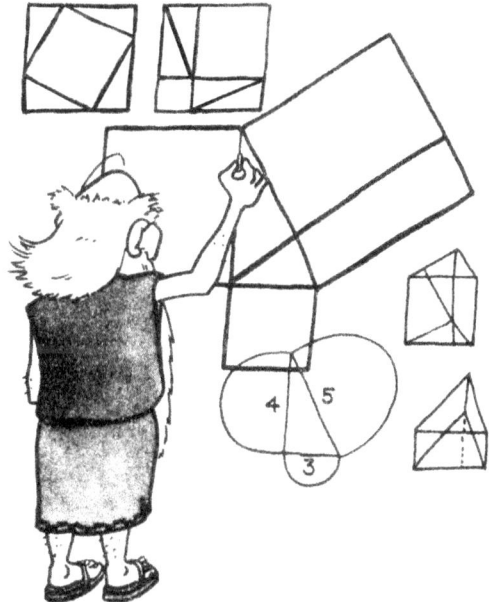

wechseln Sie das nicht mit dem Ansturm, der am Beginn Ihrer Arbeit steht. Sie haben
jetzt ja eine ganz andere Beziehung zu der gestellten Aufgabe und leben mit ihr gewissermaßen in Harmonie. Das Problem ist ein Freund geworden. Wahrscheinlich haben
nur wenige der bisher gestellten Aufgaben in Ihnen ein derartiges Gefühl wachrufen
können. Dies wird allein schon daran liegen, dass ich Ihnen immer wieder Tips zum
Weiterarbeiten gegeben habe. Statt sich wirklich die Frage vorzulegen, ob sich eine
weitere Bearbeitung lohnt, werden Sie sich eher gesagt haben: „Mal sehen, was das
Buch vorschlägt". Da Sie so eine gewisse Hilfestellung bekommen haben, werden Sie
im Normalfall zum Zuge gekommen sein. Wenn Sie andererseits schon dieses Gefühl
kennengelernt haben, dann sehen Sie, was für eine freundliche und trotzdem totalitäre
Sache die Mathematik sein kann.

Wenn ich einmal von den Beispielen in Kapitel 6 absehe, war ich öfter dazu gezwungen,
Beharrlichkeit an den Tag zu legen. Beispielsweise war ich bei POLSTERSESSEL intensiv
damit beschäftigt, mit einem ausgeschnittenen Quadrat zu hantieren. Nach einiger Zeit
hatte ich dann den Eindruck, alle meine Möglichkeiten ausgeschöpft zu haben. Ich hatte
zwar das sichere Gefühl, dass der Polstersessel nicht in der verlangten Weise bewegt
werden kann, aber keinerlei Anhaltspunkt dafür, wie ich das nachweisen könnte. Ich
hatte eine Vermutung, aber sonst keinen Ansatz, und so stellte sich mir die Frage,
ob ich weitermachen sollte oder nicht. Ich blieb am Ball, weil mir eine innere Stimme
sagte, dass doch ein Weg gefunden werden könne, und den wollte ich finden. Während
ich intensiv über eine passende Möglichkeit nachgrübelte, riet mir mein persönlicher
Tutor:

> Schreib auf, was Du weißt!
> Welche Positionen kann eine feste Ecke einnehmen?

Als ich diese Spur verfolgte (natürlich war ich längst wieder Feuer und Flamme), fand
ich die letztlich entscheidende Gesetzmäßigkeit.

Eine andere Form der Beharrlichkeit ist erforderlich, wenn es darum geht, einen offensichtlich mühsamen Ansatz bis zum Schluss zu verfolgen. Wer beispielsweise bei
SUMMEN AUFEINANDERFOLGENDER ZAHLEN der Reihe nach vorschriftsmäßige Darstellungen für

$$1, 2, 3, \ldots$$

sucht, lässt sich auf viel Arbeit ein. Man erhält eine Vermutung, aber keine Erklärung
des Sachverhalts. Der Augenblick, wo mein innerer Ratgeber die Frage

> Funktioniert das überhaupt?

aufwarf, war ein Moment, wo es auf Beharrungsvermögen ankam. In diesem Fall ging
es darum, einen bestimmten Plan weiterzuverfolgen; die Bearbeitung des Problems als
Ganzes war nicht in Frage gestellt. Natürlich ist es dazu kein weiter Weg mehr, besonders, wenn der Gedanke, sich Summen von zwei, drei ... aufeinanderfolgenden Zahlen
anzusehen, nicht kommt. Diese Form der Beharrlichkeit ist zumeist dann erforderlich,
wenn Sie sich auf eine lange Kette von mühsamen Einzelrechnungen oder Fallunterschei-
dungen eingelassen haben, deren Ausführung im Hinblick auf den Gehalt des Problems

vielleicht als nicht lohnend erscheint. Man hat den Eindruck, einen nicht gerechtfertigten Aufwand zu betreiben, und Ihr Ratgeber ermahnt Sie, eine Pause einzulegen, um über den Stand der Dinge nachzudenken.

Im Laufe der Zeit entwickelt Ihr Ratgeber für derartige Situationen ein gewisses Fingerspitzengefühl und lernt, zwischen lästigem Aufwand und purer Faulheit zu unterscheiden. Wer ein sprunghaftes Gemüt hat, lässt sich leicht von einer gewissen Fragestellung begeistern, schreckt aber zurück, wenn es wirklich ernst und mühsam zu werden droht. Vielleicht werfen Sie gerade an einem entscheidenden Punkt den Löffel weg und weichen auf einen scheinbar bequemeren Weg aus. Im Gegensatz dazu tendieren andere Menschen dazu, beharrlich den einmal eingeschlagenen Weg weiterzugehen, ohne sich Rechenschaft über die Erfolgsaussichten ihres Tuns abzulegen. Wenn sich dieser Personenkreis mit POLSTERSESSEL beschäftigt, verbringt er oft viel zu viel Zeit damit, Beispiele zu konstruieren und achtet zu wenig auf die Struktur der erhobenen Daten.

Die Entscheidung, am Ball zu bleiben, fällt manchmal nicht leicht. Im Allgemeinen erwächst sie aus einer wachsenden Vertrautheit mit der Aufgabenstellung. Damit hat sich die Sachlage eher von selbst verändert, als dass dies auf einer bewussten Entscheidung Ihrerseits beruht.

7.7 Einsichten

Sehr oft stoßen Sie völlig unerwarteterweise auf eine Lösung. Dies kann nach einigen Sekunden oder nach einigen Jahren intensiven Nachdenkens geschehen. Plötzlich sehen Sie die gesuchte Gesetzmäßigkeit. Ich unterscheide dabei zwischen plötzlichen Einfällen, die dem Entflammen eines Zweiges gleichen, und tieferen Einsichten, durch die Ihnen die gesamte Aufgabe oder doch ein wesentlicher Teil davon in den Schoß fällt. In solchen Augenblicken ist es angebracht, Aha! zu schreiben. Das Gefühl, das Sie nun empfinden, ist nach dem langen und frustrierenden Prozess des Nachdenkens derart positiv, dass es sich lohnt, es länger auszukosten.

Ich hoffe, dass Sie bei der Bearbeitung der Aufgaben mehrmals solche Aha!-Erlebnisse hatten. Wer etwa die Lösung von FARBE AM REIFEN sieht, wird oft spontan „Na klar!" ausrufen. In dem Augenblick, wo die unterstellte Beziehung zwischen Vorder- und Hinterrad vom Tisch kommt, können Sie die typische Erleichterung und Freude empfinden, die mit einer echten Einsicht einhergehen. Wenn Sie bei FLICKENMUSTER bemerken, dass und warum zwei Farben ausreichend sind, haben Sie ein weiteres Aha!-Erlebnis.

Natürlich können Sie derartige Einsichten nicht herbeizwingen. Sie sind aber dazu in der Lage, durch ein entsprechend ausgeprägtes Engagement ein günstiges Klima dafür zu schaffen, indem Sie sorgfältig spezialisieren und verallgemeinern, analoge Fragestellungen suchen usw. Benötigt wird eine seltsame Mischung aus Beharrlichkeit und einem Treibenlassen der Dinge. Dies kann sich parallel zueinander vollziehen und so lange andauern, bis etwas Neues den Ring betritt. Viele Wissenschaftler und Philosophen haben sich zu diesem Wechselspiel aus Anspannung und Entspannung geäußert:

Die alten Alchemisten Rosariums:
> Der Stein der Weisen kann nur dann gefunden werden, wenn man sich durch die Suche nicht allzu sehr belasten lässt. Du suchst ihn intensiv und findest ihn doch nicht. Suche ihn nicht, und Du wirst ihn entdecken.

Louis Pasteur:
> Das Glück hilft nur demjenigen, der durch geduldiges Arbeiten und hartnäckige Anstrengungen auf Entdeckungen vorbereitet ist.

Lloyd Morgan:
> Setzen Sie sich ganz intensiv mit dem Gegenstand Ihres Interesses auseinander ... und warten Sie!

Alexander Fleming:
> Manchmal findet man etwas, wonach man gar nicht gesucht hat.

Oliver Wendell Holmes:
> Die Entdeckung eines einzigen Augenblicks kann wertvoller sein als die Erfahrung eines ganzen Lebens.

Ralph Waldo Emerson:
> Wir können uns nicht fortgesetzt inspirieren lassen. An manchen Tagen ist kein Funken Elektrizität in der Luft, an anderen dagegen knistert es an allen Ecken und Enden wie bei einem Katzenrücken.

7.8   Seien Sie skeptisch

Vermeintliche Erkenntnisse sind leider häufig falsch, sei es teilweise, sei es total. Das, was ich glaubte klar erkennen zu können, kann sich leicht als Trugbild herausstellen; daher ist stets Vorsicht angebracht. Dabei sind verschiedene Aspekte zu beachten. Eine Einsicht kann darin bestehen, dass man ein gewisses Muster zu erkennen glaubt, das weiteren Untersuchungen nicht standhält. Typisch hierfür war das Beispiel KREIS UND PUNKTE, wo wir zuerst auf eine Formel mit Zweierpotenzen getippt hatten. Vielleicht liegt plötzlich eine bestimmte Rechenvorschrift nahe, obwohl wie bei SCHACHBRETT-QUADRATE ein systematisches Auszählen wesentlich angebrachter wäre. Häufig erahnt man auch nur einen Hauch der Einsicht, kann sie aber noch nicht klar fassen, und man braucht mehrere Anläufe, bis man genau sagen kann, was man eigentlich anstrebt. Bei SUMMEN AUFEINANDERFOLGENDER ZAHLEN brauchte ich fünf Versuche zum Hinschreiben von Vermutung 5, obwohl ich sie im Kern spontan aufgespürt habe. All dies gehört zu einem skeptischen Herangehen an das Problem. In Kapitel 5 haben wir uns lang und breit damit beschäftigt, wie man Beweise führen kann. Grundvoraussetzung

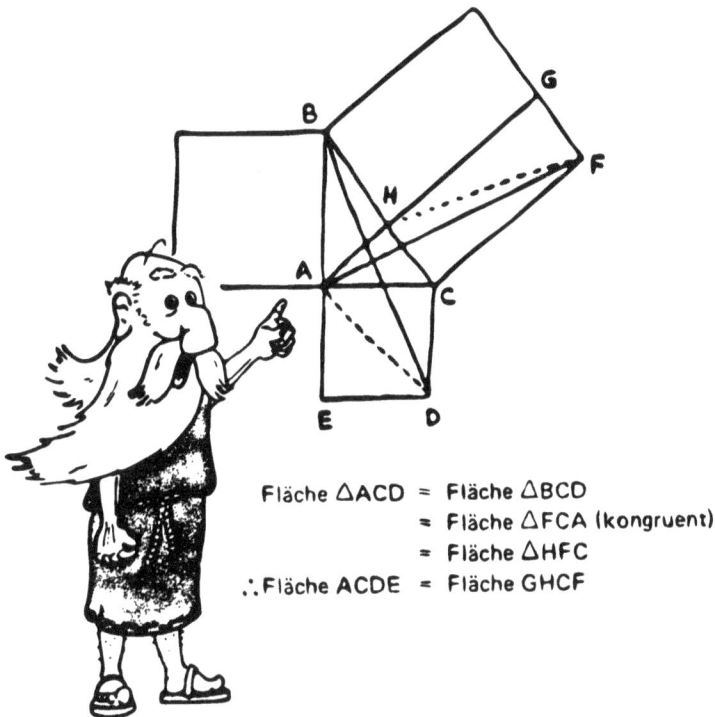

Fläche △ACD = Fläche △BCD
= Fläche △FCA (kongruent)
= Fläche △HFC
∴ Fläche ACDE = Fläche GHCF

dafür ist eine skeptische Grundeinstellung. Ganz gleichgültig, wie sicher Sie sich über die Richtigkeit einer Lösung sind, gilt doch das alte Sprichwort:

Zwischen Lipp und Kelches Rand
schwebt oft der finstern Mächte Hand.

Jede einzelne Schlussfolgerung muss sorgfältig überprüft werden, denn man kann sich nur allzu leicht an den eigenen Ideen berauschen. Dies setzt natürlich sehr viel Beharrlichkeit voraus, denn die Versuchung ist nur zu groß, die Arbeit vorzeitig abzubrechen. Wenn die erste Freude über eine gewonnene Einsicht abgeklungen ist und durch das durch keinerlei Kontrolle gerechtfertigte Vertrauen, die Aufgabe tatsächlich gelöst zu haben, abgelöst wird, ist die spätere Enttäuschung umso größer, wenn sich doch noch ein Fehler zeigt. So sehr man also durch eine Einsicht befriedigt, ja geradezu beglückt sein kann, darf man darüber die sorgfältige und detaillierte Überprüfung aller Argumente nicht vernachlässigen. Dieser Weg zur endgültigen Lösung ist natürlich weitaus mühsamer als der spontane Schuss aus der Hüfte.

Bei der Bearbeitung einer komplizierten Aufgabe kann es passieren, dass die ursprüngliche Frage mehrfach modifiziert werden muss, um vielleicht einen Angriffspunkt finden zu können. Hier erfordert eine skeptische Grundhaltung eine gewissenhafte Kontrolle darüber, ob eine Hilfsfrage vollständig gelöst wurde und wie sich dieses Teilergebnis in den Gesamtrahmen der Lösung einfügen lässt.

7.9   Nachbereitung

Wohl kein Vorgang wurde im Laufe dieses Buches bereits so gründlich erörtert wie diese siebte Phase. Hier kommt es darauf an, ruhig und gelassen noch einmal alle wichtigen Stationen auf dem Weg zur Lösung Revue passieren zu lassen, noch einmal alles durchzulesen und zu versuchen, das Ganze in einen größeren Rahmen einzubringen. Dies ist insofern eine verfeinerte Form der Verallgemeinerung, als die momentan interessierende Aufgabe zusammen mit gewissen früheren Vorläufern als Spezialfälle eines größeren Ganzen gesehen werden kann. Manche Dinge mögen dabei klar hervortreten. Möglicherweise benötigt man dafür mitunter auch eine spezielle mathematische Begabung. Fragen Sie sich daher, wodurch eine solche Fertigkeit ins Spiel gebracht wird. Vielleicht werden Sie auch zu einer völlig neuartigen mathematischen Fragestellung, im Extremfall sogar zu einer neuen Theorie geführt. Gerade hieran können Sie in besonderem Maße Ihren inneren Ratgeber schulen.

7.10   Zusammenfassung

Die Fähigkeit, emotionale Schnappschüsse machen zu können, fällt Ihnen nicht von heute auf morgen zu. Natürlich kann ich auf meine eigene Arbeit zurückblicken und mich darüber ärgern, was für dumme Ansätze ich gemacht und wie viel Zeit ich verschwendet habe. Es kann auch nützlich sein, gewisse typische Situationen zu erkennen, in denen ich immer wieder in Schwierigkeiten kam. Wenn Sie dies mit der nötigen Gelassenheit tun, so mag es angehen; artet es dagegen in einen Akt der Selbstzerfleischung aus, so ist es nur negativ zu bewerten. Kein Mensch kann aus seiner Haut heraus. Eine gravierende Änderung kann sich nur ganz langsam und behutsam vollziehen, sicher aber nicht durch eine harsche Selbstkritik. Je mehr Übung Sie haben, umso mehr emotionale Schnappschüsse werden Ihnen gelingen, umso deutlicher werden Sie die einzelnen Phasen Ihrer Denkprozesse zu unterscheiden lernen und umso tiefgreifender werden Sie sich ändern können. Andererseits sollten Sie auch auf überflüssige Ausschmückungen verzichten. Wer sich daran macht zu rekonstruieren, was notwendigerweise passiert sein muss, und schmückendes Beiwerk hinzufügt, oder wer sich in pedantischer Weise um die Abgrenzung der einzelnen Phasen bemüht, der wird Schiffbruch erleiden.

Ich sagte Ihnen schon, dass Sie sich nicht von heute auf morgen an die erwähnten sieben Arbeitsphasen gewöhnen können. Hier spielen sehr viele Gefühlsmomente mit herein, und diese sind nur schwer in Worten auszudrücken. Es erfordert Zeit, sie mit Bedeutung zu füllen. Erliegen Sie auch nicht der Versuchung, bei jeder Frage zu erwarten, dass sich alle sieben Zustände in der geschilderten Reihenfolge einstellen müssen. Das ist im psychologischen Bereich nicht zu erwarten. Wer das dennoch versucht, verkehrt eine nützliche Methode in ihr Gegenteil. Die unten abgedruckte Tabelle stellt den Zusammenhang mit den bisherigen Resultaten her:

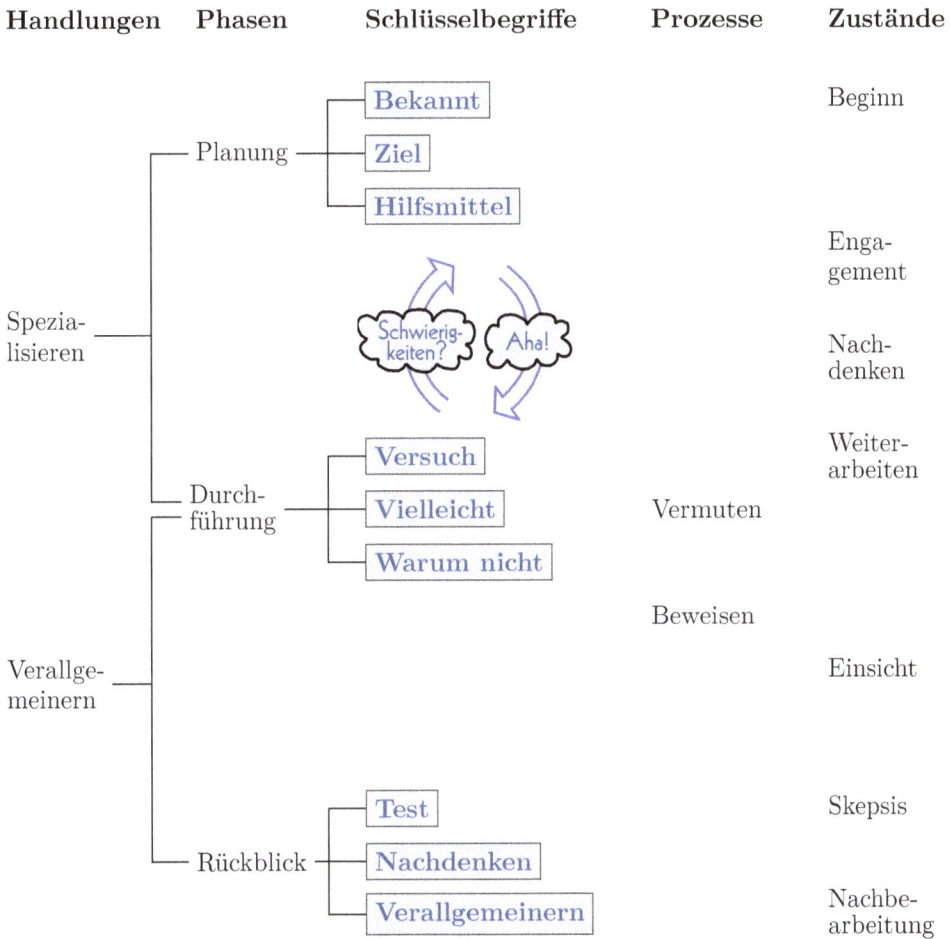

Handlungen	Phasen	Schlüsselbegriffe	Prozesse	Zustände
		Bekannt		Beginn
	Planung	Ziel		
		Hilfsmittel		
				Enga-gement
Spezia-lisieren		Schwierig-keiten? Aha!		Nach-denken
		Versuch		Weiter-arbeiten
	Durch-führung	Vielleicht	Vermuten	
		Warum nicht		
			Beweisen	
Verallge-meinern				Einsicht
		Test		Skepsis
	Rückblick	Nachdenken		
		Verallgemeinern		Nachbe-arbeitung

8   Wie erfindet man Fragen?

In diesem Kapitel beschäftigen wir uns mit Fragestellungen. In den vorangegangenen Kapiteln habe ich Sie mit einer Reihe von Aufgaben konfrontiert. Dabei verfolgte ich immer das Ziel, Sie dazu anzuleiten, selbst neue Fragen zu ersinnen. Woher kommen schließlich all diese Aufgaben, und wozu sind sie überhaupt gut? Die kurze Antwort, die ich Ihnen darauf in diesem und dem folgenden Kapitel gebe, besteht darin, dass die mathematische Denkweise eine wichtige Methode darstellt, wie Sie sich mit den Gegebenheiten dieser Welt auseinandersetzen können. Natürlich sind die hier vorgetragenen Aufgaben für sich gesehen nahezu völlig belanglos. Sie sollen nur zur Illustration einiger zentraler Denkvorgänge dienen. Durch ihre Bearbeitung und die dabei gemachten Erfahrungen haben Sie zumindest ein großes Reservoir an Methoden für zukünftige Probleme angesammelt. Sollte ihre mathematische Zukunft darin bestehen, die Fragen anderer Leute zu beantworten, so war das Buch schon ein gewisser Erfolg. Tatsächlich ist jedoch sehr viel mehr erreichbar. Mit wachsendem Selbstvertrauen werden Sie nämlich das Bedürfnis entwickeln, nicht nur vordergründig mathematische Aufgaben in Angriff zu nehmen. Die bis jetzt vermittelten Ratschläge waren ja auch keineswegs auf die Mathematik beschränkt, sondern eignen sich für nahezu jede Situation. Mindestens können Sie, wenn Sie mit einem Problem konfrontiert werden, damit beginnen, geeignete Spezialfälle zu betrachten. Wenn Sie so an die Dinge herangehen, zeigt dies, dass Sie die prinzipielle mathematische Denkweise in sich aufgenommen haben.

In diesem Kapitel möchte ich Ihnen bewusst machen, von welcher Vielzahl von Problemstellungen jeder von uns ständig umgeben ist. Im ersten Abschnitt betrachten wir die weite Skala von Fragen, die von der auf den Punkt genauen zur ganz weit gefassten reicht. Danach beschäftigen wir uns mit der Herkunft von Fragen und achten besonders darauf, was wir beobachten und wie wir etwas bemerken. Der dritte Abschnitt untersucht schließlich, wodurch die natürliche intellektuelle Neugier abgestumpft wird und wie man dagegen angehen kann.

8.1   Ein Spektrum von Aufgaben

Die meisten Aufgaben aus den früheren Kapiteln waren sehr eng gefasst und ließen nur wenig Zweifel darüber, was eigentlich genau gefragt war. Hier sind einige typische Beispiele:

PALINDROME

Ist jedes vierziffrige Palindrom durch 11 teilbar?

FLICKENMUSTER

Wie viele Farben benötigt man, um ...?

TOASTER

Was ist die kürzeste Zeit, in der man drei Scheiben Brot toasten kann?

NADEL UND FADEN

Wie viele Fäden benötigt man im Allgemeinen?

LAUBFRÖSCHE

Welche Minimalzahl von Zügen wird benötigt?

GOLDBACH-VERMUTUNG

Jede gerade Zahl oberhalb von 2 lässt sich als Summe von zwei Primzahlen darstellen.

SUMMEN AUFEINANDERFOLGENDER ZAHLEN

Charakterisieren Sie die Zahlen, die sich ...

BIENENSTAMMBAUM

Wie viele Vorfahren hat eine männliche Biene ...?

QUADRATZERLEGUNG

Charakterisieren Sie die „netten" Zahlen!

Jedoch waren nicht alle Aufgaben so klar gefasst wie obige Beispiele. Typische Gegenbeispiele waren:

FARBE AM RAD

Was sah ich?

BRIEFUMSCHLÄGE

Wie kann ich einen Umschlag herstellen?

Da Aufgaben dieses Typs nicht so detailliert sind, lassen sie mehr Raum für Interpretationen als andere. Es ist nicht vollkommen klar, was das Ziel ist; vielleicht sind sie sogar überhaupt unlösbar. Am Anfang fällt es daher oft schwer, sich vorzustellen, wie eine mögliche Lösung beschaffen sein könnte. Dies gibt sich erst dann, wenn man sich richtig mit der Fragestellungauseinandersetzt. Gerade diesen Aufgabentyp möchte ich Ihnen hier besonders ans Herz legen. Ein Weg dazu, sich solchen Problemen beherzt zu nähern, besteht darin, dass Sie sich darum bemühen, eng gefasste Aufgaben, mit denen Sie zu tun haben, möglichst weitgehend zu verallgemeinern. Sehr oft fordern gewisse Aufgabenteile förmlich zu einer Verallgemeinerung heraus. Ziel dieses Kapitels ist es, Sie dazu zu befähigen, sich eigene Fragen auszudenken.

Wie bereits erwähnt wurde, reicht das Spektrum der möglichen Aufgabenstellungen von ganz eng gefassten bis zu recht frei formulierten Problemen. Natürlich gibt es dazwischen allerlei Zwischenstufen wie etwa:

- Die richtige Antwort ist bekannt.
- Man kennt zwar die Antwort, hält das Problem aber für so interessant, dass man andere damit konfrontieren will.

- Man kann die richtige Antwort erraten.
- Man glaubt, einen Ansatz zu kennen.
- Die Aufgabe scheint zwar interessant zu sein, aber man kennt keinen Zugang.
- Die eigentliche Fragestellung ist vage oder verallgemeinerungsfähig.
- Man kennt gar keine explizite Frage, ist aber mit einer anregenden Situation konfrontiert.

Trotz des scheinbar größeren Freiraumes sind offene Fragestellungen im Allgemeinen schwerer zu behandeln als genau umrissene. Die dadurch eingeräumte Freiheit erzeugt nämlich ein gewisses Gefühl der Unsicherheit. Außerdem ist es ein großer Unterschied, ob man selbst eine Fragestellung erkennt oder ob man sich in einer Situation befindet, in der ein anderer ein Problem aufwirft.

Ist bei einer bestimmten Aufgabe, sei es infolge der Fragestellung, sei es aus dem Zusammenhang heraus, klar, dass der Fragende die Lösung des Problems kennt, so nimmt die Bearbeitung die Form eines Wettbewerbs an. Bin ich dazu in der Lage, eine Lösung genauso schnell zu finden wie der andere? Ist meine Lösung vielleicht sogar eleganter? Andererseits bieten Ihnen offenere Problemstellungen die Möglichkeit, Ihre eigenen Gedankengänge frei zu verfolgen. Leitlinie hierbei sind einzig und allein Ihre Interessen und Ihr Ansatzpunkt. Oft muss man dabei viel Zeit allein schon dafür aufwenden, das Terrain zu sondieren, Gesetzmäßigkeiten zu suchen usw. Man verfolgt dabei zunächst gar kein konkretes Ziel, sondern lässt sich nur leiten von einem allgemeinen Interesse oder einer gewissen intellektuellen Neugier auf das, was vor sich geht. Es besteht natürlich kein Zwang, unter allen Umständen am Ball zu bleiben. Vielleicht tut sich schon bald eine noch interessantere Fragestellung auf. Diese Situation ist völlig verschieden von der, dass Sie sich mit einer Ihnen vorgesetzten Aufgabe herumschlagen müssen. Letztere kanalisiert zumeist Ihr Denken in wohldefinierte Bahnen. Die Beschäftigung mit offenen Fragen wird durch Ihr Interesse stimuliert, während die Arbeit an Aufgaben mit bekannter Lösung mehr unter Zwang oder Wettbewerbsgesichtspunkten erfolgt.

Selbst wenn eine Untersuchung auf einer guten Grundlage steht, fallen dabei spezielle Fragen an, auf die man sich zu konzentrieren hat. Der große Unterschied besteht darin, dass es sich nun um Ihre eigenen und nicht irgendwelche fremden Fragen handelt. Durch Spezialisieren und Verallgemeinern gelangt man zu Teilzielen, die Beiträge zur ursprünglichen Fragestellung liefern. So werden Zug um Zug Teilprobleme gelöst, und man sieht, wie sich aus ihrer Gesamtheit langsam eine Lösung des Gesamtproblems herauskristallisiert. Daher habe ich Sie immer wieder dazu ermutigt, Ihre Resultate in größeren Zusammenhängen zu sehen. Auch die scharf umrissenen Fragen dieses Buches erlauben Verallgemeinerungen.

- Nur dann, wenn sich ein Ergebnis in einen größeren Zusammenhang einordnen lässt, beginnen Sie, seine Bedeutung zu erkennen.
- Die Verallgemeinerung von Ergebnissen ist ein guter Ausgangspunkt für das Entdecken eigener Fragestellungen.

8.2 Einige „fragwürdige" Umstände

Die beiden Beispiele BRIEFUMSCHLÄGE und FARBE AM RAD hatten ihren Ursprung in simplen Alltagsproblemen. Ich habe sie Ihnen mehr oder weniger in der Form gestellt, in der ich selbst auf sie gestoßen bin. Obwohl wir jeden Tag mit einer Fülle von anregenden Problemen konfrontiert werden, nehmen wir sie im Normalfall nicht wahr. Noch seltener ist es freilich, dass wir sie explizit formulieren.

In Kapitel 7 habe ich ausgeführt, dass das mathematische Denken durch Überraschungs-momente und Widersprüchlichkeiten stimuliert wird. Diese treten im Allgemeinen dann auf, wenn sich etwas ändert und ich dies bemerke. Beispielsweise nehmen manche Leute Notiz von umgestellten Möbelstücken, Änderungen im Karrosserie-Design usw., während andere achtlos darüber hinweg sehen. Grundvoraussetzung für das Auffinden von Fragestellungen ist somit, dass man mit offenen Augen durch die Welt geht.

Hier ist ein Beispiel dafür:

WIPPE
Bei einem Spielplatzbesuch fiel mir auf, dass alle Wippen in der Ruhestellung immer in der Horizontalen waren. In meiner Jugend waren derartige Wippen noch recht einfache Gebilde, bestehend aus einem Balken und einer Auflage. Im Ruhezustand zeigte immer ein Ende der Wippe nach oben. Dies veranlasste mich, die Neukonstruktionen genauer zu inspizieren.

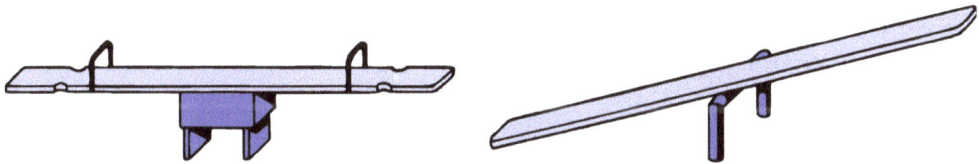

Und schon war ich mitten in einem Frage- und Antwortspiel. Bevor ich wirklich nachsah, hielt ich mir die bekannten Fakten vor Augen und überlegte, wie die Neukonstruktion wohl beschaffen wäre. Schon bald hatte ich eine Vermutung. Diese drückte ich nicht verbal aus, ein Umstand, den ich später bedauerte. Nachdem ich mir den Mechanismus genauer angesehen hatte, stellte ich mir eine Fülle von Fragen:

- Warum wählt man gerade diese Anordnung? Anders ausgedrückt: mit welchen Problemen wäre ich konfrontiert, wenn ich selbst eine derartige Wippe bauen sollte?
- Welchen Weg legt ein einzelner Sitz zurück?
- Was war der Anlass für die Konstruktionsänderung?

Mir fiel plötzlich auf, dass der betreffende Mechanismus vom selben Typ war wie der bei einem Schaukelpferd, das ich kürzlich bei einem Freund gesehen hatte. Natürlich waren die Abmessungen anders. Ich hatte mir damals zwar den Mechanismus angesehen, hatte dies aber nicht weiter verfolgt. Die Ähnlichkeit zwischen beiden war auffallend, und sicherlich war gerade dies in hohem Maße der Anlass für mein Interesse.

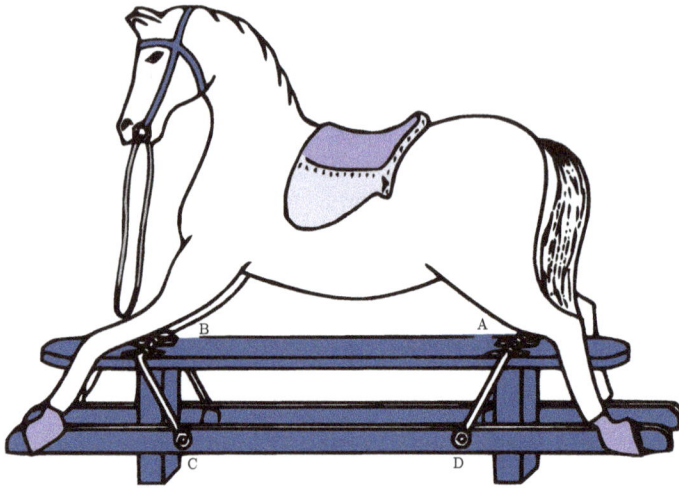

Entscheidend war, dass ich eine Änderung in der Konstruktionsform bemerkte und dass ich die Analogie zum Schaukelpferdmechanismus entdeckte. Natürlich hilft es Ihnen hier enorm weiter, wenn Sie selbst einmal mit einer solchen Wippe gespielt haben. Jeder ist leicht dazu bereit, auf Überraschungseffekte zu reagieren. Das läuft oft darauf hinaus, dass man mit konkreten Objekten, aber auch mit Zahlen oder geometrischen Objekten herumspielt. Hauptsache ist, dass der einzelne wirklich eine Beziehung dazu hat. Ist das der Fall, kommt es nicht darauf an, ob es sich um reale Gegenstände oder nur um Objekte unseres Denkens handelt. Grundvoraussetzung ist nur, dass sie einem vertraut sind.

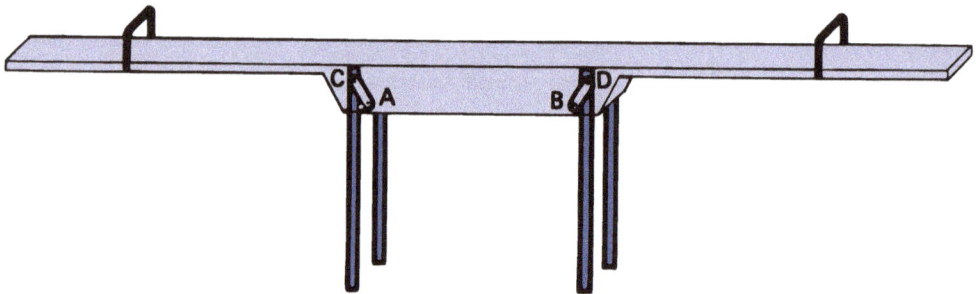

Einige sehr reizvolle Aufgaben der Mathematik haben keinerlei Praxisbezug, sind aber trotzdem wunderschön. Ihr Charme liegt darin, dass sie eine rein intellektuelle Herausforderung darstellen. Manch einem ist das zu wenig, und er zieht solche Fragen vor, deren Ergebnis irgendwelche praktischen Konsequenzen hat. Eine Unterscheidung zwischen beidem ist freilich von der Sache selbst her nicht geboten; die ablaufenden Denkprozesse unterscheiden sich nämlich nicht allzu sehr voneinander. Das folgende Beispiel ist etwas für die Freunde der reinen Mathematik:

ZAHLENSPIRALE

Die natürlichen Zahlen lassen sich wie folgt in Spiralform anordnen:

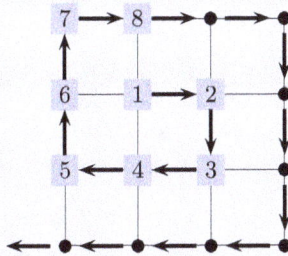

```
7 ─→ 8 ─→ ● ─→ ●
↑                  │
6 ── 1 ─→ 2    ●
↑         │     │
5 ←─ 4 ←─ 3    ●
        ← ● ← ● ← ● ← ●
```

Führen Sie die Spirale fort, und notieren Sie sämtliche Fragen, die Ihnen dazu einfallen!

> Versuchen Sie, eine Lösung zu finden!

Schwierigkeiten?

▌ Achten Sie auf Gesetzmäßigkeiten, und versuchen Sie, Vorhersagen zu machen!

Hier ist eine Reihe von Fragen, die mir in den Sinn gekommen sind:

- Welche Zahlen stehen auf den Diagonalen durch 1?
- Welche Zahlen stehen in gewissen festen Zeilen oder Spalten?
- An welcher Position wird die Zahl 87 stehen? Verallgemeinern Sie das!
- Wo stehen die geraden bzw. ungeraden Zahlen und wo die ganzzahligen Vielfachen von 3?
- Wo stehen die Quadratzahlen?

Besonders reizte mich die letzte Frage. Ich behandelte sie daher weitaus umfassender und ließ auch noch andere Spiralformen zu. Grundlage dieser Spiralen waren gewisse Aussparungen auf kariertem Papier:

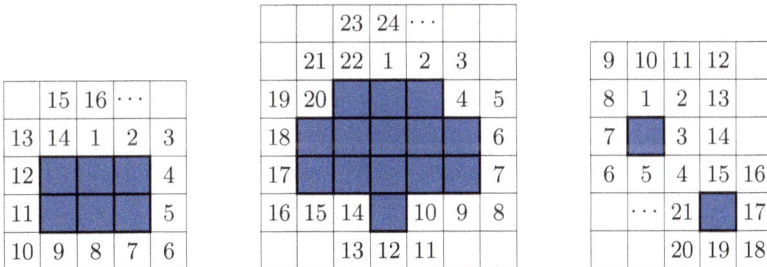

Grid 1:

	15	16	···	
13	14	1	2	3
12				4
11				5
10	9	8	7	6

Grid 2:

		23	24	···		
	21	22	1	2	3	
19	20				4	5
18						6
17						7
16	15	14		10	9	8
		13	12	11		

Grid 3:

9	10	11	12
8	1	2	13
7		3	14
6	5	4	15	16
···	21		17
	20	19	18

Natürlich gibt es hierzu viele Zwischenstufen; von Mal zu Mal werden die Muster wilder. Ich musste einige Arbeit allein dafür aufwenden, um zu präzisieren, wie ich meine Spiralen anlegen wollte. Jeder neue Ansatz war eine Vermutung, welche Vorgehensweisen die Position der Quadratzahlen invariant lassen würden. Ich drücke mich hier im Übrigen absichtlich nur recht vage aus, weil ich Ihnen den Spaß an eigenen Untersuchungen zu diesem Gegenstand nicht verderben möchte. Danach musste ich noch zeigen, dass die von mir gefundene Gesetzmäßigkeit auch tatsächlich immer aufzuspüren war.

Der obige Fragenkatalog beschränkt sich auf die Untersuchung von Zusammenhängen zwischen Zahlenwerten und ihren Positionen; Ziel ist dabei im Normalfall das Auffinden einer geeigneten Formel, die entsprechende Vorhersagen ermöglicht. Im Gegensatz dazu müssen Sie in der nächsten Situation sehr viel feinfühliger zu Werke gehen:

PAPIERBAND
Falten Sie einen dünnen Papierstreifen mit dem Format 28 cm auf 2,5 cm auf die unten beschriebene Weise:

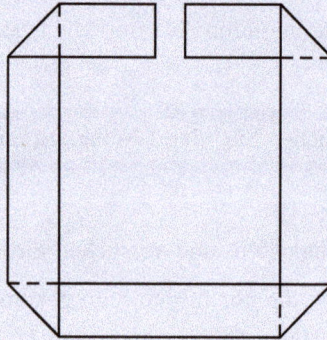

Fügen Sie die Enden so zusammen, dass ein Band entsteht!

Machen Sie das jetzt!
Was für Fragen bieten sich an?

Die Idee zu dieser Aufgabe kam mir, als ich eines Tages mit einigen dünnen Papierstreifen herumhantierte. Dabei fiel mir zwar einiges ein, aber das obige Problem faszinierte mich ganz besonders. Vielleicht sehen Sie das ganz anders; ich habe hier nur eine ganz persönliche Vorliebe angesprochen. Ich stellte fest, dass das nach obiger Vorschrift konstruierte Band eine Verdrehung aufwies, und ich stellte mir die Frage, ob zwischen der Zahl der Faltungen nach oben und unten und den Verdrehungen ein Zusammenhang besteht.

Sehr oft konzentriert sich das mathematische Denken auf irgendein Muster, wobei dieser Begriff hier sehr weit zu fassen ist. Eine Konfiguration wie eine Wippe, eine geometrische Figur oder eine Zahlenfolge kann Assoziationen wecken und Fragen folgender Art stimulieren:

- Auf wie viele Weisen ...?
- Was ist der größte/kleinste ...?
- Wie sieht die zugrundeliegende Struktur aus?
- Lässt sich diese Methode auf allgemeinere Probleme anwenden?
- Warum verhält sich das so?
- Wieso liegen die Dinge nicht so wie in jener Situation?

- Welche Gesetzmäßigkeiten können beobachtet werden?
- Wie kommen diese Zahlenwerte zustande?
- Was geschieht als Nächstes?
- Kann ich ganz allgemein vorhersagen, was geschieht?

Allgemeiner gesprochen drücken die Fragen

- Ist dies irgendwo als Spezialfall enthalten?
- Was geht hier vor sich?

den Wunsch aus, unwesentliche Details außer Acht zu lassen und sich auf das Wesentliche zu konzentrieren. Eine derartige Fragestellung spiegelt eher eine bestimmte Geisteshaltung wider; es ist nicht nur eine reine Zusammenstellung von typischen Ansätzen. Ich werde darauf in Kürze näher eingehen.

Es gibt keine bestimmten Orte oder Situationen, in denen man besonders nach Fragen Ausschau halten soll. Genau das Gegenteil ist richtig! Die meiste Zeit gehen wir Problemstellungen aus dem Weg! Oft entstehen Fragen aus einer Notwendigkeit heraus:

- Ich möchte ein Auto mieten. Soll ich eine tägliche oder eine wöchentliche Leihgebühr vereinbaren?
- Sollte ich mir dieses oder erst nächstes Jahr einen neuen Wagen kaufen?
- Ist es kostengünstiger, ein großes oder mehrere kleine Pakete an einen festen Adressaten zu schicken?

Mitunter entspringen Fragen auch komplizierten persönlichen Entscheidungen:

- Sollte ich mir einen anderen Beruf suchen?
- Soll ich meine Hypothek verlängern oder lieber schnell abzahlen?
- Wo verbringe ich dieses Jahr die Ferien?

Manchmal ist auch reine intellektuelle Neugier die Quelle:

- Das Datum 18.9.1981 ist ein Palindrom. Wann taucht wieder ein derartiges Palindrom auf?
- In welchen Abständen sollten Straßenlaternen angebracht werden?
- Wie viel verschiedene Tapetenmuster gibt es?

Wenn Sie erst einmal bewusst auf Fragen achten, werden Sie auf eine große Fülle von ihnen stoßen, und viele von ihnen können mit mathematischen Methoden bearbeitet werden.

8.3 Beobachten

Ich habe schon darauf hingewiesen, dass wir in erster Linie Veränderungen und überraschende Situationen bemerken. Das hängt im Einzelnen natürlich ganz von den jeweiligen Erfahrungen, Interessen und Kenntnissen sowie von der momentanen psychologischen Verfassung ab. Insofern ist jede Beobachtung stark individuell geprägt. Sicher werden ein Architekt und ein Musiker auf Grund ihres jeweiligen beruflichen Hintergrunds ganz unterschiedliche Wahrnehmungen machen. Wenn ich zum Beispiel irgendeinen Ort besucht habe und später Berichte über die betreffende Gegend lese oder sehe,

dann fällt mir das ganz anders auf als vorher. Dies ist mir so oft passiert, dass es sich um keinen Zufall handeln kann; daher glaube ich, dass meine neuen Interessen und Erfahrungen meine Augen für ganz andere Dinge geöffnet haben. Bevor ich selbst mein Dach repariert habe, habe ich mich überhaupt nicht um die verschiedenen Dachziegelformen gekümmert; jetzt achte ich vielfach auf Einzelheiten, die anderen gar nicht auffallen. Wer gut aufgelegt und ruhigen Mutes ist, entdeckt Sachen, die ihm in depressiver Stimmung oder bei hoher nervlicher Anspannung völlig entgehen. Aus all dem folgt, dass das Nachvollziehen fremder Beobachtungen nur noch ein schwacher Abglanz dessen ist, was die jeweiligen Personen selbst empfunden haben.

Die Beobachtungsgabe kann allerdings erheblich trainiert und verbessert werden. Dazu ist lediglich eine gewisse innere Bereitschaft erforderlich. Natürlich hat es keinen Sinn, in der Gegend herumzulaufen und so im Müßiggang nach Fragen zu suchen. Gute Fragen sind vielmehr das Ergebnis einer geistigen Tätigkeit.

Wer Beobachtungen wie bei WIPPE, ZAHLENSPIRALE oder PAPIERBAND machen will, muss zunächst einmal die eingetretene Veränderung bemerken. Dies setzt voraus, dass man das „Vorher" mit dem „Nachher" vergleichen kann. Das allein ist freilich noch nicht ausreichend; wichtig ist vielmehr, dass man ein Bindeglied zwischen beiden entdeckt. Oft entdeckt man eine Änderung mehr gefühlsmäßig, ohne sofort sagen zu können, was sich geändert hat. Die Gegenüberstellung der Sinneseindrücke mit dem, was man eigentlich erwartet hatte, findet ihren Niederschlag in einem Gefühl der Überraschung. Anders ausgedrückt: die betreffende Person wird sich einer gewissen Spannung oder eines Widerspruchs bewusst.

Voraussetzung für irgendwelche Aktionen ist also eine Gegenüberstellung zwischen alten und neuen Eindrücken. Meistens registriert man das Neue mehr zufällig und bringt es zunächst nicht mit dem Alten in Verbindung. Insofern haben wir alle in uns den Keim für Fragestellungen, die auf widersprüchlichen Sinneseindrücken beruhen. Manchmal liefert eine neue Beobachtung rein zufällig einen Brückenschlag zwischen zwei gegensätzlichen Erinnerungsfragmenten und macht so eine gewisse Spannung bewusst. Dies kann soweit gehen, dass es zur Formulierung einer Frage führt.

Gerade weil eine derartige innere Spannung zu einer Frage führt, ist nicht von vornherein klar, dass sie aufgelöst werden kann. Manchmal entlädt sich die angestaute Spannung auch nur in Gelächter, und damit hat es sein Bewenden. Selbst wenn es tatsächlich zu einer expliziten Frage kommt, ist das Ganze mehr zufallsgesteuert.

Man muss sich jedoch nicht notwendigerweise zum Gefangenen des Zufalls machen lassen. Alte und neue Eindrücke können durch die bewusste Suche nach einer Erklärung in Verbindung gebracht werden. Der neue Eindruck wird so in voller Absicht zu dem alten in Beziehung gesetzt. Dadurch wird eine Spannung aufgebaut, und eine Frage entsteht. Daher ist es besonders wichtig, bewusst zu beobachten und bewusst Fragen zu stellen. Beobachten ist nicht einfach eine gewöhnliche menschliche Handlung, sondern kann das Ergebnis einer gezielten Absicht sein.

8.4 Was steht dem Stellen von Fragen im Weg?

Natürlich ist für manchen jetzt die Versuchung groß, einfach zu sagen:

> Ich bin kein Mensch, der viele Fragen stellt.

Das ist aber nur einer der möglichen Auswege. Wer will, kann ein Mensch sein, der fragt. Dies setzt nur voraus, dass man der Welt gegenüber eine aktive, wissbegierige Haltung einnimmt. So wie das Aufstellen von Vermutungen weniger eine Tätigkeit als vielmehr eine Einstellung zu eigenen oder fremden Ideen ist, ist das Aufwerfen von Fragen eine Sache der Lebenseinstellung.

Ein anderer Grund, den viele vorschieben, sieht so aus:

> Es hat ja keinen Sinn, dass ich Fragen stelle. Ich komme ja ohnehin nicht auf die richtige Antwort.

Wer so argumentiert, beweist einen großen Mangel an Selbstvertrauen. Ob man eine Frage beantworten kann oder nicht, entscheidet sich erst, wenn man sich mit ihr auseinandergesetzt hat. Das gesamte vorliegende Buch sollte Ihnen konkrete Hinweise geben, wie Sie sich bei etwaigen Schwierigkeiten verhalten sollten. Wenn Sie sich das zu Herzen genommen haben, sollte Ihre Bereitschaft, Probleme anzugehen, gewachsen sein. Erfolge und das Gefühl, zu wissen, was man tut (selbst wenn man vielleicht keinen Beweis findet), erzeugen Selbstvertrauen. Beides setzt aber eine aktive Einstellung zur Welt voraus, und das ist eng mit der Bereitschaft zum Fragen verschwistert. Natürlich dürfen Sie das nicht mit einem blinden Aktionismus verwechseln. Manche Leute kommen vor lauter Hektik nicht mehr zum ruhigen Nachdenken. Dies ist selbst dann negativ zu bewerten, wenn die durchgeführten Tätigkeiten vordergründig mathematischer Art sind. Möglicherweise kann so jemand beachtliche mathematische Fähigkeiten entwickeln; mir scheint es jedoch wichtiger zu sein, sich über die Denkvorgänge klar zu werden, als nur irgendwelche Resultate zu speziellen Aufgaben anzuhäufen.

Ferner habe ich Wert darauf gelegt, wie wichtig es ist, auftretende Schwierigkeiten zu akzeptieren und daraus zu lernen. Es ist keine Schande, wenn man bei einem bestimmten Problem nicht mehr weiterkommt, und es ist außerordentlich nützlich, wenn man mit ihm ringt, die Aufgabenstellung umformuliert und mehrfach variiert, versucht, den Kern der Frage herauszupräparieren usw. Dies wird Ihnen später helfen, etwaige neue Informationen vernünftig einzusetzen. Außerdem befähigt es Sie dazu, präzise Fragen zu stellen und die erhaltenen Antworten sinnvoll auszuwerten.

Ein anderer Grund, weshalb man Fragen ausweicht, besteht einfach in geistiger Trägheit. Wie bei allen Spielarten der Faulheit ist dies darauf zurückzuführen, dass man sich an der Grenze seiner Möglichkeiten glaubt. Genauso, wie ein müder Mensch durch einen äußeren Impuls zu neuen Aktionen angespornt werden kann, ist die Konfrontation mit einer Frage ein guter Anstoß. Neue Energien werden geweckt, und jede Spur von Faulheit verflüchtigt sich. Wer daher Fragen ausweicht, verbaut sich bildlich gesprochen eine Tür, durch die er noch nie gegangen ist. Sie wissen gar nicht, was Sie alles verpassen!

Mein Hauptanliegen ist es, denen, die sagen, sie seien keine Menschen, die Fragen stellen, vor Augen zu halten, dass sie eine wichtige Fähigkeit ihrer Kindheit verloren haben. Es ist ja nicht nur so, dass viele Leute den Kindern einreden, es schicke sich nicht, Fragen zu stellen. Mehr noch, dadurch, dass wir nicht in der Lage sind, passende Antworten zu geben, schaffen wir eine gespannte Atmosphäre. Damit fördern wir aber eine Haltung der Art:

> Es ist nicht gut, Fragen zu stellen, die ich nicht beantworten kann.

Genau das Gegenteil ist richtig! Fragen, von denen ich weiß, dass ich sie beantworten kann, sind im Allgemeinen viel weniger interessant als solche, die ich nicht voll überblicke. Aufgaben, die man nach eigener Einschätzung nicht lösen kann, werden oft als uninteressant abgetan. Was soll das?! Viele stehen einem Wagen, der eine Panne hat, hilflos gegenüber. Ich muss mich sofort an einen Fachmann wenden. Dennoch haben viele Leute nach einer kurzen Einführung die Erfahrung gemacht, dass das ganze Problem seinen Schrecken verliert. Es ist auch allein schon positiv, wenn Sie eine Vorstellung von der nötigen Reparatur haben.

Vor einiger Zeit spielte die Flöte eines Nachbarkinds einen Ton nicht mehr korrekt. Die Eltern, die durchaus nicht unpraktisch sind, zogen den Schluss, dass bei der letzten Reinigung eine der Federn verschoben worden sein müsse. Damit aber hatte es auch schon sein Bewenden; sie wollten sich nicht eingehender mit der Flöte beschäftigen. Ich holte meine eigene Flöte und verglich sie mit der des Kindes. Dadurch sah ich, welche Klappe nicht richtig funktionierte. Ich brauchte zwei Sekunden, um die Position der Feder zu korrigieren, die eine andere Stellung einnahm als die übrigen. Ich erwähne diesen Vorfall, weil ich vorher keine Ahnung vom Aufbau einer Flöte hatte, sondern nur eine ganz vage Vorstellung. Andererseits traute ich mir zu nachzusehen. Ich war mir dabei durchaus nicht sicher, dass ich sie wirklich reparieren konnte. Ich wusste, dass ich gewisse Sachen erledigen konnte (ich begann zu spezialisieren!), die mich mit dem eigentlichen Problem vertraut machen konnten. Zumindest hatte ich die Hoffnung, einem Experten genau sagen zu können, worin der Fehler bestünde.

Zufällig hatte ich am selben Morgen mit großem Widerwillen an meinem Auto herumgebastelt, das trotz einer Inspektion nicht richtig funktionierte. Ich entschloss mich, nach dem einzigen Ding zu sehen, von dem ich etwas verstand, nämlich nach den Zündkerzen. In der Tat stellte sich heraus, dass eine von ihnen einen viel zu kleinen Elektrodenabstand hatte. Damit war das Problem gelöst. Ich zweifle nicht daran, dass mich das Erfolgserlebnis, nicht noch einmal die Werkstatt aufsuchen zu müssen, für den Rest des Tages beflügelte und mir die Reparatur der Flöte erleichterte. Dieses Beispiel zeigt mir, wie ein Erfolg der Vater des nächsten sein kann.

Leider wird die Frage nach Erfolg oder Misserfolg nur allzu häufig daran gemessen, ob man ein bestimmtes Ziel erreicht hat oder nicht. Insbesondere bewertet man das Nichterreichen von vornherein als Versagen. Ich habe daher wieder und wieder betont, dass es keine Schande ist, wenn man nicht weiterkommt. Im Hinblick auf meine vorigen Ausführungen scheint es mir so zu sein, dass unser Selbstvertrauen häufig deswegen zu leiden hat, weil wir uns falsche Ziele setzen. Wer nur auf ein Resultat abzielt oder – schlimmer noch – nur eine Lösung sucht, die schneller und eleganter als die eines anderen ist, der bettelt förmlich um sein Scheitern.

Zielt man nicht so sehr auf ein gewisses Endprodukt, so erzeugt das weit mehr Selbstvertrauen, und die Gefahr des Scheiterns ist viel geringer. Wenn Sie das Denken an sich positiv bewerten, dann wird Ihre Selbstsicherheit anwachsen. Eine erfolgreiche Bearbeitung einer Frage kann bereits darin bestehen, dass man genau versteht, um was es eigentlich geht, dass man sie präziser stellen oder in einem größeren Zusammenhang sehen kann. Dagegen ist es unnötig, immer auf einer Antwort zu beharren. Die fruchtbarsten Probleme sind häufig gerade die, mit denen man nicht fertig wird. Dies stimmt nicht nur im philosophischen Bereich (worin besteht der Sinn des Lebens?), sondern auch in der Mathematik.

8.5 Zusammenfassung

Die Bereitschaft zum Stellen von Fragen kann erworben oder – besser gesagt – wieder erweckt werden, wenn man bereit ist, mit offenen Augen und kritisch durchs Leben zu gehen. Dabei kommt es hauptsächlich auf Folgendes an:

- Man muss auftretende Fragen bemerken.
- Man muss wissen, wie man sich verhalten kann, wenn man nicht mehr weiterkommt.
- Man muss sich mitunter damit zufrieden geben, dass man zum Kern des Problems vorstößt und eventuell eine Vermutung formulieren kann.
- Man muss den brennenden Wunsch verspüren, mehr über sich und die Welt zu erfahren.

Wir achten normalerweise auf das Unerwartete, das Veränderte. Eine neue Tapete fällt einfach auf. Es kommt darauf an, die Dinge frisch und vorurteilsfrei zu betrachten. Oft klafft eine Lücke zwischen unserem Kenntnisstand und dem äußeren Impuls. Das ist der Zeitpunkt, sich über das Vorliegen eines Problems klar zu werden. Vielleicht ist die letzte Formulierung sogar ein wenig irreführend: In dem Moment, in dem ich mir einer Problemstellung bewusst werde, hat der Prozess des Fragens ja bereits begonnen. Die eigentliche Tätigkeit läuft schon ab. Nun kommt es nur noch darauf an, diesen inneren Vorgang zu steuern. Die Alternative hierzu besteht darin, dass man alles in seiner Umwelt als pure Selbstverständlichkeit akzeptiert und nie nach dem Wie oder Warum fragt.

Ich finde, dass folgende Frage im Zentrum meines Denkens steht:

- Was geht hier eigentlich vor sich?

Diese Frage ist in der Tat oft der Ausgangspunkt meiner Überlegungen und zieht eine Fülle von weiteren, konkreteren Fragen nach sich. Sie steht letztlich hinter allen von mir angegangenen Problemstellungen. Vielleicht empfinden Sie das nicht so stark, doch dies hängt auch davon ab, bis zu welchem Punkt Sie Ihre eigenen Ansätze hinterfragen und verallgemeinern wollen.

Was ist nun das Besondere an mathematischen Aufgaben? Typische mathematische Fragen sind von der Art

- Wie viel ... ?
- Auf wie viel Arten ... ?
- Welche Eigenschaften hat ... ?
- Wie verhält sich ... ?
- Wo habe ich so etwas schon einmal gesehen?
- Was ist hier die entscheidende Idee?
- Wieso führt dieser Ansatz zum Ziel?

Manche Leute bearbeiten gerne Aufgaben, die ihnen von anderen gestellt werden. Vielleicht wiegen sie sich gerne in der Sicherheit, dass die Probleme lösbar sind und dass sich auch ein anderer dafür interessiert. Wieder andere bevorzugen es, an berühmten ungelösten Fragen zu arbeiten. Eine dritte Gruppe behandelt vorzugsweise ihre eigenen Problemstellungen. Wieder andere suchen ihre Befriedigung darin, Lösungen von anderen durchzuarbeiten und so aufzuschreiben, dass sie auch für Nichtfachleute verständlich werden. Jede dieser Haltungen hat ihren Wert. Besonders wünschenswert scheint es mir aber zu sein, alle diese Einstellungen in einem gesunden Gleichgewicht zu halten.

Die folgenden Aufgaben aus Kapitel 10 können entweder sehr stark verallgemeinert werden, oder sie lassen Ihnen einen großen Spielraum:

Tassen drehen, Würfelrollen, Wegnahme von Quadraten

Weitere in den Lehrplan zu integrierende Aufgaben finden Sie in Kapitel 11.

Literaturhinweise
Mason, J. *Researching your Own Practice*. London: Routledge Falmer 2002.

9

9 Wie man in die mathematische Denkweise hineinwächst

In diesem Buch wollte ich Sie dazu einladen, Ihre mathematischen Fähigkeiten wiederzuentdecken. Ich habe absichtlich von einer Wiederentdeckung gesprochen, denn kleine Kinder verwenden bei der Entdeckung ihrer Umwelt und beim Erlernen der Sprache (Gattegno 1963) genau die mathematische Denkweise. Ich habe Sie darauf hinweisen wollen, dass Sie so denken können, wenn Sie sich nur über Ihre Denkprozesse klar werden können. Mit wachsender Einsicht in diese Abläufe nimmt Ihre Wahlfreiheit zu. Nachdem Sie nun die Reise angetreten haben, können Sie allein auf dem Weg zu einem tieferen Verständnis weiterschreiten und begünstigende Faktoren gezielt fördern. Eines der hervorstechendsten Ergebnisse davon wird sein, dass Sie das mathematische Denken anderer Leute besser zu verstehen lernen. Sie können andere mit den von Ihnen selbst verwendeten Hilfsmitteln vertraut machen. Die in diesem Buch vorgeschlagenen Methoden können sehr wohl an andere weitervermittelt werden. Ihr Erfolg hängt allerdings von einer gewissen Beharrlichkeit ab; man braucht anfänglich ein gewisses Stehvermögen, um durchzuhalten. Dieses Kapitel soll Ihnen zeigen, wie Sie dabei vorgehen können und ist insofern für Lehrer, Eltern oder Leute in Führungspositionen von besonderem Interesse.

Zunächst einmal will ich noch einmal einige wesentliche Gesichtspunkte zusammentragen und neu überdenken. Danach werde ich aufzeigen, wie Sie schlummernde Fähigkeiten in sich selbst oder in anderen aufwecken können.

Die Effektivität des mathematischen Denkens hängt hauptsächlich von folgenden drei Faktoren ab:

1. Sie müssen die grundlegenden mathematischen Techniken und Fertigkeiten besitzen.
2. Sie müssen in der Lage sein, sich in verschiedenen Stimmungslagen gut zurechtzufinden und sie nötigenfalls zu Ihrem Vorteil zu wenden.
3. Sie müssen das mathematische Umfeld und gegebenenfalls die Anwendungsgebiete überblicken.

In diesem Buch habe ich mich hauptsächlich um die ersten beiden Aspekte gekümmert. Dies liegt natürlich nicht daran, dass das mathematische Umfeld unwichtig ist. Oft wird dieser Faktor aber als der einzig wichtige herausgestrichen, daher glaubte ich, mich hier kürzer fassen zu können. Ich wollte Ihre Aufmerksamkeit lieber auf die psychologischen Aspekte mathematischen Tuns lenken, denn ich glaube, dass dadurch das kreative Potential entscheidend verstärkt werden kann. Eine zu einseitige Betonung der Mathematik an sich trägt auch zu einer Verschleierung der Denkvorgänge bei, die in erster Linie für die Erschließung von wichtigem Neuland von Bedeutung waren. Bei der

Bearbeitung von NADEL UND FADEN kam ich über zahlreiche Zwischenstufen plötzlich zum Konzept des größten gemeinsamen Teilers. Dieser wird üblicherweise in den Schulen behandelt; daher wäre es falsch gewesen, sich speziell mit diesem Konzept auseinander zu setzen. Viel wichtiger ist es, sich zu überlegen, was die Kreativität fördert und wodurch sie beeinträchtigt wird. Ich habe die Aufgaben absichtlich so ausgewählt, dass kein großer mathematischer Hintergrund für ihre Lösung erforderlich war. Dadurch wollte ich erreichen, dass Sie sich nicht so sehr auf das konzentrieren, was Sie lernen, sondern darauf, wie Sie es lernen.

9.1 Wie man seine mathematische Denkweise verbessern kann

Der Plan zur Verbesserung Ihrer mathematischen Fähigkeiten basierte im Grunde auf zwei Säulen, nämlich auf

- Denkvorgängen

und

- Gefühlszuständen.

Ich habe Sie zunächst auf einige grundlegende Techniken hingewiesen.

Dazu zählen:

- Spezialisieren
- Verallgemeinern
- Vermuten
- Beweisen

Diese wurden hauptsächlich in den Kapiteln 1, 4 und 5 erörtert. Obwohl man meinen könnte, dass es sich hierbei um reine Selbstverständlichkeiten handelt, erfolgen sie beim Anfänger alles andere als automatisch. Die bloße Bearbeitung von Aufgaben genügt nicht zur bewussten Steuerung dieser Vorgänge. Im Gegensatz zu ihrer scheinbaren Harmlosigkeit handelt es sich dabei um sehr subtile Dinge, die einem nur dann in Fleisch und Blut übergehen, wenn man sorgfältig auf sie achtet. Dies gilt sowohl für die Schulung Ihrer eigenen Fähigkeiten als auch für den Fall, dass Sie andere ausbilden wollen.

Noch detaillierter waren meine in die Form der Schlüsselwörter gekleideten Vorschläge. Ein sehr nützlicher Ausweg aus eventuellen Schwierigkeiten besteht darin, sich von Fragen der Art

- Was ist bekannt?
- Was ist gesucht?
- Wie kann ich meine Lösung testen?

leiten zu lassen. Dies war das Hauptanliegen von Kapitel 2. Viele Hinweise sind in den Text eingestreut oder wurden im Zusammenhang mit Lösungsvorschlägen erörtert. Sie zeigen, wie man an diese und andere Fragen herangehen kann. Obwohl ich mich dabei stets um eine Strukturierung durch die Verwendung der Schlüsselwörter bemüht habe, glaube ich nicht, dass sich dies irgendwie direkt erlernen lässt. Dafür ist das gesamte Gebiet zu komplex und die gesamte mathematische Vorgehensweise zu stark von individuellen Faktoren abhängig. Der beste Ratgeber ist stets Ihr eigener Erfahrungsschatz, und diese Quelle kann durch die Verknüpfung von entscheidenden Ideen mit den dabei empfundenen Gefühlen besser erschlossen werden. Wichtig ist, dass Sie zu Ihrer individuellen Form der Gliederung finden. Ich empfehle Ihnen, dabei immer eine saubere Trennung zwischen Voraussetzungen, Vermutungen und bewiesenen Aussagen durchzuführen. Außerdem sollten Sie stets klaren Formulierungen den Vorzug geben. Ich habe versucht zu betonen, dass Fortschritte auf diesem Gebiet im Wesentlichen davon abhängen,

- dass Sie Probleme in Angriff nehmen

und

- dass Sie über die dabei gemachten Erfahrungen nachdenken.

Diese Kopplung aus Übung und gründlicher Überlegung ist meines Erachtens sowohl der Schlüssel zum eigenen wie auch zum Lehrerfolg. Die mathematischen Fähigkeiten lassen sich nicht nur dadurch steigern, dass Sie lernen, wie man ein Problem anpackt, sondern dass man auch die damit einhergehenden Gefühle und Stimmungen zu seinem Vorteil einspannt. Vor allem muss man negative Stimmungslagen unter Kontrolle bringen.

Die Kapitel 3 und 6 waren besonders den Möglichkeiten zur Überwindung von Schwierigkeiten gewidmet. Ich erläuterte, dass Hemmnisse durchaus auch ihre positiven Seiten haben und dass man aus ihnen Kapital schlagen kann. Das Erkennen, dass Schwierigkeiten vorhanden sind, ist ein durchaus nicht ungewöhnlicher und voll zu akzeptierender Vorgang. Es darf nur nicht zu panikartigen Reaktionen wie

Hilfe! Ich bin in Schwierigkeiten!

führen. Richtig ist es vielmehr zu sagen:

Ich habe Schwierigkeiten. Wie kann ich sie überwinden?

In den Kapiteln 5, 7 und 8 wies ich darauf hin, dass ein Weg zur Überwindung von Schwierigkeiten in der Ausbildung eines inneren Ratgebers besteht, der gewissenhaft beobachtet, Fragen stellt und Forderungen an Sie richtet. Auch die Ausbildung eines derartigen Tutors ist natürlich wieder eine reine Sache von Übung und Reflexion. Es ist notwendig, dass Sie sich über Ihre Stimmungslagen im Klaren sind, so dass Ihr Ratgeber in der Lage ist,

sie zu interpretieren und auszunützen.

Das kann zum Beispiel so aussehen, dass er sich an Aha!-Erlebnisse erinnert und Schwierigkeiten verdrängt und hilft,

sie zu kontrollieren,

damit Sie die nötigen Schritte einleiten können.

Nur sehr wenige würden bestreiten, dass das Verständnis der Vorgänge bei der Lösung von Problemen Übung voraussetzt. Nur so erwirbt man ein Repertoire nützlicher Strategien. Das alles nützt aber nichts, wenn nicht sorgfältiges Überlegen mit hinzukommt. Fehlt dies, so hinterlässt die Übung keine signifikanten Spuren. Die meisten von uns haben das schon selbst erfahren. Wie oft hat mich mein Lehrer dazu angehalten, zuerst einmal eine Skizze zu machen. In meiner Jagd nach der Lösung hielt ich das aber für völlig überflüssig und betrachtete es als eine Marotte meines Lehrers. Dadurch verlor ich die Möglichkeit, später an solche Erfahrungen anzuknüpfen. Heute weiß ich, dass die Ausarbeitung einer Fragestellung mir die Zeit gibt, mich für sie zu engagieren und gleichzeitig Informationen zu sammeln. Genau das muss aber mit der reinen Übung Hand in Hand gehen. Wer die lebhaftesten Erinnerungen wie in einem Schnappschuss der Gefühle festhält, kann sie für die Zukunft in leicht zugänglicher Form in seinem Gedächtnis abspeichern.

Wer seine Fähigkeiten durch Übung gepaart mit Reflexion verbessern will, steht vor keiner schweren, aber einer zeitraubenden Aufgabe. Das schnelle Frage-/Antwort-Schema, das heute an den Schulen so sehr verbreitet ist, steht dem diametral entgegen. Dadurch entsteht der falsche Eindruck, die mathematische Denkweise sei das Ergebnis der wiederholten Einübung von Beispielen. Tatsächlich braucht man für die Bearbeitung jeder Aufgabe eine gewisse Nachbereitungszeit, und die Qualität der Nachbereitung hängt davon ab, ob man sich die Zeit nimmt, andere Lösungswege in Betracht zu ziehen und Verallgemeinerungen zu suchen.

Wer auf die in diesem Buch gegebenen Ratschläge zurückblickt, wird feststellen, dass man in der Mathematik viel Zeit und eine hinreichend große Papiermenge braucht. Nur dadurch, dass man eine Aufgabe aus den verschiedensten Blickwinkeln heraus betrachtet, entfaltet sie ihren vollen Reichtum. Dabei vergrößert sich auch die Wahrscheinlichkeit, dass man bei einer späteren Fragestellung die Analogie zu der soeben behandelten erkennt. Beispielsweise wurden Sie in Kapitel 4 erstmalig mit FARBE AM RAD konfrontiert. In Kapitel 5 tauchte diese Aufgabe erneut auf, denn an ihr konnte demonstriert werden, wie man eine Vermutung widerlegt. In Kapitel 7 wurde sie als Beispiel dafür herangezogen, wie man eine Einsicht gewinnen kann. Jedes Mal wurde über diese Aufgabe aus einer anderen Perspektive heraus nachgedacht.

Die Einstellung

> Was kann ich noch herausfinden?

ist natürlich weitaus erstrebenswerter als die Auffassung

> Nun habe ich meine Arbeit getan und wende mich etwas anderem zu.

Eine wirksame Nachbereitung setzt voraus, dass man das Ganze unter einem neuen Blickwinkel sieht. Es kommt überhaupt nicht darauf an, wie viele Aufgaben man bearbeitet hat, sondern darauf, wie viel Gewinn man aus jeder einzelnen gezogen hat. Die Förderung dieser Einstellung ist das Hauptziel der nächsten beiden Abschnitte.

9.2   Wie provoziert man mathematisches Denken?

Obwohl ich hier stets die angenehmen Seiten des Denkens in den Vordergrund geschoben habe, bin ich mir darüber im Klaren, dass Denken nicht immer leicht fällt. Konsequentes Nachdenken setzt vielmehr eine beträchtliche Beharrlichkeit und ein funktionierendes Krisenmanagement voraus.

Äußerer Druck kann bewirken, dass man sich den Anschein gibt zu denken. Dies weiß wohl jeder aus seiner Schulzeit. Wenn aber keine entsprechende innere Einstellung dazukommt, wird dabei wahrscheinlich nicht mehr als das rein mechanische Abspulen irgendwelcher Vorgänge und die Anwendung erlernter Regeln herauskommen. Der eigentliche Denkprozess wird nur dann ausgelöst, wenn man sich einer Lücke, einer Unklarheit bewusst ist und diese überwinden will. Ein unerklärlicher Vorfall, ein Überraschendes Ereignis, eine Widersprüchlichkeit und anderes mehr bilden hier den Auslöser. Bei der Aufgabe WARENHAUS bringt das erste Beispiel die naheliegende Erwartung zu Fall, es komme auf die Reihenfolge von Rabattgewährung und Steuerabzug an. Man ist überrascht! Die zunächst vorherrschende Gleichgültigkeit oder das bestenfalls nur recht geringe Interesse wird durch lebhafte Neugier ersetzt. Jetzt ist man sehr aufmerksam geworden, und der eigentliche Denkvorgang kann beginnen. In FARBE AM RAD bewirkt vielleicht die unerwartete Fragestellung bereits eine gewisse Neugier. Es hat den Anschein, dass es sich um ein recht natürliches und einfaches Problem handelt. Man kommt schnell zu einer Vermutung, die möglicherweise erst in der Diskussion mit anderen ernsthaft in Zweifel gezogen wird.

Beide Aufgaben sind Beispiele dafür, dass neue Informationen oder verschiedenartige Lösungen das weitere Vorgehen stimulieren. Sobald man einmal eine Vermutung hat oder damit konfrontiert wird, dass ein Freund zu einem anderen Ergebnis gelangt ist, findet eine neuartige Handlungsweise statt. Der neue Eindruck steht im Widerspruch zum alten oder dem, was erwartet wurde. Wenn man nun so neugierig ist, den aufgetretenen Konflikt lösen zu wollen, dann beginnt der eigentliche Denkprozess. Dieser wurde hauptsächlich durch die vorhandene Lücke zwischen Erwartung und Befund ausgelöst. Dadurch wird eine innere Spannung erzeugt, die sich so äußern kann:

- verstandesmäßig als „Das verstehe ich nicht!";
- emotional als Erregungs- oder sogar Angstgefühl;
- körperlich als Muskelanspannung.

Verwechseln Sie die Spannung zwischen

Frage   und   Ich

nicht mit dem Konflikt zwischen

Ich muss (um eine gute Note zu bekommen usw.)

und

Ich kann nicht (ich weiß nicht, wie ich die Sache anpacken soll).

Die erste Form der Spannung geht mit einer gewissenErregung einher, die weiteres Interesse stimuliert. Die zweite ist dagegen oft ein Anzeichen für mangelndes Selbstvertrauen und die Unfähigkeit, sofort eine Lösung zu erkennen. Oft ist sie auch nur ein Ausfluss der angespannten Situation in der Schule oder am Arbeitsplatz.

Wer wirklich intensiv arbeiten will, braucht die Muße, um sich richtig engagieren und über längere Zeit hinweg nachdenken zu können. Das kann natürlich dann nicht geschehen, wenn man nur an einer schnellen Antwort interessiert ist und sich danach sofort angenehmeren Dingen zuwendet. Bei dieser Vorgehensweise fehlt einfach die Zeit dafür, sich tief und langanhaltend seiner Lösung zu erfreuen.

Die Arbeit an einer Aufgabe wird im Grunde in dem Moment aufgenommen, in dem man sich auf die Voraussetzungen und die nachzuweisende Behauptung konzentriert. Dies ist zugleich der Brückenschlag zu einer wirklich sinnvollen Aktivität. Hat man sich so erst einmal engagiert, so verlagert sich der Akzent der Spannung von Frage – Ich zu Bekannt – Gesucht. Dies führt zu einer Serie von Aha!-Erlebnissen, aber auch zu Schwierigkeiten. Man macht Fortschritte, muss Rückschläge in Kauf nehmen, geht wieder voran usw. Jedes Aha!-Erlebnis erzeugt ein Bindeglied zwischen den Voraussetzungen und dem Ziel. Dabei kann es durchaus passieren, dass eine so erhaltene Vermutung einer genaueren Überprüfung nicht standhält; in diesem Fall muss man auf einen neuen Einfall warten. Vielleicht ändern sich während dieses Denkprozesses die Zielvorstellungen; dadurch erhofft man sich vielleicht, den Graben zwischen Soll und Haben verkleinern zu können. Die Ausgangsfrage unterliegt einer Reihe von Veränderungen, wird auf verschiedenartige Weise spezialisiert oder verallgemeinert oder sogar ganz abgeändert. Vielleicht wird meine Aufmerksamkeit gar auf eine ähnlich gelagerte Aufgabe gelenkt, mit der ich besser zurechtzukommen hoffe.

Wenn die vorhandene Spannung aber zu groß ist, geht man mitunter gar nicht an die Aufgabe heran. Manchmal ist die Kluft zwischen Voraussetzungen und Behauptungen nach einem Lösungsversuch noch größer geworden als es zunächst den Anschein hatte. Ein Beispiel dafür ist die auf den ersten Blick so harmlos wirkende Aufgabe ITERATIONEN. Dies kann dazu führen, dass das ursprüngliche Interesse ganz erlischt. Andererseits kann ein überschäumendes Interesse auch zu kopflosen Aktionen führen, die in einer Sackgasse enden. Daher ist es wichtig, dass Sie Ihre Gefühle unter Kontrolle bringen können.

Vielfach ist es nicht einfach, langanhaltende frustrierende Perioden durchzustehen. Dies setzt voraus, dass man den ungelösten Konflikt, das Paradoxon oder eine aufgetretene Widersprüchlichkeit als persönliche Herausforderung begreift und diese auch annimmt. Ein Lehrer, der diesen Sachverhalt versteht und ein Gefühl für die Interessen seiner Schüler hat, wird in der Lage sein, geeignete Fragestellungen auszuwählen.

9.3   Wie man das mathematische Denken fördern kann

Kein Denkvorgang kann sich in einem Vakuum abspielen. Die gesamte geistige und gefühlsmäßige Atmosphäre, in der sich Ihr Denken abspielt, beeinflusst es nachhaltig. Dabei ist es unwesentlich, ob Sie sich darüber im Klaren sind oder nicht. Wer ein guter Mathematiker sein will, braucht das nötige Selbstvertrauen, um seine Ideen zu verfolgen, und muss seine Stimmungslagen kontrollieren können. Die Grundlage dafür ist die Erfahrung, dass Ihr Denken Ihr Verständnis fördert. Diese persönliche Erfahrung ist durch nichts zu ersetzen.

Wer über seine Erfolge – und seien es auch nur Teilerfolge – nachdenkt, steigert sein Selbstvertrauen. Ein Lehrer muss wissen, wie wichtig das für seine Schüler ist, und eine entsprechend fördernde Atmosphäre schaffen. Hier kann es hilfreich sein, in Gruppen zu arbeiten und sinnvolle Fragestellungen auszuwählen.

Eine Atmosphäre, in der das Selbstvertrauen wachsen kann, ist notwendig, aber noch lange nicht hinreichend. Kreatives mathematisches Denken braucht nicht nur einen günstigen Nährboden, es muss auch erweitert werden. Dazu tragen im Wesentlichen drei Faktoren bei. Sie sind besonders dann entscheidend, wenn Sie das Denken von anderen Menschen beeinflussen wollen.

Eine günstige mathematische Atmosphäre ist durch folgende Komponenten gekennzeichnet:

- Sie muss anregend sein.
- Sie muss fordernd sein.
- Sie muss Muße zum Nachdenken gewähren.

Da ein gesundes Selbstvertrauen der Schlüssel zu allem weiteren ist, kann die nötige Einstellung durch die Worte „Ich kann!" umschrieben werden.

Anregungen:

Ich kann
- interessante Fragen aufwerfen.
- meine Annahmen in Frage stellen.
- mir die Bedeutung von auftretenden Größen klar machen.

Herausforderungen:

Ich kann
- Vermutungen aufstellen.
- Argumente zum Beweis oder zur Widerlegung finden.
- testen und modifizieren.

Reflexionen:

Ich kann
- selbstkritisch sein.
- mehrere Lösungswege erkennen und beschreiten.
- einen anderen Ansatz verfolgen.

Der Mensch kann die hier angesprochenen Fähigkeiten schon in frühester Jugend entwickeln. Dies setzt allerdings voraus, dass er dabei ermutigt und bestärkt wird. Die Neugier der Kinder muss genährt, ihr kreatives Potential strukturiert und ihr Selbstvertrauen gestärkt werden. Wenn Sie nicht in der glücklichen Lage waren, diese Erfahrungen machen zu dürfen, so müssen Sie sie sich selbst verschaffen. Stellen Sie Fragen! Pflegen Sie diese Kunst, die vielleicht durch ein übergroßes Vertrauen in irgendwelche Tatsachen blockiert worden ist. In Kapitel 8 habe ich die verschiedenen Stufen des Fragens erläutert, die Ihnen das nötige Gefühl und Selbstvertrauen für Ihr mathematisches Denken verschaffen können. Benützen Sie diese, um Fragen zu provozieren, Behauptungen auf ihren Wahrheitsgehalt hin zu überprüfen und ein gesundes Maß an Skepsis zu kultivieren. Denken Sie immer daran, dass nur angemessene Fragestellungen nützlich sind. Wenn Sie das Lernen anderer Menschen beeinflussen können oder müssen, dann achten Sie darauf, wie oft Sie diesen die Gelegenheit dazu geben, nachzudenken, eigene Fragen zu stellen, Vermutungen zu entwickeln und in Muße zu betrachten.

Wenn Sie dieses Buch noch einmal durchblättern, so werden Sie feststellen, dass es von der soeben geschilderten Atmosphäre durchdrungen ist. Ich hielt es für den natürlichen Weg, Fragen zu stellen, Sie mit Herausforderungen zu konfrontieren und Sie zum Nachdenken anzuregen. Gehen Sie mit diesen Gedanken im Hinterkopf noch einmal einige Ihrer alten Lösungen durch und sehen Sie, ob Ihnen das nicht hin und wieder weiterhilft.

Beispielsweise hätte ich bei der Bearbeitung von PALINDROME bei der Behauptung bleiben können, alle vierziffrigen Palindrome ließen sich aus 1001 durch fortgesetztes Addieren von 110 gewinnen. Mein innerer Ratgeber war aber auf Draht und suggerierte mir ein Gegenbeispiel. Dies führte zur Aufstellung einer anderen, besseren Hypothese.

In der Schule kann dieser Vorgang ein Bestandteil des Unterrichts sein. So begünstigt man nachhaltig die Ausbildung eines inneren Ratgebers. Es ist der Mühe wert, Vermutungen als Vermutungen auszusprechen und sie zunächst im Raum stehen zu lassen, selbst wenn man noch keine Möglichkeit sieht, wie man sie beweisen könnte. Allein schon das bloße Aufstellen von Vermutungen ist eine nützliche Erfahrung. Es besteht ein großer Unterschied zwischen einem Klima, in dem von den Kindern korrekte Antworten erwartet werden, und einem solchen, in dem Hypothesen aufgestellt, diskutiert und geändert werden, und in dem die entscheidende Forderung lautet:

> Überzeuge! (und zwar erst Dich selbst, dann andere)

Wo Fragen wie

- Wie interpretiere ich das?
- Wie komme ich zu dieser Vermutung?
- Warum verhält sich das so und nicht anders?
- Was meine ich damit?

gestellt werden, gedeiht das mathematische Denken.

9.4 Der Nutzen der mathematischen Denkweise

Die mathematische Denkweise ist nicht nur ein Wert in sich. Es handelt sich vielmehr um einen Vorgang, durch den unser Verständnis für die Welt erhöht und unser Handlungsspielraum vergrößert wird. Da es sich in erster Linie um eine Vorgehensweise handelt, gibt es dafür viele Anwendungsbereiche. Der Rahmen der Mathematik oder der naturwissenschaftlich-technischen Disziplinen wird dabei gesprengt. Es gehört freilich mehr dazu, als nur Antworten auf irgendwelche Fragen zu finden; die Eleganz der Lösung oder der Gehalt der Frage vermögen daran nichts zu ändern. Die mathematische Denkweise ist vielmehr ein wesentlicher Helfer zur Selbsterkenntnis. Wenn Sie den Ratschlägen dieses Buches gefolgt sind, Aufzeichnungen angefertigt haben und – noch wichtiger – sich die Zeit zur kritischen Reflexion genommen haben, dann wissen Sie jetzt mehr über Ihre Denkvorgänge als zuvor. Diese Erkenntnis ist ein Brückenschlag zwischen scheinbar getrennten Sachgebieten, Informationen, Erfahrungen, Gefühlen und der Außenwelt. Dieses Bewusstsein wirkt ebenso auf sich selbst zurück wie die selbstbezüglichen Aussagen aus Kapitel 6. Wenn ich mir die Existenz dieser Vorgänge bewusstmache, hilft mir das weiter; während ich darüber nachdenke, vernachlässige ich allerdings die Inhalte. Wenn ich aber erst die Denkvorgänge und die Inhalte und ihre Wechselbeziehungen überblicke, dann habe ich einen großen Schritt nach vorne getan. Ich bemerke, was abläuft und registriere die damit verbundenen Gefühle und setzte beides zueinander in Beziehung.

Ein geschärftes Bewusstsein stellt sich freilich nicht von selbst ein. Es muss gepflegt und sorgfältig aufgebaut werden. Ich habe die Mathematik als Trainingsfeld dafür ausgewählt. Dies mag manchem – vor allem, wenn er zur Mathematik ein gestörtes Verhältnis hat – als eine recht absonderliche, ja sogar absurde Wahl vorkommen. Normalerweise würde man eine sichere Beobachtungsgabe eher dem Bereich der Kunst zuordnen. Die Mathematik bietet jedoch ein geradezu ideales Betätigungsfeld; sie ermutigt in gleichem Maße zum Erkennen von Strukturen und zum sorgfältigen Nachdenken wie sie die kreativen und ästhetischen Fähigkeiten anspricht. Es spielt dabei keine Rolle, ob die Frage von der Anwendungsseite her kommt oder primär der reinen Mathematik zuzuordnen ist und Objekte wie Zahlen betrifft. Wer eine Aufgabe lösen kann, empfindet Freude und stärkt sein Selbstbewusstsein, erweitert seinen Horizont und sieht mehr Verbindungslinien zwischen der Abstraktion und der Welt.

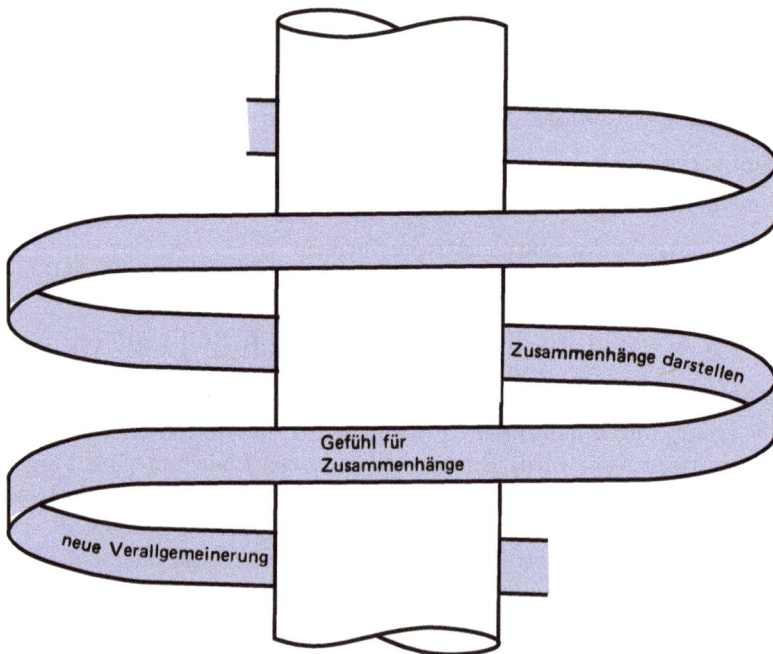

Die mathematische Denkweise lässt sich durch eine Helix mit vielen Windungen darstellen. Jede Schleife steht für eine Chance, das Verständnis durch einen guten Gedanken, eine passende Skizze oder ein geeignetes Modell zu erweitern. Gepaart mit Neugier oder Überraschung lädt all dies zu weiteren Handlungen ein. Ausgangspunkt einer jeden Aktion ist dabei stets etwas Konkretes, Vertrauenerweckendes; nur so kann man ja später auch die erzielten Ergebnisse richtig würdigen. Die Spannung zwischen dem, was man erwartet und dem, was man vorfindet, hält den Denkvorgang in Gang. Kommt ein gewisses Gefühl für mögliche Zusammenhänge hinzu, so löst sich die Spannung in Form von Freude, Staunen, einer weiteren Überraschung usw. Solange das Gefühl für das, was vor sich geht, unscharf bleibt, sind weitere Spezialisierungen notwendig. Das muss gemacht werden, bis man in der Lage ist, eine Verallgemeinerung anzugehen. Diese muss sich nicht immer in Worte fassen lassen. Sie kann in einem Modell, einer guten Skizze oder in einem Symbolismus bestehen, aber sie wird den Kern der bisher entdeckten Struktur herauskristallisieren. Dies ist normalerweise der Startschuss zu einer neuen Verallgemeinerung; die Helix tritt in die nächste Schleife ein.

Jede neue Windung versinnbildlicht, dass sich der Denkprozess auf einer höheren Ebene abspielt. Da trotzdem ein zusammenhängendes Band vorliegt, kann man aber ohne weiteres zu früheren Stufen zurückkehren und so etwaige kritische Stellen überprüfen.

Dieses Bild zeigt den dynamischen Zusammenhang zwischen den Denkvorgängen und den damit einhergehenden Gefühlszuständen. Wer sich bei einer Fragestellung engagiert, tritt in die Planungsphase ein und muss spezialisieren. Wer dann die Aufgabe konkretisiert, ruft eine innere Spannung hervor und stimuliert dadurch die Durchführung. Das Aufstellen und Beweisen von Vermutungen verschafft uns ein Gefühl für das zugrundeliegende Muster, und daraus erwächst eine Verallgemeinerung. Danach bietet sich eine Gelegenheit zum Nachdenken an. Dabei gibt es zwei Blickrichtungen:

- Rückwärts: Man vergleicht die erzielte Verallgemeinerung im Lichte der bei der Durchführung gemachten Erfahrungen mit dem Ausgangsstadium.
- Vorwärts: Man vergleicht die erzielte Verallgemeinerung mit möglichen Folgefragen.

Dies stimuliert weitere Handlungen auf der nächsthöheren Ebene. Die umseitige Skizze soll dies verdeutlichen.

Erinnern Sie sich noch einmal an die Aufgabe POLSTERSESSEL aus Kapitel 2. Ausgangspunkt aller Aktivitäten war das Betrachten eines Modells oder einer passenden Skizze. Ziel aller Aktionen war, festzustellen, ob es möglich war, den Stuhl wie gewünscht zu bewegen. Man bekam das Gefühl, dies sei unmöglich, was sich in folgender Vermutung niederschlug:

> Das gestellte Problem ist unlösbar.

Doch ist das überhaupt sicher und wenn ja, woran liegt das? Könte nicht eine komplizierte Bewegungsfolge schließlich doch zum Ziel führen? Nun konzentrierte sich alles weitere darauf, das Warum zu ergründen. Dazu ersetzte ich das Modell eines Stuhles durch einen abstrakten Formalismus. Konkret führte ich Pfeilsymbole zur Charakterisierung der Ausrichtung des Stuhles ein. Natürlich blieben sie für sich gesehen sinnlos; ich musste mir immer klar machen, wofür sie eigentlich standen. Dadurch erweiterten

Zusammenhänge darstellen

Gefühl für
Zusammenhänge

neue Verallgemeinerung

Zusammenhänge darstellen

Gefühl für
Zusammenhänge

neue Verallgemeinerung

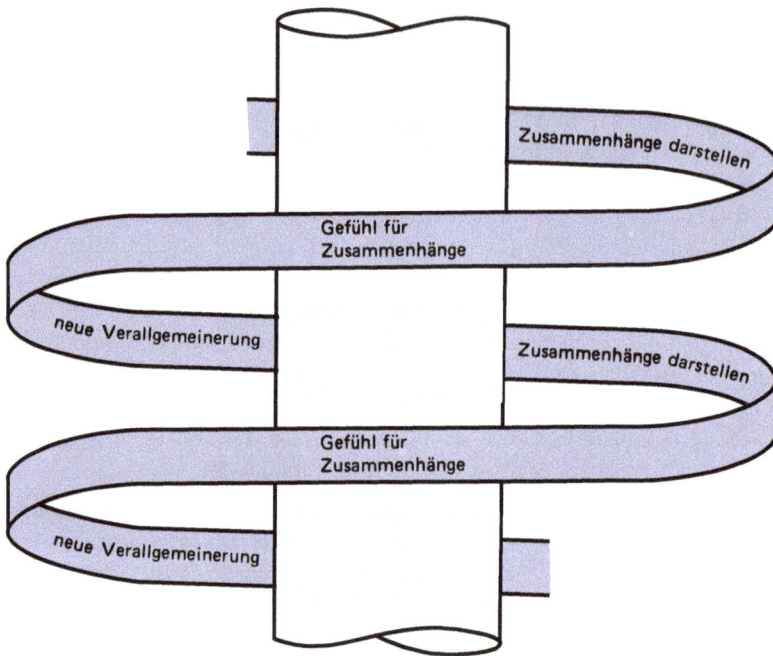

sich aber meine Möglichkeiten, denn ich konnte nun bequem mit dem symbolischen Kalkül arbeiten. Tatsächlich stieß ich mit seiner Hilfe zu einer Lösung vor.

Wenn man einmal nicht mehr weiterkommt, muss man einfach wieder auf der Helix zurückwandern. In der Praxis heißt dies normalerweise, dass man sich wieder konkreteren Beispielen zuwendet. Dabei behält man selbstverständlich immer den Punkt im Auge, an dem man gescheitert ist. Im Endeffekt möchte man ja auf einer besseren Basis fußend wieder die Helix hinaufklimmen. Das Ganze hat natürlich einen Haken: Vielleicht ist für Sie irgendein Formalismus sehr anschaulich; das muss für eine andere Person aber noch lange nicht gelten. Wenn Sie dieser daher einen Sachverhalt erklären wollen, besteht die Gefahr, dass Sie zu viel Gebrauch von Ihrem abstrakten Kalkül machen, was dem anderen nicht nur nicht weiterhilft, sondern ihn vielleicht noch weiter die Helix hinabwirft. Wer die Unterschiede zwischen den Aktionen, Gefühlen und den geäußerten Vermutungen auf den einzelnen Stufen der Helix im Auge behält, tut sich bei seiner Standortbestimmung (und sei es die eines Ratsuchenden) wesentlich leichter. Dabei zeigt sich, wann eine Abstraktion völlig in der Luft hängt und nicht durch geeignete Beispiele abgestützt ist. Ferner erkennt man Verständnislücken und kann dadurch gezielt für Abhilfe sorgen. Dies erklärt, warum man so oft bei der Konfrontation mit etwas Neuem sagt: „Nennen Sie mir ein Beispiel!", „Zeigen Sie!".

9.5 Zusammenfassung

Das Fazit dieses Buches kann durch die Beantwortung einer Reihe von Fragen gezogen werden:

Was versteht man unter „mathematischem Denken"?

> Es handelt sich um einen dynamischen Prozess, der uns dazu instand setzt, immer kompliziertere Fragestellungen mit wachsendem Verständnis zu behandeln.

Welche Hilfsmittel werden dazu herangezogen?

> Spezialisieren, Verallgemeinern, Vermuten und Beweisen.

Wie geht es vor sich?

> Es vollzieht sich in drei Phasen: Planung, Durchführung, Rückblick.
>
> Dazu gehören einige psychologische Abschnitte: Arbeitsbeginn, eigentliches Engagement, Nachdenken, Beharrlichkeit, Einsicht, Skepsis, Reflexion.

Welche Phasen sind besonders wichtig?

Planung   – dort werden die Grundlagen für die Durchführung gelegt.

Rückblick – dies ist die am meisten vernachlässigte und doch lehrreichste Phase.

Wodurch lässt sich das mathematische Denken verbessern?

> Durch eine Kopplung aus Übung und Reflexion.

Was fördert das mathematische Denken?

> Eine Atmosphäre, in der Anregungen gegeben und Herausforderungen gestellt werden, wo man über das Erreichte nachdenken kann, wo man Muße hat und großzügige räumliche Verhältnisse vorfindet.

Welches sind Auslöser für das mathematische Denken?

> Eine Herausforderung, eine Überraschung, das Entdecken eines Widerspruchs oder einer Verständnislücke.

Wohin führt das mathematische Denken?

> Zu einem tieferen Verständnis gegenüber der eigenen Person.
> Zu einer besseren Einschätzung des eigenen Wissens.
> Zu einer erfolgreicheren Erkundung dessen, was man wissen will.
> Zu einer kritischeren Bewertung dessen, was Sie sehen oder hören.

Die Quintessenz dieses Kapitels lässt sich in den folgenden fünf Aussagen zusammenfassen:

1. Jeder ist zum mathematischen Denken befähigt.
2. Das mathematische Denken kann durch eine Kopplung von Übung und Reflexion verbessert werden.
3. Das mathematische Denken wird durch Überraschungseffekte, Spannungen und das Erkennen von Widersprüchlichkeiten stimuliert.
4. Das mathematische Denken gedeiht am besten in einer anregenden Atmosphäre, wo Herausforderungen geboten werden und Muße zum Überlegen bleibt.
5. Das mathematische Denken fördert Ihr Verständnis der eigenen Person und der Welt.

Auf diesen fünf Säulen ruht dieses Buch.

Für den Fall, dass Sie Ihr Denkvermögen weiter üben und verbessern möchten, habe ich in den Kapiteln 10 und 11 eine Reihe von weiteren Beispielen zusammengestellt. Der eigentliche Gradmesser für Ihren Erfolg liegt aber darin, dass Sie das mathematische Denken auf Ihre Alltagsprobleme anwenden. Jeder Denkvorgang erfordert gewisse Anstrengungen und belohnt uns dafür mit freudigen Gefühlen; man muss sich quälen, weil man etwas nicht versteht und um die Einsicht ringt, und man darf sich freuen, wenn man endlich den wahren Sachverhalt entdeckt und einen Beweis gefunden hat. Mathematisches Denken ist beileibe keine Randerscheinung. Ich hoffe, dass der hier vorgetragene Zugang Ihnen eine Methode an die Hand gegeben hat, mit der Sie Widrigkeiten meistern können und einen vorwärts gerichteten Impuls bekommen, der Ihnen so viel Freude einbringt, dass sich die Erfahrung unterm Strich lohnt.

Literaturhinweis
Gattegno, C. *For the Teaching of Mathematics*. New York: Educational Explorers Ltd 1963.

10

10   Stoff zum Nachdenken

In diesem letzten Kapitel stelle ich eine Reihe von Aufgaben vor, an denen Sie Ihr mathematisches Denken üben können. Ich habe absichtlich keine Lösungen mit angegeben; dadurch können Sie Ihr Beharrungsvermögen stählen. Es sind alle Schwierigkeitsgrade vertreten. Bevor Sie aber bei irgendeiner Fragestellung die Flinte ins Korn werfen, sollten Sie an die Geschichte des „faulen" Studenten von S. 58 denken. Ferner sollten Sie beachten, dass die angegebenen Tips zwar zum Ziel führen, aber keineswegs immer auf den besten Lösungsweg hinweisen. Bevor Sie sich an die Durchführung machen, sollten Sie stets Ihren inneren Ratgeber konsultieren!

1   ARITHMAGONE

Jeder Ecke eines Dreiecks wird insgeheim eine Zahl zugewiesen. An jede Seite wird die Summe der an ihren beiden Enden stehenden Zahlen geschrieben. Für die drei Zahlen 1, 10 und 17 erhält man beispielsweise:

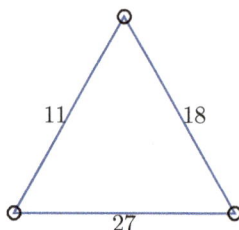

Stellen Sie eine einfache Regel zur Bestimmung der Zahlen in den Ecken auf!

Verallgemeinern Sie dieses Ergebnis auf beliebige Vielecke!

Planung:

> Die Einführung von algebraischen Symbolen kann hilfreich sein; noch nützlicher ist freilich die Einführung eines geeigneten Modells wie beispielsweise Bohnen in Streichholzschachteln.

Durchführung:

> Ein rein algebraisches Ergebnis muss sorgfältig interpretiert werden, damit man daraus eine einfache Regel ableiten kann.

> Betrachten Sie Teilprobleme! Nicht alle Vielecke zeigen das gleiche Verhalten.

> Eine Regel ist dann als einfach anzusehen, wenn Sie sie einem zwölfjährigen Kind erklären können.

Testen Sie Ihre Regel dadurch, dass Sie Zahlen an die Kanten schreiben, die bei obiger Vorschrift gar nicht entstehen können!

Verallgemeinerung:

Betrachten Sie Arithmagone für noch kompliziertere Gebilde wie etwa:

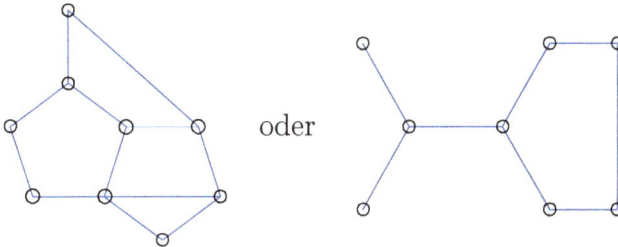

 oder

Betrachten Sie andere Operationen als Additionen!

2 BIERSTÄNDER

Ein quadratischer Bierständer kann 36 Flaschen fassen. Können Sie darin 14 Flaschen so anordnen, dass in jeder waagrechten und in jeder senkrechten Reihe eine gerade Zahl von Flaschen stehen?

Planung:

> Malen Sie sich den Ständer auf! Finden Sie einen Weg, die Flaschen geschickt zu simulieren!
>
> Betrachten Sie Ständer mit anderen Abmessungen!
>
> Wie viele Flaschen könnten in jeder Reihe stehen?

Durchführung:

> Vielleicht ist es hilfreich, größere Ständer zu betrachten.
>
> Wie sieht die Situation bei beliebigen quadratischen Ständern aus?
>
> Können Sie neue Anordnungen der Flaschen aus alten aufbauen?

Verallgemeinerungen:

> Lösen Sie das Problem für andere Flaschenzahlen!
>
> Betrachten Sie rechteckige Ständer!
>
> Welches ist die größte/kleinste Zahl von Flaschen, die bei einem gegebenen Ständer wie vorgeschrieben arrangiert werden können?
>
> Wie viele verschiedene Lösungen gibt es?

3   DACHZIEGEL

Dachziegel sind im Allgemeinen doppelt so lang wie breit. Vor Gebrauch möchte ich einige Ziegel aufstapeln; dies möchte ich so tun, dass keine Schicht von einer falschen Linie gekreuzt wird. Was für Abmessungen sind möglich?

Planung:

> Betrachten Sie kleine Stapel!

> Geben Sie eine präzise Formulierung für das Ziel!

Durchführung:

> Können Sie große fehlerfreie Stapel bauen?

> Können große Stapel aus kleinen aufgebaut werden? Gibt es eine Größe, ab der immer ein Fehler vorliegen muss?

Verallgemeinerung:

> Auf wie viele Weisen kann ein Stapel fehlerfrei gemacht werden?

> Ändern Sie die Abmessungen der Ziegel!

4   DIAGONALEN IM RECHTECK

Zeichnen Sie auf kariertem Papier ein Rechteck von drei mal fünf Quadraten, und zeichnen Sie die Diagonale ein. Wie viele Quadrate werden von ihr berührt?

Planung:

> Wie ist der Begriff „berührt" zu verstehen? Das ist Ihre Entscheidung!

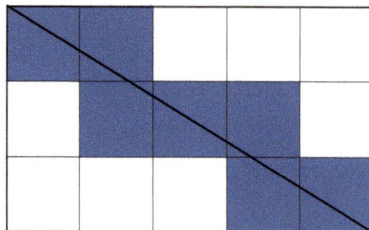

Durchführung:

> Natürlich können Sie das einfach auszählen. Betrachten Sie daher eine Verallgemeinerung!

> Gehen Sie systematisch vor! Legen Sie eine Tabelle an!

> Suchen Sie eine Gesetzmäßigkeit, und testen Sie sie!

Verallgemeinerung:

> Wie ändert sich das Ergebnis, wenn die Diagonale durch die breitere Spur ersetzt wird, die ein Rasenmäher ziehen würde, wenn das Rechteck eine Wiese wäre?

> Was geschieht, wenn das Rechteck keine ganzzahligen Seiten hat?

> Betrachten Sie eine dreidimensionale Verallgemeinerung!

5 DORFKLATSCH

Die alten Männer eines Dorfes treffen sich abends und erzählen sich jeweils in Zweiergruppen gegenseitig das Tagesgeschehen. Jeder erzählt dabei stets alles, was er weiß oder erfahren hat. Wie viele Gespräche sind nötig, damit jeder alles mitbekommt?

Planung:

> Betrachten Sie zuerst die Situation bei kleinen Dörfern!

> Präzisieren Sie das, was bekannt und das, was gesucht ist!

> Führen Sie eine geeignete Bezeichnung ein!

Durchführung:

> Spezialisieren Sie systematisch!

> Suchen Sie nach Strategien, mit denen die Zahl der Gespräche klein gehalten wird!

> Halten Sie sich vor Augen, dass Sie eine andere Person davon überzeugen müssen, dass Ihre Lösung wirklich die Minimalzahl liefert!

Verallgemeinerung:

> Wie ändert sich Ihre Lösung, wenn bei jedem Gespräch immer nur einer zu Wort kommt?

> Was passiert, wenn einige ihr Wissen nur ihren Freunden weitergeben?

6 DREIECKSZÄHLUNG

Wie viele Dreiecke sind in der nebenstehend abgebildeten Figur enthalten?

Planung:

> Spezialisieren Sie systematisch!

Durchführung:

> Besinnen Sie sich auf eine ähnlich gelagerte Aufgabe!

Verallgemeinerung:

> Betrachten Sie feinere Gitter!

> Betrachten Sie Sechseckmuster!

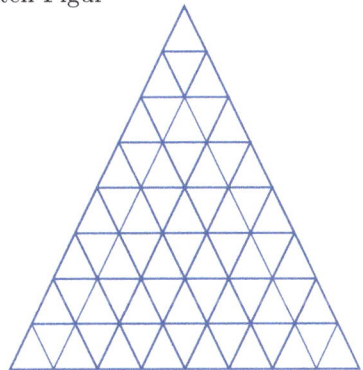

DREIECKSZERLEGUNG

Das unten abgebildete Dreieck wurde in vier Vierecke und ein Dreieck zerlegt. Können
Sie es lediglich in Vierecke zerlegen, wenn auf den ursprünglichen Dreiecksseiten keine
Ecke angebracht werden darf?

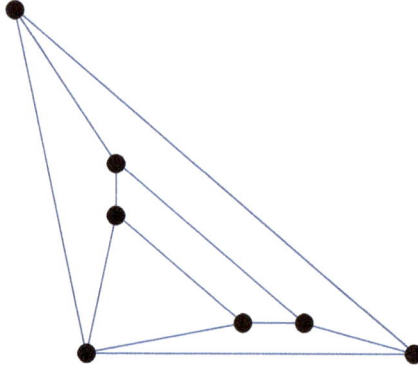

Planung:

    Verringern Sie die Zahl der Vierecke!

    Sprechen Sie eine Vermutung aus!

Durchführung:

    Nehmen Sie an, Sie hätten eine Zerlegung der gewünschten Art gefunden!
    Welche Konsequenzen hätte dies?

Verallgemeinerung:

    Wie sieht die Sachlage aus, wenn andere Polygone zu zerlegen sind?

    Was geschieht, wenn die Zerlegung mit anderen Polygonen durchgeführt
    wird?

EIER

Eier gibt es in verschiedenen Größen. Welche kauft man zweckmäßigerweise?

Planung:

    Für welchen Zweck kaufen Sie Eier?

    Sammeln Sie Informationen!

Durchführung:

    Formulieren Sie Ihr Ziel!

Verallgemeinerung:

    Lösen Sie dieselbe Aufgabe für Tomaten, Orangen, Fleischstücke etc!

9 EIERKAUF

Eine Marktfrau wird gefragt, wie viele Eier sie bei sich habe. Sie antwortet: „Wenn ich 11er-Packungen mache, dann bleiben 5 übrig; verwende ich dagegen 23er-Packungen, so verbleiben 3." Wie viele Eier hat sie mindestens?

Ein anderes Mal sagt sie, dass bei Gruppen zu 2, 3, 4, 5, 6 und 7 jeweils 1, 2, 3, 4, 5 bzw. 0 Eier übrig bleiben.

Planung:

Wie liegen die Verhältnisse bei kleineren Zahlen?

Was ist das Ziel?

Durchführung:

Können bei der Antwort ganz beliebige Zahlenkombinationen genannt werden?

Streben Sie keine allgemeine Formel an; es gibt keine!

Rückblick:

Fragen wie diese erfreuten sich im Mittelalter großer Beliebtheit. Aus alten Aufzeichnungen geht hervor, dass ähnliche Aufgaben schon um Christi Geburt bekannt waren.

10 EINUNDDREISSIG

Zwei Personen nennen abwechselnd je eine der Zahlen von 1 bis 5. Wer als Erster eine Zahl nennen kann, die die Summe aller genannten Zahlen auf 31 bringt, hat gewonnen. Gibt es eine Gewinnstrategie?

Planung:

Spielen Sie das Ganze durch!

Was müssen Sie zweckmäßigerweise alles aufzeichnen?

Durchführung:

Welche Zahlen können als Ausgangspunkt für den endgültigen Sieg genommen werden? Verallgemeinern Sie das!

Können Sie eine Gewinnstrategie erkennen?

Verallgemeinerung:

Was passiert, wenn 31 durch eine andere Zahl ersetzt wird?

Was ändert sich, wenn die Zahlen von 1 bis 6 genannt werden dürfen?

Was geschieht, wenn drei Spieler beteiligt sind?

Was passiert, wenn die Zahlen 1,3,5 bzw. 2,3,7 genannt werden dürfen?

Rückblick:

Vergleichen Sie diese Aufgabe mit KARTESISCHER JAGD und STREICHHOLZSTAPEL!

11   FAIRE TEILUNG

30 gleichartige Würstchen sollen an 18 Personen so verteilt werden, dass jeder gleich viel bekommt. Wie viele Schnitte muss ich mindestens durchführen? Wie viele Einzelstücke entstehen dabei mindestens?

Planung:

    Suchen Sie einen gangbaren Weg! Ist dies der bestmögliche?

Durchführung:

    Die gestellte Frage ist leicht zu beantworten. Suchen Sie Verallgemeinerungen!

    Spezialisieren Sie systematisch; notieren Sie dabei Ihre Resultate!

    Bestimmen Sie die Zahl der nötigen Schnitte in Abhängigkeit von der Zahl der Würstchen und der Zahl der Personen!

    Suchen Sie nach einem Verfahren zur Bestimmung der beiden gesuchten Minima!

    Es wäre hübsch, eine einfach zu handhabende Formel zu haben.

    Sind Sie sicher, dass Sie tatsächlich das Minimum gefunden haben? Beweisen Sie es!

Verallgemeinerung:

    Wie ändert sich die Sachlage, wenn die Personen keine gleichmäßige Teilung wünschen?

12   FINGERMULTIPLIKATION

Im Mittelalter war folgendes Multiplikationsverfahren weit verbreitet. Wenn man weiß, wie Zahlen unterhalb von 6 malzunehmen sind, kann man Zahlen zwischen 6 und 10 wie folgt multiplizieren: Halten Sie beide Hände vor sich. Um etwa $7 \cdot 9$ auszurechnen, senkt man $7 - 5 = 2$ Finger der linken Hand und $9 - 5 = 4$ Finger der rechten Hand. Danach zählt man die gesenkten Finger (hier: $4 + 2 = 6$) und multipliziert die ausgestreckten Finger (hier: $3 \cdot 1 = 3$). Dann setzt man beide Ziffern zusammen und erhält also 63. Stimmt das immer und wenn ja warum?

Planung:

    Betrachten Sie systematisch eine Reihe von Beispielen!

Durchführung:

    Versuchen Sie präzise auszudrücken, was geschieht! Führen Sie dazu geeignete Symbole ein!

Verallgemeinerung:

    Taugt das Verfahren etwas?

    Kann das Verfahren durch Einbeziehung der Zehen erweitert werden?

13   FRITZ UND FRANZ

Fritz und Franz sind zwei Fitness-Apostel. Beide laufen von A nach B. Fritz legt die erste Hälfte der Strecke im Dauerlauf zurück und geht den Rest; Franz rennt während der halben Zeit und geht in der restlichen Zeithälfte. Beide haben beim Laufen und Gehen dasselbe Tempo. Wer kommt zuerst an?

Planung:

> Machen Sie sich die Voraussetzungen klar! Betrachten Sie zuerst einen Spezialfall!
>
> Behandeln Sie ein Zahlenbeispiel, um herauszubekommen, welche Rechnungen nötig sind!
>
> Bietet sich eine Skizze an?

Durchführung:

> Wer rennt die größere Strecke?
>
> Spielt es eine Rolle, wie schnell die beiden rennen bzw. gehen?
>
> Drücken Sie alles, was Sie wissen, durch ein Diagramm aus!

Verallgemeinerung:

> Eines Tages stößt Fabian zu den beiden und unterweist sie im Joggen. Nun rennt Fritz ein Drittel des Weges, joggt ein Drittel und geht den Rest; Franz läuft ein Drittel der Zeit, joggt ein Drittel und geht ansonsten. Wer ist als erster am Ziel? Geht es nun schneller als vorhin?

14   GEBURTSTAG

Vor einiger Zeit hörte ich, wie ein Vater seiner 7jährigen Tochter ernsthaft versicherte, heute sei sein neunter Geburtstag. Da fragte die Tochter, wann beide die gleiche Zahl von Geburtstagen haben. Wissen Sie die Antwort?

Planung:

> Was ist bekannt und was gesucht? Suchen Sie stillschweigende Annahmen!

Durchführung:

> Seien Sie Ihrer Vermutung gegenüber skeptisch! Testen Sie sie!

Verallgemeinerung:

> Was ist die längste denkbare Zeit, während der Vater und Tochter dieselbe Zahl von Geburtstagen hinter sich haben?

GLAESERS DOMINOS

George Glaeser aus Straßburg legte einen Satz Dominos mehr oder weniger zufällig auf ein flaches Brett und fotografierte sie. Die Aufnahme war nicht deutlich, und obwohl man die einzelnen Zahlen erkennen kann, sieht man nicht mehr die Lage der Dominosteine. Können Sie diese rekonstruieren?

3	6	2	0	0	4	4
6	5	5	1	5	2	3
6	1	1	5	0	6	3
2	2	2	0	0	1	0
2	1	1	4	3	5	5
4	3	6	4	4	2	2
4	5	0	5	3	3	4
1	6	3	0	1	6	6

Planung:

> Was wissen Sie über einen Satz Dominosteine?

> Kann das oben wiedergegebene Muster prinzipiell stimmen?

Durchführung:

> Notieren Sie Ihre Schlussfolgerungen, so dass Sie sie reproduzieren und testen können!

> Gehen Sie systematisch vor!

Verallgemeinerung:

> Können Sie für einen kleineren Dominosatz eine Fotografie simulieren, zu der eine eindeutige Anordnung gehört?

> Können Sie das auch beim vollen Satz?

16 HALBMOND

In Oxford gibt es ein Gasthaus namens „Halbmond". Sein Wirtshausschild zeigt einen vollständigen Halbkreis, der einen Halbmond darstellen soll. Das kam mir irgendwie falsch vor. Was meinen Sie dazu?

Planung:

> Ist es je möglich, dass der Halbmond eine Gerade als Begrenzungslinie hat?
>
> Wann oder warum nicht?
>
> Wissen Sie, wie die Mondphasen entstehen? Sind Sie sich sicher?

Durchführung:

> Unter welchen Winkeln kann man nachts eine gerade Linie sehen?
>
> Wie ist das am Tage?
>
> Spezialisieren Sie! Beschaffen Sie sich einige Ballons! Halten Sie in Gedanken die Erdrotation an!

Verallgemeinerung:

> Was geschähe, wenn der Mond eine andere Umlaufzeit hätte?
>
> Was wäre, wenn der Mond eine andere Umlaufebene hätte?

17 HÄNDESCHÜTTELN

Bei einer Party gaben sich einige Besucher die Hand. Am Ende stellten zwei Besucher verwundert fest, dass sie beide gleich viele Hände geschüttelt hatten.

Bei einer Party, die ich gab und an der nur Paare teilnahmen, reichten sich einige Gäste die Hand. Durch Befragen erfuhr ich, dass jeder eine andere Zahl von Händen geschüttelt hatte. Wie viele Personen hatte meine Frau per Handschlag begrüßt?

Planung:

> Beantworten Sie eine Frage nach der anderen!
>
> Versuchen Sie herauszufinden, was Sie wissen und welche Konsequenzen dies hat!
>
> Treffen Sie einige plausible Annahmen über den Vorgang des Händeschüttelns!

Durchführung:

> Stellen Sie eine Vermutung auf!
>
> Was weiß jeder Teilnehmer der Party?
>
> Welche Möglichkeiten ergeben sich fürs Händeschütteln?

Verallgemeinerung:

> Was würde auf dem Mars geschehen, wo sich bei jeder Begrüßung drei Personen die Hände schütteln?

18   HEFTCHEN

Kleine Heftchen können dadurch hergestellt werden, dass man ein einzelnes Blatt Papier
mehrfach faltet, dann ein paar Schnitte macht und die entstandenen Blätter zusammen-
klammert. Kann man vor dem Falten sagen, wie viele Seiten entstehen?

Planung:

> Falten Sie ein Blatt Papier mehrfach und numerieren Sie die Seiten; schnei-
> den Sie das Papier aber nicht auseinander, sondern entfalten Sie es. Spezia-
> lisieren Sie nun systematisch. Was wollen Sie erreichen?

Durchführung:

> Wie hängen die Seitenzahlen von gegenüberliegenden Seiten des Papiers
> zusammen?

> Suchen Sie nach einer Formel, die für eine beliebige Zahl von Faltungen gilt!
> Wie können Sie diese einem Freund möglichst gut verdeutlichen?

> Wie können Sie die Richtigkeit Ihrer Aussage beweisen?

> Betrachten Sie als Spezialfall einen Papierstreifen; dann sind ja alle Falt-
> kanten parallel.

19   HUNDERT QUADRATE

Wie viele Linien müssen Sie ziehen, damit genau 100 Quadrate entstehen?

Planung:

> Wer hier mit 22 antwortet, setzt etwas über die Quadrate voraus.

Durchführung:

> Ändern Sie die Fragestellung ab! Wie viele Quadrate sind in einem rechte-
> ckigen Gitter zu finden?

> Führen Sie eine Reihe von Spezialisierungen durch!

> Rufen Sie sich SCHACHBRETTQUADRATE ins Gedächtnis zurück!

Verallgemeinerungen:

> Ersetzen Sie die Quadrate durch Rechtecke oder Dreiecke!

20 INNEN UND AUSSEN

Nehmen Sie einen Papierstreifen, und falten Sie ihn mehrfach in der Mitte (vergleichen Sie mit PAPIERSTREIFEN). Falten Sie ihn dann wieder auseinander. Sie werden bemerken, dass einige Faltkanten nach innen, andere dagegen nach außen zeigen. Wenn Sie dreimal gefaltet haben, ergibt sich beispielsweise die Sequenz:

innen   innen   außen   innen   innen   außen   außen

Was für eine Sequenz ergibt sich bei 10 Faltungen?

Planung:

Nehmen Sie einen Papierstreifen, und stellen Sie damit Versuche an!

Haben Sie schon präzise definiert, was Sie unter „innen" verstehen?

Durchführung:

Gehen Sie systematisch vor!

Suchen Sie nach einer Gesetzmäßigkeit!

Wie ändert sich die Sequenz, wenn Sie ein weiteres Mal falten?

Wie ändert sich eine Faltkante bei einer zusätzlichen Faltung?

Verallgemeinerung:

Was geschieht, wenn man in Drittel faltet?

Wenn das Papier längs jeder Faltkante rechtwinklig gefaltet wird, ergeben sich Gesetzmäßigkeiten. Welche? Kann der Streifen in sich selbst übergeführt werden?

21 JOBS

Drei Männer haben jeweils zwei Jobs. Der Chauffeur hat den Musiker beleidigt, weil er ihn wegen seiner langen Haare auslachte. Der Musiker und der Gärtner fischen zusammen mit Hans. Der Maler leiht sich vom Kaufmann eine Schachtel Zigaretten. Der Chauffeur macht der Schwester des Malers den Hof. Klaus schuldet dem Gärtner 20 €. Joe schlägt Klaus und den Maler im Boule-Spiel. Einer ist Friseur, und keine zwei gehen derselben Beschäftigung nach. Wer hat welche Berufe?

Planung:

Formulieren Sie Ihre Annahmen explizit!

Führen Sie eine Tabelle, oder greifen Sie zu einem ähnlichen Hilfsmittel!

Durchführung:

Halten Sie Ihre Schlussfolgerungen schriftlich fest, so dass Sie sie später überprüfen können!

Verallgemeinerung:

Erfinden Sie selbst solche Aufgaben! Dabei müssen Sie immer darauf achten, dass es nur eine einzige Lösung gibt.

Quelle: Problem 44.3 aus M500 Open University Student Journal 1977.

KARTESISCHE JAGD

Dies ist ein Spiel für zwei Personen. Man benötigt dafür ein rechteckiges Brett mit einer vorgegebenen Zahl von Zeilen und Spalten. Der erste Spieler setzt eine Marke in das linke untere Feld. Ist ein Zug geschehen, ist der nächste Spieler an der Reihe und setzt seine Marke

- direkt über
- unmittelbar rechts neben
- diagonal über und rechts von

der zuletzt plazierten Marke. Wer als Erster seine Marke in das rechte obere Feld setzen kann, hat gewonnen. Suchen Sie nach einer Gewinnstrategie, die auch von einem 12jährigen Kind ohne Mühe praktiziert werden kann!

Planung:

> Spezialisieren Sie. Wählen Sie kleine Bretter, und spielen Sie! Sie müssen angeben können:
>
> a) Wohin Sie beim ersten oder zweiten Mal setzen müssen.
>
> b) Wie Sie auf einen beliebigen Zug Ihres Gegners reagieren.

Durchführung:

> Rollen Sie das Spiel von hinten her auf. Sehen Sie, wo Sie im Endeffekt landen müssen, und verfolgen Sie das zurück!
>
> Auf welche Positionen wollen Sie Ihren Gegner zwingen? Wie können Sie das bewerkstelligen?

Verallgemeinerung:

> Wie ändert sich Ihre Strategie, wenn derjenige, der seine Marke in das rechte obere Feld setzen muss, verloren hat?
>
> Wäre Ihre Methode auch bei einem außergewöhnlich großen Spielbrett praktikabel?
>
> Gibt es eine sinnvolle dreidimensionale Verallgemeinerung?

Rückblick:

> Vergleichen Sie diese Aufgabe mit STREICHHOLZSTAPEL (S. 195)!

23 KATYS MÜNZEN

Fünfundzwanzig Münzen sind in einem 5×5-Schema angeordnet. Eine Fliege setzt sich auf eine von ihnen und will auf jede Münze genau einmal springen. Ist dies möglich, wenn sie mit einem Sprung nur die in horizontaler und vertikaler Richtung genau benachbarten Münzen erreichen kann?

Planung:

Betrachten Sie zunächst kleinere Felder!

Versuchen Sie das Problem für beliebige rechteckige Anordnungen zu lösen!

Durchführung:

Welche Anweisungen würden Sie der Fliege geben, wenn diese nicht im Voraus planen kann?

Können Sie die Symmetrie ausnützen?

Können Sie gute und schlechte Startpositionen charakterisieren?

Beweisen Sie die Lösbarkeit oder die Undurchführbarkeit!

Verallgemeinerung:

Was passiert, wenn einige Münzen fehlen?

Wie ändert sich die Sachlage, wenn auch Diagonalsprünge oder andere Sprünge zugelassen werden?

24 KNOTEN

Wie stark wird ein Seil verkürzt, wenn man einen normalen Knoten anbringt?

Planung:

Stellen Sie für verschiedene Seillängen Versuche an!

Was messen Sie?

Wie fest ziehen Sie den Knoten an?

Formulieren Sie eine präzise Frage!

Machen Sie eine Zeichnung!

Durchführung:

Vereinfachen Sie Ihre Zeichnung so lange, bis Sie eine näherungsweise Abschätzung der gesuchten Abnahme erhalten!

Wie gut stimmen Ihre Vorhersagen mit Ihren Messergebnissen überein?

Können Sie Ihre Zeichnung oder Ihre Formel verbessern?

Verallgemeinerung:

Betrachten Sie andere Knotentypen!

Diese Aufgabe ist auch in *Mathematical Monthly* 87(5), 1980, auf S. 408 als Aufgabe 6297 zu finden.

25   LIOUVILLE

Bestimmen Sie alle positiven Teiler einer beliebigen Zahl. Bestimmen Sie sodann für jeden dieser Teiler die Zahl seiner eigenen Teiler. Zählen Sie diese Werte zusammen, und quadrieren Sie das Resultat! Vergleichen Sie diesen Wert mit der Summe der dritten Potenzen der Teiler der ursprünglichen Teiler!

Planung:

> Fürchten Sie sich nicht! Diese Aufgabe ist nicht so schwer, wie es auf den ersten Blick aussieht.

Durchführung:

> Betrachten Sie zuerst Zahlen mit nur wenigen oder besonders übersichtlichen Teilern!

> Lässt sich eine Vermutung, die für zwei Zahlen gilt, auch auf deren Produkt übertragen?

26   MEHR ÜBER DAS MÖBELRÜCKEN

Ersetzen Sie den Polsterstuhl aus POLSTERSESSEL durch ein Sofa mit den Abmessungen zwei auf eins!

Planung:

> Orientieren Sie sich an der Strategie von POLSTERSESSEL!

Durchführung:

> Formulieren Sie Vermutungen, und kontrollieren Sie sie!

> Bleiben Sie am Ball!

Verallgemeinerungen:

> Variieren Sie die Abmessungen des Sofas!

> Führen Sie das Möbelrücken für andere Einrichtungsgegenstände aus!

> Lassen Sie Verrückungen um andere Winkel zu!

> Können Sie eine allgemeingültige Regel für alle diese Fälle aufstellen?

27   MEHR ÜBER SUMMEN AUFEINANDERFOLGENDER ZAHLEN

In SUMMEN AUFEINANDERFOLGENDER ZAHLEN fragte ich danach, welche Zahlen als Summen von aufeinanderfolgenden positiven Zahlen geschrieben werden können. Nun will ich wissen, auf wie viele verschiedene Weisen eine derartige Darstellung möglich ist.

Planung:

> Gehen Sie systematisch vor!

> Nützen Sie die Erkenntnisse aus der alten Aufgabe aus!

Durchführung:

> Sie suchen nach einem Zusammenhang zwischen dem Aufbau der Zahl und der Anzahl der Darstellungsmöglichkeiten.

> Können Sie die Zahlen charakterisieren, für die es nur eine Darstellungsform gibt?

> Beziehen Sie die Zweierpotenzen in Ihre Überlegungen ein!

> Versuchen Sie alle Zahlen zu finden, für die es zwei Darstellungsformen gibt!

> Vergleichen Sie diese Aufgabe mit STREICHHOLZSCHACHTELN!

Verallgemeinerung:

> Betrachten Sie Quadratsummen oder Summen von aufeinanderfolgenden ungeraden Zahlen!

28 MERKWÜRDIGE IDENTITÄTEN

Betrachten Sie alle Zahlen, die eine Gleichung der Art

$$4^2 + 5^2 + 6^2 = 2^2 + 3^2 + 8^2$$

erfüllen! Bilden Sie sodann aus den linken und rechten Zahlen jeweils Paare wie zum Beispiel 42, 53, 68! Dann gilt:

$$42^2 + 53^2 + 68^2 = 24^2 + 35^2 + 86^2$$

Woran liegt das?

Planung:

> Betrachten Sie Spezialfälle!

> Was wissen Sie über die Zahlen auf beiden Seiten der letzten Gleichung?

Durchführung:

> Wie hängt Ihre Behauptung mit den Voraussetzungen zusammen?

> Haben Sie versucht, Variable einzuführen?

> Drücken Sie die Behauptung durch algebraische Symbole aus!

Verallgemeinerung:

> Betrachten Sie andere Paarbildungen! Funktioniert es auch für diese?

$$1^2 + 4^2 + 6^2 + 7^2 = 2^2 + 3^2 + 5^2 + 8^2$$
$$1 + 4 + 6 + 7 = 2 + 3 + 5 + 8$$
$$3^3 + 4^3 + 5^3 = 0^3 + 0^3 + 6^3$$

29   MILCHBEUTEL

Wie viel Karton brauchen Sie, um einen Milchbeutel mit 1 Liter Fassungsvermögen herzustellen?

Planung:

>   Für welches Format entscheiden Sie sich? Warum?

Durchführung:

>   Achten Sie auf Faltkanten etc.!

30   MONDPHASEN

Letzten Mittwoch war Vollmond. Wann passiert dies das nächste Mal?

Planung:

>   Seien Sie sich über Ihr Ziel im Klaren! Ich wollte wissen, wann wieder an einem Mittwoch Vollmond ist.

>   Was wissen Sie über die Häufigkeit des Auftretens von Vollmond?

>   Was bedeutet es, wenn man sagt, der Mond befinde sich in derselben Position?

Verallgemeinerung:

>   Wie oft ist an Weihnachten Neumond?

31   MÜNZENROLLEN

Legen Sie zwei gleich große Münzen flach auf den Tisch, und rollen Sie eine am Rand der anderen ab. Wie oft hat sie sich um ihren eigenen Mittelpunkt gedreht, wenn sie einmal um den Umfang der anderen Münze herumgeführt wurde?

Planung:

>   Raten Sie, bevor Sie es ausprobieren!

>   Seien Sie sich über das Ziel im Klaren!

Durchführung:

>   Zerlegen Sie den Bewegungsvorgang in Einzelbewegungen!

>   Sind die beiden Münzen gleichberechtigt?

>   Hilft es etwas, wenn Sie geeignete Winkel einführen?

Verallgemeinerung:

> Was passiert, wenn die abrollende Münze nur halb so groß ist wie die ruhende? Was ist, wenn sie doppelt so groß ist?

> Was passiert, wenn die Münze längs eines Quadrates oder im Innern eines großen Kreises oder einer Acht abrollt?

> Ziehen Sie Parallelen zur Bahn des Mondes um die Erde!

32 MÜNZENVERSCHIEBUNG

Legen Sie drei große und drei kleine Münzen in bunter Reihe nebeneinander auf den Tisch. Ein zulässiger Zug besteht darin, ein Paar beisammenliegender Münzen ohne Vertauschung ihrer Reihenfolge an eine andere Position der Reihe zu verschieben. Können Sie mit dieser Vorschrift erreichen, dass alle großen und alle kleinen Münzen am Ende beieinander sind?

Planung:

> Spielen Sie das mit einer kleineren Zahl von Münzen durch!

> Machen Sie sich mit der Aufgabenstellung vertraut!

> Führen Sie eine geeignete Bezeichnung ein!

Durchführung:

> Charakterisieren Sie zulässige Züge und mögliche Positionen!

> Beweisen Sie gegebenenfalls die Undurchführbarkeit!

> Erinnert Sie das an LAUBFRÖSCHE?

Verallgemeinerung:

> Wie sieht das Ganze bei drei Münzsorten aus?

> Was passiert, wenn drei aneinandergrenzende Münzen verschoben werden dürfen?

33 NÄCHTLICHE RUHESTÖRUNG

Nach der Geburt unseres Sohnes trafen meine Frau und ich folgende Vereinbarung: Falls er vor 5 Uhr morgens aufwachte, sollte sich meine Frau um ihn kümmern, danach war ich zuständig. Eines Nachts wachte er auf, meine Frau sah auf die Uhr und sagte, ich sei dran. Ich war überrascht, denn draußen war es noch dunkel, kümmerte mich aber um das Baby. Später stellte es sich heraus, dass meine Frau verkehrt herum auf die Uhr gesehen hatte und irrtümlich 0.30 als 6.30 abgelesen hatte. Zu welchen Zeitpunkten werden die Zeiger eines falsch herum betrachteten Weckers die richtige Zeit anzeigen?

Planung:

> Stellen Sie Versuche an!
>
> Versuchen Sie, einige Zeiten zu erraten, und testen Sie Ihre Hypothese!

Durchführung:

> Spielen Sie genügend viele Beispiele durch, um zu einer Vermutung zu kommen, und versuchen Sie, diese zu begründen!
>
> Was ändert sich mit der Zeit, und was bleibt invariant?

Verallgemeinerung:

> Was geschieht, wenn man die Uhr unter einem anderen Blickwinkel ansieht?
>
> Was ist, wenn man sie im Spiegel sieht?

---

34   NEUN BÄLLE

Einer von neun nach außen hin identischen Tennisbällen ist leichter als die übrigen, die alle gleich schwer sind. Wie viele Wägungen mit einer gewöhnlichen Balkenwaage sind schlimmstenfalls nötig, um den leichteren eindeutig zu ermitteln?

Planung:

> Überlegen Sie sich das für weniger Bälle!
>
> Wie sieht das Ziel aus?

Durchführung:

> Kaprizieren Sie sich nicht darauf, ein willkürlich ausgewählter Ball sei der leichtere!
>
> Was ist der schlimmste Fall?
>
> Sind Sie sicher, dass es keine günstigere Strategie gibt?

Verallgemeinerung:

> Wie sieht die Situation aus, wenn mehr als neun Bälle vorliegen?
>
> Was passiert, wenn man nur weiß, dass das Gewicht des Balls nach oben oder unten abweicht?
>
> Was ist, wenn es zwei Klassen von Bällen, leichte und schwere, gibt und die Verteilung unbekannt ist?
>
> Wie ist vorzugehen, wenn jeder Ball ein anderes Gewicht hat und man sie dem Gewicht nach anordnen soll?

35 NOSTALGIE

Als ich unlängst zu einem Klassentreffen ging, fiel mir auf, dass ich bereits ein Viertel meines Lebens in meinem gegenwärtigen Beruf zugebracht hatte. Da ich damals etwas melancholisch war, fragte ich mich, wann ich ein Drittel meines Lebens berufstätig gewesen sein werde.

Planung:

Haben Sie genügend Informationen? Prüfen Sie sorgfältig, was bekannt ist!

Stellen Sie nicht zu große Anforderungen an das Ziel!

Ist eine zeichnerische Darstellung nützlich? Versuchen Sie es!

Führen Sie einige algebraische Symbole ein (aber nur so wenig wie möglich)!

Durchführung:

Schreiben Sie mit passend gewählten Bezeichnungen auf, was Sie über meine Beobachtungen wissen!

Formulieren Sie mein Ziel!

Mittelalterliche Mathematiker hätten keine Symbole gebraucht!

Drücken Sie das Ergebnis in möglichst einfacher Weise aus!

Verallgemeinerung:

Wie lange dauert es noch, bis ich die Hälfte meines Lebens im Beruf zugebracht habe?

Wie lange dauert es, bis dieser Bruchteil wieder auf ein Viertel abgesunken ist, wenn ich entlassen werde oder in Pension gehe?

36 PAPIERKNOTEN

Nehmen Sie einen dünnen Papierstreifen und machen Sie daraus einen gewöhnlichen Knoten. Ziehen Sie ihn so lange fest, bis ein ebenes regelmäßiges Fünfeck entsteht (vergleichen Sie mit der Skizze). Warum wird immer ein Fünfeck entstehen? Warum ist es regelmäßig?

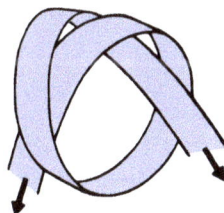

Planung:

Probieren Sie es aus!

Stellen Sie so viele Versuche an, bis Sie sicher wissen, was sich abspielt!

Durchführung:

> Seien Sie sich über die Voraussetzungen und über die Behauptung im Klaren!

> Präparieren Sie den Kern des Problems in einer Zeichnung heraus!

Verallgemeinerung:

> Können noch andere regelmäßige Vielecke entstehen?

> Schreiben Sie explizite Anleitungen für das Erzeugen der Vielecke auf, die Sie zustande gebracht haben!

37 PFANNKUCHEN

Wenn ich Pfannkuchen backe, hat jeder eine andere Größe. Ich staple die fertigen jeweils auf einer Platte im Backofen auf. Um sie hübsch zu servieren, ordne ich sie der Größe nach an, mit dem kleinsten ganz oben. Dazu muss ich die obersten abheben. Kann ich so einen sortierten Turm bekommen?

Planung:

> Spezialisieren Sie!

> Präzisieren Sie Ihr Ziel! Wollen Sie nachweisen, dass es möglich ist, oder wollen Sie wissen, wie viele Umschichtungen schlimmstenfalls nötig sind?

> Vielleicht begnügen Sie sich auch mit einer Abschätzung.

Durchführung:

> Suchen Sie nach einer Strategie! Ermitteln Sie den schlimmsten Fall!

> Nicht alle Probleme lassen sich exakt formelmäßig erfassen. Begnügen Sie sich mit einer Abschätzung!

38 POLYAS SIEB

Die natürlichen Zahlen werden in einer Reihe hingeschrieben. Danach streicht man – beginnend mit der 3 – jede dritte Zahl heraus. Schließlich betrachtet man die Summenfolge der so verbleibenden Zahlen. Das sieht so aus:

$$1 \quad 2 \quad 3 \quad 4 \quad 5 \quad 6 \quad 7 \quad \ldots$$
$$1 \quad 2 \quad 4 \quad 5 \quad 7 \quad \ldots$$
$$1 \quad 3 \quad 7 \quad 12 \quad 19 \quad \ldots$$

Streichen Sie nun beginnend mit der zweiten Zahl immer jede zweite Zahl heraus, und bilden Sie erneut die Summenfolge. Erkennen Sie die so entstehende Zahlenfolge?

Quelle: Dieses Phänomen wurde von 1952 Moessner entdeckt. Eine starke Verallgemeinerung finden Sie in Conway und Guy, 1996.

Planung:

Führen Sie das konkret durch!

Durchführung:

Äußern Sie eine Vermutung, und überzeugen Sie sich von ihrer Richtigkeit!

Suchen Sie nach einer Erklärung!

Betrachten Sie Spezialfälle! Gehen Sie von der Ausgangsfolge aus, führen Sie nun aber die letzte Streichvorschrift aus, und sehen Sie zu, was passiert!

Arbeiten Sie rückwärts! Arbeiten Sie sich von der Behauptung aus zu den Voraussetzungen vor!

Verallgemeinerung:

Sehen Sie das Ganze in einem größeren Zusammenhang! Verändern Sie die Zahl der Streichungen!

Beginnen Sie mit anderen Folgen, oder variieren Sie die Streichvorschrift!

39   POLYGONZAHLEN

Eine Zahl, die sich als Zahl der Markierungen in einer Dreiecksfolge gewinnen lässt, heißt Dreieckszahl:

$$2^2 + 3^2 + 6^2 = 7^2$$
$$3^2 + 4^2 + 12^2 = 13^2$$
$$4^2 + 5^2 + 20^2 = 21^2$$

Entsprechend heißt jede Zahl, die sich als Summe der Markierungen in einer Fünfeckfolge gewinnen lässt, eine Fünfeckzahl:

$$3^2 + 4^2 = 5^2$$
$$10^2 + 11^2 + 12^2 = 13^2 + 14^2$$
$$21^2 + 22^2 + 23^2 + 24^2 = 25^2 + 26^2 + 27^2$$

Charakterisieren Sie die Dreiecks- und die Fünfeckszahlen oder – noch allgemeiner – die n-Eck-Zahlen!

Planung:

Gesucht ist eine Formel für die k-te Dreieckszahl.

Betrachten Sie zuerst Quadratzahlen; das wird etwas einfacher sein.

Durchführung:

Untersuchen Sie das Wachstum der Dreieckszahlen!

Versuchen Sie, Quadratzahlen in Dreieckszahlen zu zerlegen!

Versuchen Sie die Zerlegung von anderen Vieleckzahlen!

Verallgemeinerung:

   Welche Zahlen sind sowohl Dreiecks- als auch Quadratzahlen?

   Zählen Sie andere Konfigurationen aus!

40   QUADRATSUMMEN

Beachten Sie, dass gilt:

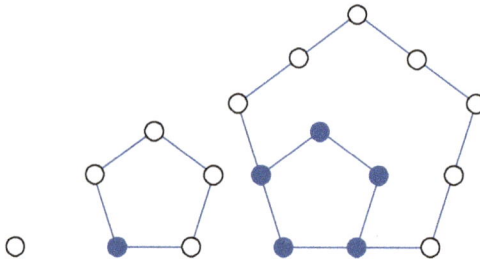

Verbirgt sich dahinter eine allgemeine Gesetzmäßigkeit?

Beantworten Sie dieselbe Frage für:

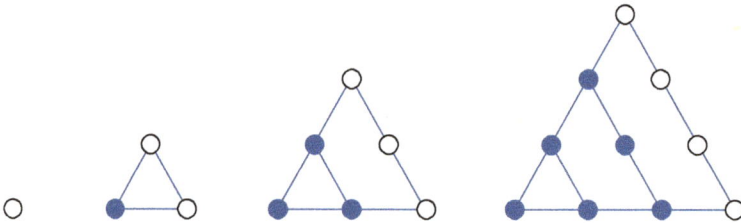

Planung:

   Können Sie das „nächste" Beispiel angeben?

Durchführung:

   Was ist die allgemeine Form der Beispiele?

   Versuchen Sie, die Beispiele ohne Bezugnahme auf konkrete Werte zu charakterisieren!

Verallgemeinerung:

   Was geschieht, wenn das erste Muster so abgeändert wird, dass drei aufeinanderfolgende Quadratzahlen in Verbindung mit einer weiteren Quadratzahl
   gebracht werden?

41   RADARFALLE

In einigen Ländern hat es sich herumgesprochen, dass die Polizei nur bei einer zehnprozentigen Überschreitung des Tempolimits zum Strafzettel greift. In einem dieser Länder wurde kürzlich die Längeneinheit von Meilen auf Kilometer umgestellt. Wie heißt die neue Faustregel?

Planung:

Sehen Sie sich ein paar Beispiele an!

Durchführung:

Stellen Sie eine Vermutung auf!

Woran liegt das? Ist das immer so?

Verallgemeinerung:

Betrachten Sie andere Fälle, bei denen Prozentangaben eine Rolle spielen!

Was passiert in einem Lande, in dem von Gallonen auf Liter umgestellt wird, in dem früher eine Preiserhöhung jeweils ein oder zwei Pfennig pro Volumeneinheit ausmachte?

42   RECHTE WINKEL

Wie viele rechte Winkel kann ein n-Eck im Höchstfall haben?

Planung:

Präzisieren Sie, was bekannt ist und was gesucht wird!

Muss es sich um ein ebenes Vieleck handeln?

Was genau ist ein rechter Winkel? Ist es ein Innen- oder ein Außenwinkel?

Was für Vielecke lassen Sie zu? Dürfen sich beispielsweise die Seiten überschneiden?

Durchführung:

Analysieren Sie Spezialfälle!

Suchen Sie nach Gesetzmäßigkeiten, die Ihnen helfen, Vielecke mit möglichst vielen rechten Winkeln aufzubauen!

Äußern Sie Vermutungen, und testen Sie sie!

Finden Sie eine Konstruktion, die das Maximum an rechten Winkeln liefert!

Suchen Sie nach einer Erklärung!

Verallgemeinerung:

Maximieren Sie das Auftreten anderer Winkel!

Was ist die Maximalzahl der rechten Winkel in den Seitenflächen eines Polyeders?

Konstruieren Sie Polyeder, bei denen möglichst viele Seitenflächen einen rechten Winkel enthalten!

Quelle: Fielker, D. *Removing The Shackles Of Euclid*. Mathematics Teaching 96, 24–28 (1981).

---

43   Rezepte

Bei der Herstellung eines Drinks werden drei Liter Orangenkonzentrat und fünf Liter Wasser zusammengemixt. Später schüttet man zwei Liter Konzentrat und drei Liter Wasser zusammen. Welches der beiden Mischgetränke ist stärker konzentriert? Sehen Sie sich dazu folgende Strategie an. Um

3 l Orange und 5 l Wasser

mit

2 l Orange und 3 l Wasser

zu vergleichen, zieht man die zweite Zeile von der ersten ab und vergleicht also

1 l Orange und 2 l Wasser

mit

2 l Orange und 3 l Wasser.

Nun zieht man die erste Zeile von der zweiten ab und hat somit

1 l Orange und 2 l Wasser

mit

1 l Orange und 1 l Wasser.

zu vergleichen. Daran kann man in einfachster Weise ablesen, dass die zweite Mischung stärker konzentriert ist.

Führt diese Strategie immer zum Ziel, und bekommt man dabei das richtige Ergebnis?

Planung:

Was geschieht hier? Seien Sie sich über die Fragestellung im Klaren!

Spielen Sie die angegebene Strategie für andere Beispiele durch!

Durchführung:

Worauf läuft die Strategie im Grunde genommen hinaus? Bleibt die Relation zwischen den Konzentrationen immer erhalten?

Verallgemeinerung:

Was geschieht, wenn eine weitere Zutat ins Spiel kommt?

Was passiert, wenn obige Rechnung auf negative Zahlen führt?

44 SCHATTEN

Ich behaupte, dass ich im Besitz einer Drahtschleife bin, die, wenn ich sie in drei zueinander senkrechte Richtungen in die Sonne halte, jedes Mal einen quadratischen Schatten wirft. Sage ich die Wahrheit?

Planung:

Machen Sie sich die Aufgabenstellung klar!

Präzisieren Sie sie!

Durchführung:

Was für Objekte werfen einen quadratischen Schatten?

Verallgemeinerung:

Kann eine einzelne Drahtschleife drei kreisförmige Schatten werfen?

Welche Schattenformen kann eine Drahtschleife werfen? Hier kommt es auf eine treffende Bezeichnung an!

Was für dreidimensionale Objekte werfen bei jeder Form der Bestrahlung einen kreisförmigen Schatten? Seien Sie vorsichtig! Betrachten Sie zunächst den zweidimensionalen Fall!

Was für Objekte werfen stets einen Schatten mit demselben Flächeninhalt? Auch diese Aufgabe sollten Sie zuerst zweidimensional probieren!

45 SCHLÜSSELGEWALT

In einem Dorf wurden früher alle Wertsachen in einem in der Kirche aufbewahrten Schrein verwahrt. Dieser Schrein hatte eine Reihe von Schlössern, zu denen jeweils ein individueller Schlüssel passte. Das Ziel war, dass immer je drei Bürger gemeinsam über so viele Schlüssel verfügen sollten, dass sie den Schrein öffnen konnten, dass dies aber je zweien immer unmöglich war. Wie viele Schlösser und wie viele Schlüssel werden für diesen Zweck benötigt?

Planung:

Betrachten Sie Spezialfälle!

Nehmen Sie an, das Dorf habe nicht besonders viele Einwohner!

Behandeln Sie zuerst den Fall, dass immer je zwei Personen den Schrein öffnen können, nie aber ein einzelner Bürger!

Durchführung:

Um den Dorfbewohnern zu helfen, sollten Sie die einzelnen Schlösser irgendwie markieren.

Verallgemeinerung:

> Können Sie die Einwohnerzahl des Dorfes angeben, wenn Sie die Zahl der Schlösser am Schrein kennen?

> In einem Nachbardorf mit mehr feudalen Strukturen wird jedem Bürger nach seiner Bedeutung eine Zahl zugeordnet. Der Fürst ordnet nun an, dass zum Öffnen des Schreins immer so viele Bürger der betreffenden Gesellschaftsschicht anwesend sein müssen, wie die Wertigkeit der Gruppenmitglieder besagt. Lösen Sie die Aufgabe für dieses Dorf!

---

46 SPIEGELBILD

Wie hoch muss ein Spiegel mindestens sein, damit Sie sich in voller Länge sehen können?

Planung:

> Sie müssen die Reflexionsgesetze kennen!

Durchführung:

> Vermutung: Man sieht mehr von sich, wenn man etwas weiter weg geht.

> Zeichnen Sie die Umrisse Ihres Gesichts auf einem angehauchten Spiegel!

Verallgemeinerung:

> Wie breit muss der Spiegel mindestens sein?

> Wie hängen Höhe und Breite zusammen? Warum ist das so?

> Von welchem Standort aus können Sie Ihren ganzen Körper sehen?

> Was passiert, wenn der Spiegel nicht an der Wand hängt?

---

47 STREICHHOLZSCHACHTELN

Die drei Abmessungen von Streichholzschachteln in Länge, Breite und Höhe sind im Normalfall alle drei verschieden. Aus drei derartigen Schachteln kann ich einen Quader bauen; dies kann im Wesentlichen auf drei verschiedene Arten geschehen. Wie viele Möglichkeiten gibt es, wenn Sie 36 Streichholzschachteln vorliegen haben?

Planung:

> Präzisieren Sie Ihr Ziel!

> Arbeiten Sie mit Modellen!

Durchführung:

> Studieren Sie zunächst den zweidimensionalen Fall!

> Untersuchen Sie den Fall, dass die Streichholzschachteln würfelförmig sind!

> Geben Sie sich nicht mit Ihrer ersten Vermutung zufrieden! Sie müssen den Beweis antreten können!

Können Sie das Ergebnis für große Zahlen aus dem für kleinere Werte ableiten?

Kann es für manche Ausgangswerte so sein, dass es nur eine Möglichkeit gibt? Gibt es mitunter genau drei Möglichkeiten?

Verallgemeinerung:

Vergleichen Sie Ihre Antworten für Würfel, Schachteln mit zwei gleich großen Seiten und gewöhnliche Streichholzschachteln miteinander!

48   STREICHHOLZSTAPEL

Auf einem Tisch liegen zwei Streichholzstapel. Ein Spieler kann entweder von beiden Stapeln je ein Streichholz entfernen oder ein einzelnes Streichholz wegnehmen. Der Spieler, der gezwungen ist, das letzte Streichholz wegzunehmen, hat verloren. Was für eine Gewinnstrategie gibt es für den Fall, dass zwei Spieler beteiligt sind?

Planung:

Suchen Sie sich einen Spielpartner!

Was für eine Bezeichnung bietet sich an?

Durchführung:

Was sind Gewinnstellungen?

Wie können Sie erzwingen, dass Sie in eine Gewinnstellung kommen?

Verallgemeinerung:

Was passiert, wenn es mehr als zwei Stapel gibt?

Was geschieht, wenn mehr als zwei Spieler beteiligt sind?

Was ändert sich, wenn Sie mehr Streichhölzer wegnehmen dürfen?

Wie ist vorzugehen, wenn der Spieler, der das letzte Hölzchen wegnehmen kann, gewinnt?

Rückblick:

Vergleichen Sie diese Aufgabe mit KARTESISCHER JAGD!

SUMME EINS

Betrachten Sie zwei beliebige Zahlen, deren Summe 1 ist. Quadrieren Sie die größere, und addieren Sie die kleinere hinzu. Danach ist die kleinere zu quadrieren und die größere hinzuzuzählen. Bei welcher der beiden Prozeduren erhält man Ihrer Ansicht nach die größere Zahl?

Planung:

> Betrachten Sie so viele Spezialfälle, dass Sie eine Vermutung äußern können!

> Testen Sie alle Ihre Rechnungen durch das Heranziehen von Brüchen oder Dezimalzahlen!

Durchführung:

> Sie müssen Ihre Vermutung beweisen!

Verallgemeinerung:

> Geben Sie ein Analogon für solche Zahlen an, deren Summe S ist! Veranschaulichen Sie diese Aufgabe durch geeignete Rechtecksflächen!

> Finden Sie entsprechende Rechenvorschriften für ein Paar von Zahlen, deren Produkt P ist!

TASSEN DREHEN

Mein Sohn hat als Vorbereitung zu einer Party eine Packung mit Plastiktassen gekauft und sie auf der Tischfläche verteilt. Einige stehen richtig, andere verkehrt herum. Kann ich durch geschicktes Drehen von jeweils zwei Tassen alle richtig aufstellen?

Planung:

> Hantieren Sie mit ein paar Tassen!

Durchführung:

> Sind Sie sich Ihrer Sache sicher? Können Sie einen Gegner überzeugen?

> Arbeiten Sie zuerst mit einer kleinen Zahl von Tassen, und listen Sie alle Positionen auf, die Sie erreichen können. Was haben diese Positionen gemeinsam?

Verallgemeinerung:

> Betrachten Sie den Fall, dass drei oder mehr Tassen gedreht werden können!

> Ersetzen Sie die Tassen durch Nummernscheiben mit mindestens drei aufgedruckten Zahlen. Dabei sollen nicht alle Scheiben gleich sein.

51 TEILBARKEIT

Um die Teilbarkeit einer Zahl durch 11 zu bestimmen, addieren Sie die Ziffern in den ungeraden Positionen und subtrahieren davon die Ziffern in den geraden Positionen (alternierende Quersumme). Ist diese Differenz durch 11 teilbar, so gilt dies auch für die Ausgangszahl. Andernfalls ist diese nicht durch 11 teilbar. Woran liegt das?

Planung:

Haben Sie die Behauptung an einigen Beispielen nachgeprüft?

Durchführung:

Führen Sie geeignete Variable ein!

Verallgemeinerung:

Welche spezielle Eigenschaft von 11 kommt hier zum Tragen? Können Sie ähnliche Kriterien für die Teilbarkeit durch andere Zahlen aufstellen?

Wie sieht es in Zahlensystemen mit einer von 10 verschiedenen Basis aus?

52 UMFÄRBUNG

Die einzelnen Felder eines Schachbretts werden willkürlich neu schwarz/weiß eingefärbt. Muss dabei notwendigerweise ein Rechteck entstehen, dessen Ecken alle die gleiche Farbe haben?

Planung:

Untersuchen Sie zuerst kleinere Schachbretter.

Versuchen Sie zu beweisen, dass es kein solches Rechteck gibt!

Durchführung:

Ändern Sie die Frage dahingehend ab, dass Sie das größte Schachbrett suchen, auf dem Sie kein solches Rechteck antreffen müssen!

Muss das Schachbrett quadratisch sein?

Was ist unter dem größten rechteckigen Schachbrett zu verstehen, für das eine gewisse Bedingung zutrifft?

Sehen Sie sich an, was passiert, wenn alle Felder einer Reihe gleich gefärbt werden!

Spezialisieren Sie systematisch!

Spielt die Reihenfolge der Zeilen und Spalten eine Rolle?

Seien Sie sich stets darüber im Klaren, was bekannt ist!

Wie könnte eine mögliche Lösung aussehen?

Verallgemeinerung:

>   Was geschieht, wenn drei Farben verwendet werden?
>
>   Wie sieht eine dreidimensionale Verallgemeinerung aus?
>
>   Können Sie jemals die Existenz eines Quadrates mit gleich gefärbten Ecken garantieren?

53 UNGERADE TEILERZAHL

Welche Zahlen haben eine ungerade Zahl von Teilern?

Planung:

>   Was ist gesucht?
>
>   Untersuchen Sie einige Zahlen, und achten Sie dabei auf eine Gesetzmäßigkeit!

Durchführung:

>   Geben Sie nicht auf, bevor Sie eine Hypothese haben!
>
>   Formulieren Sie Ihre Meinung so präzise wie möglich!
>
>   Beweisen Sie sie!

Verallgemeinerung:

>   Gibt es eine Zahl mit genau 13 Teilern?
>
>   Verallgemeinern Sie die letzte Frage!

54 UNGLÜCKSTAG

Abergläubische Menschen behaupten, Freitag der Dreizehnte sei ein Unglückstag. Wie viele solcher schwarzer Tage gibt es höchstens pro Jahr? Wie viele gibt es innerhalb einer beliebigen Frist von 12 Monaten?

Planung:

>   Stellen Sie erst eine Vermutung auf, bevor Sie im Kalender nachsehen!

Durchführung:

>   Gehen Sie systematisch vor!
>
>   Was für Mindestinformationen müssen Sie haben, wenn Sie für ein beliebiges Jahr angeben wollen, wie viele solcher Unglückstage während seiner Dauer vorkommen?
>
>   Achten Sie auf Schaltjahre!

Verallgemeinerung:

> Ändert sich etwas an Ihrer Antwort, wenn wir nun nach der Zahl der Fälle
> fragen, wo der Zwölfte auf den Freitag fällt? Hat es mit der Zahl Dreizehn
> irgendeine besondere Bewandtnis?

> Vergleichen Sie hierzu MONDPHASEN!

---

55   WEGNAHME VON QUADRATEN

Gegeben ist ein rechtwinkliges Stück Papier. Entfernen Sie davon das größtmögliche
Quadrat. Wiederholen Sie das mit dem verbleibenden Papierstück. Was kann dabei
alles passieren? Können Sie eine Vorhersage machen?

Planung:

> Spielen Sie das für verschiedene Ausgangsgrößen durch.

> Arbeiten Sie nur mit Bleistift und kariertem Papier.

> Suchen Sie nach einer passenden Bezeichnung.

Durchführung:

> Vereinfachen Sie zunächst die Fragestellung.

> Achten Sie darauf, wie oft ein Quadrat gleicher Größe entfernt werden muss.

> Suchen Sie nach einer Gesetzmäßigkeit.

> Wie war das noch gleich mit dem größten gemeinsamen Teiler?

Verallgemeinerung:

> Entfernen Sie Würfelstücke aus Quadern.

---

56   WINKEL UND STÖCKCHEN

Können Sie eine Reihe von gleich langen Stöcken jeweils so an den Enden mit einem
vorgegebenen Winkel aneinanderhängen, dass ein geschlossener Ring entsteht?

Planung:

> Haben Sie das ausprobiert?

> Wie können Sie die Winkel simulieren?

Durchführung:

> Haben Sie sich auf die Ebene beschränkt?

> Haben Sie einen Papierstreifen zur Veranschaulichung herangezogen?

> Ist Ihre Methode allgemeingültig oder hängt sie von dem von Ihnen verwen-
> deten Winkel ab?

Verallgemeinerung:

> Welches ist die kürzeste, welche die längste dabei mögliche Sequenz?

> Ist es hilfreich, mehr als einen Winkel zur Verfügung zu haben, besonders dann, wenn Sie nur in der Ebene arbeiten wollen?

57   WOLLVERWERTUNG

Wolle für Strickmaschinen wird auf Spulen geliefert. Die Maschine verwertet immer mehrere Spulen gleichzeitig. Nach dem Start ist es mühsam, eine leere Spule zu ersetzen, und unangenehm, Wolle auf eine leere Spule aufzuwickeln. Wie könnte ich vorhersagen, ob ich ohne Aufspulen auskomme, wenn ich n Spulen mit verschiedenen Wollmengen gleicher Farbe hätte und das von mir angestrebte Muster das Einspannen von k Spulen in die Maschine erforderlich macht?

Planung:

> Betrachten Sie Spezialfälle. Vereinfachen Sie das Problem!

> Ihr Ziel ist es, die Wollmengen zu berechnen und vorherzusagen ...

Durchführung:

> Suchen Sie nach einer Bedingung, die erfüllt sein muss!

> Suchen Sie nach einer Methode, wie Sie k Spulen gleichzeitig verwenden können und dabei die gesamte Wolle verbrauchen.

> Versuchen Sie, die Voraussetzungen auf solche Situationen zu vereinfachen, die Ihnen vertraut sind!

Verallgemeinerung:

> Gibt es eine einfache Strategie zur Maximierung der auf n Spulen gewickelten Wolle bei der Erzeugung eines Musters, bei dem k Spulen gleichzeitig benötigt werden, ohne dass neu aufgespult werden muss?

58   WÜRFELFÄRBUNG

Wie viele verschiedene Würfel kann man so herstellen, dass auf jeder Seite genau eine Linie die Mitten gegenüberliegender Kanten verbindet?

Planung:

> Machen Sie sich klar, wie die Seiten aussehen!

> Was heißt „verschieden"?

> Können Sie die sechs Seiten graphisch darstellen?

Durchführung:

>   Haben Sie alle Möglichkeiten erfasst?

>   Sind Ihnen auch keine Doubletten unterlaufen? Beweisen Sie das!

Verallgemeinerung:

>   Lösen Sie dieselbe Aufgabe für ein Vielflach!

---

59   WÜRFELROLLEN

Für diese Aufgabe brauchen Sie einen Würfel und ein kariertes Papier, bei dem ein einzelnes Quadrat so groß ist wie eine Seitenfläche des Würfels. Markieren Sie das Quadrat, auf dem der Würfel steht, mit einer 1. Rollen Sie nun den Würfel über eine Kante ab, und markieren Sie das nun bedeckte Feld mit der Zahl auf der Oberseite des Würfels. Experimentieren Sie damit!

Planung:

>   Was für Fragestellungen bieten sich an?

>   Haben Sie immer in gleicher Weise angefangen?

Durchführung:

>   Kann jede Zahl auf jedem Quadrat stehen?

>   Können Sie Ihre Aussagen beweisen?

Verallgemeinerung:

>   Was ist der kürzeste Verbindungsweg zwischen dem ersten Quadrat mit der Eins und einem beliebig vorgegebenen Quadrat mit einer frei gewählten Ziffer?

>   Welche Zahlen können in senkrechter Position erreicht werden?

---

60   WÜSTE

Ein Mann, der sich in der Wüste verirrt hat, hört im Westen das Pfeifsignal eines Zuges. Er kann die Schienenführung zwar nicht sehen, weiß aber, dass sie schnurgerade ist. Er kann sich nur dann vor dem Tod durch Verdursten bewahren, wenn er das Gleis vor dem Zug erreicht. In welche Richtung sollte er gehen, wenn sowohl er als auch der Zug eine konstante Geschwindigkeit einhalten?

Planung:

>   Was weiß der Mann?

>   Wohin sollte er gehen, wenn er wüsste, in welcher Richtung sich der Zug fortbewegt?

>   Was will der Mann? Aufgepasst!

Durchführung:

> Unterstellen Sie zunächst, der Mann gehe nach Norden!

> *Quelle*: Jaworski, J., Mason, J. und Slomson, A. *Chez Angelique.* Milton
> Keynes: Chez Angelique 1975.

61   WÜSTENMARSCH

Die Durchquerung einer Wüste nimmt neun Tage in Anspruch. Ein Mann muss eine
Botschaft auf die andere Seite bringen, auf der die Vorräte nicht aufgefrischt werden
können, und dann wieder zurückgehen. Ein einzelner Mann kann Nahrungsmittel für 12
Tage tragen. Allerdings können unterwegs Depots angelegt werden. Wie schnell kann
die Botschaft auf die andere Seite gelangen, wenn zwei Boten zur Verfügung stehen?

Planung:

> Wie sieht das bei kleineren Wüsten aus?

> Lösen Sie das Ganze zeichnerisch oder durch Probieren.

> Führen Sie eine geeignete Methode zur Aufzeichnung der Positionen der
> beiden Männer und der Nahrungsdepots ein!

Durchführung:

> Eine Zeit von 10 Tagen ist schon ganz gut, aber leider nicht optimal.

> Ist irgendwo gesagt, dass jeder nur einmal losgehen soll?

Verallgemeinerung:

> Ist eine Strecke von neun Tagesmärschen die größte, die ohne die Anlage
> von Depots bewältigt werden kann?

> Wie groß ist eine Wüste, die durch Teamwork von M Männern in Minimal-
> zeit bewältigt werden kann?

> Welches ist die größte Wüste, die zwei Männer ohne das Anlegen von Depots
> in Minimalzeit bei gegebener Tragelast bewältigen können?

62   ZAHLENSPIEL

Die Ziffern einer dreistelligen Zahl werden in umgekehrter Reihenfolge hingeschrieben;
danach zieht man die kleinere Zahl von der größeren ab. Die Ziffern des Resultats werden
erneut herumgedreht und hinzugezählt. Wir haben also etwa:

> 123 wird zu 321 und $321 - 123 = 198$.

> 198 wird zu 891 und $198 + 891 = 1089$.

Was passiert und warum?

Planung:

> Spielen Sie mit Hilfe eines Rechners einige Fälle durch!
>
> Äußern Sie eine Vermutung!

Durchführung:

> Führen Sie geeignete Symbole ein!

Verallgemeinerung:

> Haben Sie auch vier- und fünfstellige Zahlen untersucht?
>
> Haben Sie eine andere Basis als 10 zugelassen?
>
> Ändern Sie die Vorschrift dahingehend ab, dass immer nur die Ziffern zu vertauschen sind und die kleinere Zahl von der größeren zu subtrahieren ist!

---

63   ## ZIFFERNFOLGE

Schreiben Sie eine Folge von Nullen und Einsen hin. Schreiben Sie unter zwei aufeinanderfolgende Ziffern eine 0, wenn sie übereinstimmen, und sonst eine 1. Führen Sie das so lange durch, bis eine einzelne Ziffer stehenbleibt. Können Sie vorhersagen, was für eine Ziffer das sein wird?

Planung:

> Spezialisieren Sie systematisch!
>
> Ändern Sie Ihr System, wenn Sie die Vorgänge zu durchschauen beginnen!
>
> Achten Sie auf Gesetzmäßigkeiten, und nicht auf die Länge der Sequenzen!

Durchführung:

> Starten Sie mit der letzten Ziffer, und arbeiten Sie sich zum Ausgangspunkt durch!
>
> Erklären Sie Ihre Vermutung!

Verallgemeinerung:

> Schreiben Sie eine Folge von Nullen und Einsen zyklisch auf, und verfahren Sie wie gehabt.
>
> Verallgemeinern Sie Ihr Verfahren durch die zusätzliche Heranziehung von Zweien und einer entsprechenden Modifikation der Regel.

64 ZIFFERN VERTAUSCHEN

Ich denke mir eine Zahl. Wenn Sie deren Einerziffer an die Spitze stellen, kommt dasselbe heraus, wie wenn Sie die Ausgangszahl verdoppeln. Sage ich die Wahrheit?

Planung:

    Was ist das Ziel?

Durchführung:

    Beginnen Sie mit einer Annahme!

    Bleiben Sie am Ball!

    Schreiben Sie auf, wie Sie die Zahlen erzeugen!

    Die Angabe einer einzelnen Zahl stellt keine befriedigende Lösung dar!

Verallgemeinerung:

    Welches ist die kleinste Zahl mit der angegebenen Eigenschaft?

    Ersetzen Sie das Verdoppeln durch das Bilden von anderen Vielfachen. Vergleichen Sie die auftretenden Gesetzmäßigkeiten!

    Ändern Sie die Aufgabe dadurch ab, dass Sie die führende Ziffer an die letzte Position rücken.

65 ZIEGE AM STRICK (SILO-VERSION)

Eine Ziege ist am Rande eines kreisförmigen Silos angebunden. Das Halteseil ist halb so lang wie der Umfang des Silos. Wie viel Gras kann die Ziege erreichen?

Planung:

    Machen Sie eine Skizze!

    Machen Sie eine genauere Zeichnung!

    Machen Sie sich ein Modell!

Durchführung:

    Ersetzen Sie das kreisförmige Silo durch eine mehr rechteckige Konfiguration!

    Versuchen Sie eine Reihe von Anordnungen, die sich immer mehr der Kreisform nähern!

Verallgemeinerung:

    Fragen wie diese sind leicht gestellt, aber oft nur schwer zu beantworten.

    Wie lang muss das Seil sein, wenn die Ziege genau die Hälfte des Grases abweiden darf? Die Antwort hierauf ist nicht einfach!

Literaturhinweise

Conway, J. und Guy, R. (1966) *The Book of Numbers*. New York: Copernicus, Springer-Verlag.

Fielker, D. (1981) Removing the shackels of Euclid. *Mathematics Teaching* **96,** 24-8.

Jaworski, J., Mason, J. und Slomson, A. (1975) *Chez Angelique: The Late Night Problem Book*. Milton Keynes: Chez Angelique Publications.

Moessner, A. (1952) Eine Bemerkung über die Potenzen der natürlichen Zahlen. S.-B. Math.-Nat. Kl. Bayer. Akad. Wiss., **29**(14), 353b.

Noelting, G. (1980) The development of proportional reasoning and the ratio concept part I: differentiation of stages. *Educational Studies in Mathematics*, (11)2, 217-53.

Streefland, L. (1991) *Fractions in Realistic Mathematics Education: A Paradigm of Developmental Research*. Dordrecht: Kluwer.

11

11 Mathematisch denken nach Lehrplan

Dieses Kapitel enthält eine Fülle von Fragen, die eine Brücke schlagen zwischen den leicht zugänglichen Aufgaben, die im Hauptteil des Buches formuliert und analysiert werden, und der thematisch aufgebauten Darlegung des formalen mathematischen Handwerkszeugs. Meine Absicht ist es zu illustrieren, wie das Prinzip des mathematischen Denkens die formale Mathematik durchdringt. Die meisten der hier diskutierten Fragen sind im Zuge des Nachdenkens über Lehrplanaufgaben entstanden, wobei ich mich insbesondere gefragt habe, wie Studierende diese Fragen möglichst effektiv angehen könnten.

Da die erste Auflage dieses Buches in recht unterschiedlichen Zusammenhängen und Ausbildungsbereichen eingesetzt wurde, nämlich als Herausforderung für

- Abiturienten,
- Referendare im Grundschulamt,
- Schüler am Gymnasium,
- und Bachelor-Studenten,

wurde dieses Kapitel thematisch aufgebaut. Einige dieser Themen sind bereits in den Aufgaben vorheriger Kapitel stark vertreten. Außerdem wurden einige Themen aufgenommen, die eine zentrale Rolle in der gymnasialen Oberstufe und im mathematischen Grundstudium spielen, aber für die breitere Leserschaft bereits zu anspruchsvoll sind, um im Hauptteil Berücksichtigung zu finden. Allerdings ist die Unterteilung in die einzelnen Themenbereiche etwas willkürlich. In vielen Aufgaben werden mathematische Werkzeuge benutzt, die aus ganz unterschiedlichen Disziplinen stammen oder die auf unterschiedliche Weise hergeleitet werden können, sodass manche Aufgaben, die einem bestimmtem Thema zugeordnet wurden, ebenso gut an einer anderen Stelle aufgehoben wären. Viele der Aufgaben können erweitert oder so abgewandelt werden, dass sie für Lernende mit unterschiedlichen mathematischen Voraussetzungen eine Herausforderung darstellen.

Es scheint vernünftig anzunehmen, dass jemand, der in dieses oder das vorhergehende Kapitel eintaucht, bereits mit dem Ratschlag vertraut ist, sich zunächst auf eine spezielle Frage zu konstruieren, um dann eine allgemeine Erkenntnis für sich abzuleiten. Das Gleiche gilt für das Prinzip, Vermutungen anzustellen, diese zu überprüfen und die ausgeführten Lösungsschritte zu überdenken. Aus diesem Grund wird dieser allgemeine Hinweis hier weggelassen. Stattdessen gibt es, wo dies nötig erscheint, spezielle Hinweise, um die Aufmerksamkeit auf mathematische Themen zu lenken, denen man beim Lösen der Aufgabe wahrscheinlich begegnen wird.

Die Aufgaben des Kapitels sind unter den folgenden Überschriften angeordnet. Ebenso wie die Tiefe variiert, mit der die meisten Aufgabe bearbeitet werden können, ist auch die Zuordnung des Niveaus der mathematischen Ausbildung lediglich ein Hinweis.

Stellenwertsysteme und arithmetische Algorithmen
Primzahlen und Primfaktoren
Brüche und Prozente
Verhältnisse und Raten
Gleichungen
Muster und Algebra
Graphen und Funktionen
Funktionen und Differenzialrechnung
Folgen und Iterationen
Vollständige Induktion
Abstrakte Algebra
Umfang, Fläche und Volumen
Geometrische Beweise
Algebraische Beweise

Die neuen Aufgaben im Abschnitt *Beweisen* sind in Bezug auf den Grad ihrer mathematischen Raffinesse sehr unterschiedlich.

11.1   Stellenwertsysteme und arithmetische Algorithmen

Aufgaben, bei denen es um Ziffern geht, sind geeignet, um die Bedeutung des Dezimalsystems für die Arithmetik und darauf aufbauende Algorithmen zu illustrieren. Außerdem werden wir in diesem Kontext etwas über Allgemeingültigkeit lernen. In einer mehrstelligen Zahl muss jede Ziffer mit einer Zehnerpotenz multipliziert werden, die sich aus ihrer Position innerhalb der Zahl – dem Stellenwert – ergibt. So ist beispielsweise $234 = 2 \times 100 + 3 \times 10 + 4$. Dieses Grundverständnis vom Aufbau der Zahlen ist wesentlich, um Aufgaben zu den Zahlen im Dezimalsystem zu lösen.

Fragen aus früheren Kapiteln

PALINDROME (Kapitel 1, 5): Stellenwertsystem, Dezimalsystem

TEILBARKEIT (Kapitel 10): Bedeutung des Dezimalsystems für verschiedene Rechenregeln

FINGERMULTIPLIKATION (Kapitel 10): Eigenschaften des Dezimalsystems; bei der algebraischen Erklärung wird eine interessante aber elementare Erweiterung benutzt.

ZIFFERN VERTAUSCHEN (Kapitel 10): Dezimalsystem, Zehnerpotenzen

ZAHLENSPIEL (Kapitel 10): Dezimalsystem, algebraische Argumentation zur Begründung der Allgemeingültigkeit

Zusätzliche Fragen

1   KUPFERPLATTENMULTIPLIKATION

Was passiert hier? Beschreiben Sie die „Methode" in Worten, sodass jemand, der das Ziffernschema nicht vor sich sieht, mit dieser Beschreibung seine eigene Multiplikationsaufgabe mit anderen Ziffern ausführen kann.

			7	9	6	4	5		
			6	4	7	8	9		
				3	0				
			2	4	2	0			
		3	6	1	6	3	5		
	5	4	2	4	2	8	4	0	
4	2	3	6	4	2	3	2	4	5
	2	8	6	3	4	8	3	6	
		4	9	7	2	5	4		
			5	6	8	1			
				6	3				
5	1	6	0	1	1	9	9	0	5

Tipps

- Wenn Sie mit Ihrer Beschreibung fertig sind, denken Sie sich selbst ein Beispiel aus, um sie zu testen.
- Versuchen Sie, sich beim Bearbeiten einer Aufgabe selbst zu beobachten. Sie werden dann vielleicht feststellen, dass Ihre Aufmerksamkeit manchmal von bestimmten Charakteristika gefangen genommen wird (manchmal von der ganzen Aufgabe, manchmal von einem Teil). Manchmal werden es kritische Details sein, die Sie zuvor gar nicht bemerkt haben. Manchmal werden Sie Beziehungen zwischen diesen auffälligen Merkmalen erkennen. Manchmal wird Ihnen klar werden, dass diese Beziehungen Eigenschaften von größerer Allgemeingültigkeit sind. Manchmal werden Sie Ihre Argumentation auf diesen Eigenschaften aufbauen, um Ihre Vermutungen zu überprüfen, was bei einer solchen oder ähnlichen Aufgabe passiert.

Indem wir von der Frage „Was passiert hier?" übergehen zu „Wie löst man eine ähnliche Aufgabe?", vollziehen wir einen wichtigen Schritt des Verstehens und Würdigens der Leistungsfähigkeit einer Methode. Eine Rechenregel wird zu einer Methode, wenn wir verstehen, wie und warum sie funktioniert.

2 GITTERMULTIPLIKATION

Was passiert bei diesen altertümlichen Rechenschemata?

Das erste stammt aus dem arabischen Manuskript *Grundlagen des indischen Rechnens* von Kushyar ibn-Labban, das etwa um 1000 n. Chr. entstand. Das zweite ist aus dem Rechenbuch von Treviso (1478) und das dritte geht zurück auf Luca Pacioli (um 1497).

48   79   86
$\cancel{5}625$ 4$\cancel{8}25$ 479$\cancel{5}$ 4786
$\cancel{8}39$ 8$\cancel{3}9$ 839$\cancel{9}$ 839

Das Durcharbeiten einer Aufgabe, die zuvor ein anderer gelöst hat, kann eine effektive Vorgehensweise sein, um eine Methode zu erlernen. Mit Sicherheit aber werden Sie dadurch angeregt, tiefer in die Arithmetik einzudringen.

3 PRODUKTIVER AUSTAUSCH

$$27 \times 18 - 28 \times 17 = 10$$
$$37 \times 18 - 38 \times 17 = 20$$

Verallgemeinern Sie!

Tipps

- Sagen Sie, was Sie sehen; achten Sie darauf, was sich ändert und was gleich bleibt. Versuchen Sie dann, ein Element zu verändern, und schauen Sie, was passiert.
- Lernen Sie, nach strukturellen Beziehungen zu suchen, anstatt einfach nur zu rechnen und Fragen zu beantworten. Dann werden Sie auch mehr und mehr die Schönheit der Arithmetik erkennen.

11.2 Primzahlen und Primfaktoren

Zahlen können mit Namen bedacht oder durch Ziffern im Dezimalsystem dargestellt werden; man kann sie auch durch ihre Primfaktoren oder noch auf ganz andere Weise ausdrücken. Dass es viele Darstellungsweisen von Zahlen gibt, ist eine wichtige Feststellung. Auf der Suche nach Mustern in Zahlenfolgen achten Schüler oft nur auf additive Beziehungen, während die multiplikativen Beziehungen im Verborgenen bleiben. Scheinbar erfordert die Aufgabe, den größten gemeinsamen Teiler (ggT) zweier natürlicher Zahlen zu finden, die vollständige Zerlegung dieser Zahlen in Faktoren („Faktorisierung").

Euklid fand jedoch eine Methode, mit der dies vermieden werden kann. Deshalb ist der ggT zusammen mit seinem Kollegen, dem kleinsten gemeinsamen Vielfachen (kgV), ein wichtiges Konzept der Arithmetik, und es ist immer wieder schön, diesem Paar zu begegnen – häufig an Stellen, an denen es kein offizieller Teil des Lehrplans ist.

Fragen aus früheren Kapiteln

NADEL UND FADEN (Kapitel 3): Primfaktoren; der ggT tritt auf, weil neue Fäden hinzukommen, wenn ein Vielfaches der Lückengröße mit der Anzahl der Nadeln übereinstimmt. Siehe auch DIAGONALEN IM RECHTECK.

SUMMEN AUFEINANDERFOLGENDER ZAHLEN (Kapitel 4): Durch Verwendung des Mittelwertes aufeinanderfolgender Zahlen lässt sich deren Summe ganz einfach in ein Produkt umwandeln.

DIFFERENZ VON QUADRATZAHLEN (Kapitel 4): Erfordert das Umwandeln einer Differenz in ein Produkt mithilfe einer bekannten algebraischen Identität.

FACETTEN (Kapitel 6): Primfaktoren; verwandt mit NADEL UND FADEN.

DIAGONALEN IM RECHTECK (Kapitel 10): Ein womöglich recht unerwarteter Auftritt des ggT.

LIOUVILLE (Kapitel 10): Eine interessante Erweiterung einer Eigenschaft von Summen von Kuben.

EIER (Kapitel 10): Spezialfall des chinesischen Restsatzes, bei dem Reste bezüglich unterschiedlicher Teiler auftreten.

MEHR ÜBER SUMMEN AUFEINANDERFOLGENDER ZAHLEN (Kapitel 10): Hier spielt die Anzahl der Primfaktoren eines bestimmten Typs die entscheidende Rolle.

UNGERADE TEILERZAHL (Kapitel 10): Eine Aufgabe über Zusamenhänge zwischen Teilern, eng verwandt mit DIE PFÖRTNER (siehe unten).

WEGNAHME VON QUADRATEN (Kapitel 10): Eng verwandt mit dem euklidischen Algorithmus für das Auffinden des ggT.

Zusätzliche Fragen

4   DIE PFÖRTNER

In einem Gebäude gibt es einen sehr langen Korridor mit Türen zu einer sehr großen Anzahl von Zimmern, nummeriert mit $1, 2, \ldots$ Außerdem gibt es eine ähnlich große Anzahl von Pförtnern. Jeder Pförtner k besitzt einen Schlüssel, mit dem sich jede Tür öffnen lässt, deren Nummer ein Vielfaches von k ist.

Das Ritual der Pförtner läuft folgendermaßen ab: Am Anfang sind alle Türen verschlossen. Dann schließt ein Pförtner nach dem anderen jede Tür auf oder zu (je nachdem, ob sie geschlossen oder offen ist), für die sein Schlüssel passt. Welche Türen werden am Ende offen sein und welche verschlossen? Spielt es eine Rolle, in welcher Reihenfolge die Pförtner ihren Dienst tun?

Wenn Sie eine endlich lange Liste aller geöffneten Türen haben, können Sie daraus schließen, welche Pförtner es gewesen sein müssen? Welche Eigenschaften muss eine solche Liste zwangsläufig haben?

Angenommen, einige Türen sind offen und einige geschlossen, wenn die Pförtner ihr Ritual beginnen. Können Sie aus dem Zustand am Ende des Rituals schließen, welche Türen ursprünglich offen waren?

Tipps

- Seien Sie nicht zu voreilig mit Schlüssen, überprüfen Sie Ihre Vermutungen sorgfältig!

- Die Aufgabe ist eng verwandt mit UNGERADE TEILERZAHL. Die Verallgemeinerungen bieten jedoch Gelegenheit, das Ritual der Pförtner in eine mathematische Operation zu übersetzen, um dann diese Operation als eigenständiges Objekt zu untersuchen.

5   **DAS SIEB DES ERATOSTHENES**

Schreiben Sie die ersten 200 natürlichen Zahlen in einem Schema mit zehn Spalten auf. (Tipp: Verwenden Sie ein Tabellenkalkulationsprogramm und drucken Sie das Schema aus.) Zeichnen Sie ein Quadrat um die 1. Zeichnen Sie einen Kreis um die 2 (bzw. die kleinste noch nicht markierte Zahl) und markieren Sie dann, beginnend bei 2, jede zweite Zahl (also $4, 6, 8 \ldots$) mit einem Kreuz. Markieren Sie nun wieder die kleinste noch nicht markierte Zahl (nennen wir sie m) mit einem Kreis und dann, jede m-te Folgezahl mit einem Kreuz. Fahren Sie so fort, bis alle Zahlen markiert sind. Welche Zahlen sind mit einem Kreis markiert? Warum? Wie oft wird eine Zahl mit einem Kreuz markiert? Warum? Manche Zahlen werden kein zweites Mal mit einem Kreuz markiert. Welche Zahlen sind das? Warum sind es gerade diese?

Tipps

- Während Sie diesen Prozess durchführen, werden Sie beobachten können, dass sich Ihre Aufmerksamkeit zunächst auf den Prozess selbst konzentriert, sich dann aber zunehmend dem Erkennen von Regelmäßigkeiten und der Suche nach den Gründen hierfür zuwendet.

- Beobachten Sie, wie sich der Prozess ändert, wenn die Quadratwurzel der letzten Zahl des Schemas überschritten wird. Eratosthenes bemerkte dies im 5. Jahrhundert v.Chr., was zu einer bemerkenswerten Effizienzsteigerung des Verfahrens führte. Wenn Sie eine andere Spaltenzahl wählen, dann werden Sie andere Muster sehen. Probieren Sie zum Beispiel ein Schema mit sechs oder 18 Spalten aus. Erklären Sie, warum sich das beobachtete Verhalten fortsetzen muss.

Der Rest des Tages

Finden Sie eine Zahl, die

- bei der Division durch 2 den Rest 1 lässt und
- für die der sich bei Division durch 2 ergebende Ganzzahlquotient bei der Division durch 3 ebenfalls den Rest 1 lässt und
- für die der aus dieser Division resultierende Ganzzahlquotient bei der Division durch 4 den Rest 1 lässt.

Warum muss diese Zahl durch 3 teilbar sein?

Tipps

- Beginnen Sie mit der ersten Forderung und suchen Sie nicht einfach nur spezielle Zahlen, für die sämtliche Forderungen erfüllt sind, sondern konstruieren Sie allgemeine Ausdrücke. Ein anderer Ansatz besteht darin, mit der letzten Forderung zu beginnen.
- Probieren Sie das Prinzip mit anderen Resten aus und suchen Sie in diesem Zusammenhang nach anderen Gesetzmäßigkeiten der Teilbarkeit. Wie sieht es mit längeren Ketten aus?

Das typische Vorgehen in der Arithmetik induktiv: man geht von etwas Bekanntem aus und leitet Schlüsse für den allgemeineren, unbekannten Fall ab. Im Gegensatz dazu arbeitet die Algebra oft deduktiv: aus einem allgemeinen Gesetz, welches durch Gleichungen mit Variablen („Unbekannten") beschrieben wird, können Aussagen für konkrete Werte (Spezialfälle) gewonnen werden. Diese Aufgabe ist ein gutes Beispiel dafür, dass die deduktive Herangehensweise manchmal effizienter sein kann als die induktive.

Rationale Teiler

Der Bruch 14/15 teilt den Bruch 28/3 so, dass das Ergebnis eine natürliche Zahl (10) ist. Wir nennen deshalb 14/15 einen rationalen Teiler von 28/3.

- Finden Sie alle rationalen Teiler von 28/3.
- Finden Sie alle rationalen Teiler von 1/2 sowie alle natürlichen Zahlen, die rationale Teiler sowohl von 28/3 als auch von 1/2 sind.

Macht es Sinn, vom größten gemeinsamen rationalen Teiler oder vom kleinsten gemeinsamen rationalen Vielfachen zweier Brüche zu sprechen?

Tipps

- Versuchen Sie es vielleicht zunächst mit einfacheren Beispielen. Das Problem mit allzu einfachen Beispielen ist allerdings, dass sie oft nicht deutlich genug zeigen, was im allgemeinen Fall passiert. Erwächst beispielsweise ein Problem daraus, dass 2/3 und 4/6 lediglich unterschiedliche Bezeichnungen für die gleiche rationale Zahl sind?

- Es kann mitunter hilfreich sein, für einen bestimmten Aspekt besonders „verrückte" Spezialfälle zu betrachten. Die Details einer Methode werden klarer erkennbar, und der Lehrende bekommt ein Gefühl dafür, wo für Lernende, die mit dieser Methode erstmals konfrontiert sind, die Probleme liegen könnten.

---

8   DER CHINESISCHE RESTSATZ

Die Zahlenmenge $\{3 \times 5 \times 3 \times 2 + 3 \times 11 \times 2 \times 2 + 5 \times 11 \times 1 \times 2 + 3 \times 5 \times 11n;$ für eine natürliche Zahl $n\}$ ist gleich der Menge aller natürlicher Zahlen, die beim Teilen durch 3, 5 und 11 den Rest 2 lassen. Warum ist das so? Verallgemeinern Sie die Aussage.

- Versuchen Sie, nur zwei anstatt drei Zahlen zu verwenden, um die Reste zu finden. Tauschen Sie testweise die Zweien aus, um zu sehen, ob Sie die Reste ändern können. Welches ist die Eigenschaft, die dafür sorgt, dass das Ganze funktioniert?
- Das Rechnen mit Resten funktioniert mit negativen ganzen Zahlen genauso wie mit positiven.

11.3   Brüche und Prozente

Brüche sind für viele Schüler eine gewisse Hürde. Die hier vorgeschlagenen Aufgaben sind nicht als Einführung gedacht, sondern als Möglichkeit, das Thema eigenständig zu erkunden. Das Rechnen mit Brüchen kommt auch bei vielen Aufgaben zu Verhältnis- und Ratengleichungen vor (siehe nächstes Kapitel).

Fragen aus früheren Kapiteln

KAUFHAUS (Kapitel 1): Das Ausdrücken von prozentualen Änderungen durch Multiplikationen vereinfacht das Arbeiten mit sukzessiven Änderungen.

BRUCHTEIL (Kapitel 2): Beim Arbeiten mit Brüchen ist es wichtig, sich zunächst klar zu machen, was das „Ganze" ist, auch wenn nur Standardmultiplikationen und -divisionen durchgeführt werden.

RADARFALLE (Kapitel 10): Eine prozentuale Änderung als Multiplikation auszudrücken, ist nützlich, wie Sie schon bei der Aufgabe Kaufhaus gesehen haben. Gleichzeitig schult dies die Intuition dafür, was sich durch andere Messwerte ändern wird.

Zusätzliche Aufgaben

9   HAMBURGER

Ein Hamburger besteht aus Brot, Tomaten, Salat und Fleisch. Wenn die Kosten für jede dieser Zutaten um 5% steigen, wie stark steigen dann die Gesamtkosten?

Tipps

- Überlegen Sie genau! Die allgemeine Erklärung für die richtige Antwort könnte mehr Mathematik erfordern, als Sie vielleicht erwarten (etwa das Distributionsgesetz). Beobachten Sie Ihre Mitmenschen im Supermarkt – dieser Denkfehler ist schon vorgekommen!
- Dies ist eine sehr einfache Aufgabe, aber trotzdem scheitern manche Leute daran, weil ihre Intuition an additiven Strukturen geschult ist und nicht an multiplikativen. Vergleichen Sie die Situation mit der additiven, bei der jede Zutat eine Preissteigerung von $2\,€$ erfährt.

10 STAMMBRÜCHE

Auf wie viele unterschiedliche Weisen kann der Bruch $1/n$ geschrieben werden, wenn man ihn als Differenz zweier Stammbrüche ausdrückt?

Tipps

- Für manche Stammbrüche könnte es mehr Möglichkeiten geben, als Sie denken. Ein Muster zu erkennen, ist ein guter erster Schritt, doch Sie sollten sich versichern, dass Sie tatsächlich alle Möglichkeiten erfasst haben!
- Schüler werden vermutlich versuchen, die verschiedenen Möglichkeiten durch Ausprobieren zu finden. Ein systematischerer Zugang besteht darin, die verschiedenen Lösungen mittels Algebra auszudrücken und dann nach den Primfaktoren der Zahlen zu schauen.

11 FAREY-BRÜCHE

Wählen Sie zwei beliebige Brüche. Addieren Sie die Zähler und die Nenner und bilden Sie aus den Summen einen neuen Bruch. Wie verhält sich der Wert des neuen Bruchs zu den Werten der beiden Ausgangsbrüche? Verallgemeinern und erläutern Sie Ihr Ergebnis. Überlegen Sie sich ein Diagramm, das zeigt, warum Ihr Ergebnis (unter bestimmten Bedingungen) allgemeingültig ist.

Bilden Sie dann nach dem obigen Schema eine Folge von Brüchen, indem Sie den ersten und zweiten Bruch verwenden, um den dritten Bruch zu konstruieren, sodann den zweiten und dritten Bruch zur Konstruktion des vierten usw. Wenn Sie beispielsweise $1/3$ und $2/7$ als Startwerte wählen, dann erhalten Sie die Folge $1/3$, $2/7$, $3/10$, $5/17$, $8/27,\ldots$

Wie verhält sich diese Folge? Hängt dieses Verhalten von den Startwerten ab? Bleibt das Ergebnis das gleiche, wenn die in der Folge auftretenden Brüche durch ihre gekürzte Form ersetzt werden (zum Beispiel $5/3$, $7/3$, $12/6 = 2/1$, $9/4$, $\ldots$)?

Tipps

- Das Umwandeln von Brüchen in Dezimalzahlen hilft beim Erforschen der Zusammenhänge. Dezimalzahlen haben den Vorteil, dass man sie leichter vergleichen kann, während Sie durch das Arbeiten mit Brüchen Ihre algebraischen Fertigkeiten trainieren können. Hilfreich für das Verständnis ist das Auftragen der Brüche auf einer Zahlengeraden.
- Wenn Schüler Brüche addieren sollen, dann machen sie oft den Fehler, Zähler und Nenner zu addieren. Für andere Problemstellungen als die „Bruchaddition" kann dies die passende Operation sein, etwa bei der Approximation von Wurzeln von Gleichungen oder bei der Kombination von Stichproben in der Wahrscheinlichkeitsrechnung. Das Ziel dieser Aufgabe ist es, Schüler für diese Fehlerquelle zu sensibilisieren, indem man sie die Auswirkung der in den meisten Situationen inkorrekten Operation untersuchen lässt. Unter welchen Umständen ist sie korrekt und wann ist sie inkorrekt?

John Farey erwähnte diese Brüche 1816, ebenso C. Haros im Jahre 1802. August Cauchy nahm Notiz von dieser Erwähnung und bewies eine Reihe von Aussagen über diese Brüche. Sie haben eine enge Verbindung zu dem Problem, Kreise, die alle tangential zu einer Geraden sind, möglichst dicht zu packen.

12   BERGAUF

Kann es vier Brüche $\frac{a_1}{b_1}, \frac{c_1}{d_1}, \frac{a_2}{b_2}, \frac{c_2}{d_2}$ geben, die die Ungleichungen $\frac{a_1}{b_1} > \frac{c_1}{d_1}$ und $\frac{a_2}{b_2} > \frac{c_2}{d_2}$ erfüllen und für deren Zähler und Nenner gleichzeitig $\frac{a_1 + a_2}{b_1 + b_2} < \frac{c_1 + c_2}{d_1 + d_2}$ gilt?

Tipps

- Das Ausprobieren von zufälligen Beispielen ist wahrscheinlich weniger hilfreich, als die Brüche als Anstiege von Liniensegmenten zu interpretieren.
- Wählen Sie vier verschiedene Brüche mit unterschiedlichen Werten und ordnen Sie sie. Nehmen Sie nun das erste und das letzte Paar.
- Betrachten Sie dann Brüche mit den gleichen Werten wie die vier ursprünglich gewählten, aber mit erweiterten Zählern und Nennern. Gibt es eine Beziehung zwischen den Differenzen und Verhältnissen des kombinierten Bruchs und den vier ursprünglichen Brüchen?
- Die Betrachtung von zwei unterschiedlichen Stichproben zum gleichen Phänomen führte Sie zu den beiden ersten Ungleichungen, die als Abschätzung für das Auftreten eines bestimmten Merkmals angesehen werden können. Durch Kombination der Daten entsteht der gegenteilige Eindruck. Statistiker kennen diesen Effekt unter der Bezeichnung Simpson-Effekt.

11.4   Verhältnisse und Raten

Aufgaben, in denen Raten, Proportionalitäten und Verhältnisse auftreten, gehören zur umfangreichen Klasse der Fragen zu multiplikativen Strukturen. Dieses Thema steht in irgendeiner Form in fast allen Schuljahren auf dem Lehrplan. Multiplikative Strukturen verhalten sich oft anders, als die Intuition nahe legt. Beispiele hierfür finden sich in mehreren der folgenden Aufgaben.

Fragen aus früheren Kapiteln

HEFTCHEN (Kapitel 10): Das Grundkonzept ist die Ähnlichkeit; Verhältnisse, Winkel und sogar der Satz des Pythagoras sowie ein wenig Algebra können hinzukommen.

FRITZ UND FRANZ (Kapitel 10): Bei Aufgaben zu Geschwindigkeiten ist eine graphische Darstellung des Abstands in Abhängigkeit von der Zeit hilfreich.

REZEPTE (Kapitel 10): Manchmal können Verhältnisse durch gewöhnliche Subtraktion verglichen werden, ein Verfahren, das dem euklidischen Algorithmus ähnelt.

Zusätzliche Aufgaben

13 | EXPONENTIELLE PROZENTSÄTZE

- Wenn eine Population jeden Monat um 10% ihrer aktuellen Größen wächst, wie lange dauert es dann, bis sich ihre Größe verdoppelt?
- Wenn eine Population jeden Monat um 10% ihrer aktuellen Größen abnimmt, wie lange dauert es dann, bis sich ihre Größe halbiert?
- Wenn eine Population jeden Monat abwechselnd um 10% wächst und um 10% abnimmt, wie entwickelt sie sich dann auf lange Sicht?

Tipps

- Spielt es eine Rolle, wie groß die Population am Anfang ist? Arbeiten Sie eine Methode zur Beantwortung einer allgemeineren Klasse von Fragen aus, welche die vorliegende Frage als Spezialfall enthält. Es handelt sich hier um ein Beispiel für exponentielles Wachstum und exponentiellen Zerfall? Welche anderen Situationen führen zu ähnlichen Wachstums- und Zerfallsmustern?
- Bei dieser Aufgabe werden dieselben Beobachtungen über eine prozentuale Änderung einer prozentualen Änderung verwendet wie bei der Aufgabe KAUFHAUS.

14 | RATEN

Was haben die folgenden Fragen gemeinsam und was ist unterschiedlich?

1. Ein altes, klappriges Auto muss eine zwei Meilen lange Strecke zurücklegen, bergauf und bergab. Wegen seines Zustands fährt der Fahrer das Auto die erste Meile (den Anstieg) mit einer mittleren Geschwindigkeit von 15 Meilen pro Stunde.

Wie schnell muss er es dann fahren, um für die Strecke insgesamt eine mittlere Geschwindigkeit von 30 Meilen pro Stunde zu erreichen?

2. Zwei Radfahrer, die anfangs 30 Meilen voneinander entfernt sind, bewegen sich aufeinander zu. Radfahrer A fährt mit 14 Meilen pro Stunde, Radfahrer B mit 16 Meilen pro Stunde. Zwischen ihren Nasenspitzen fliegt eine Fliege hin und her, und zwar mit einer Geschwindigkeit von 30 Meilen pro Stunde. Welche Strecke legt die Fliege insgesamt zurück?

3. Ein Pfad windet sich den Berg hinauf. Ein Wanderer, der um 6 Uhr morgens am Fuße des Berges losläuft, kommt um 6 Uhr abends auf dem Gipfel des Berges an. Am nächsten Tag startet er dort irgendwann nach 6 Uhr morgens und kommt irgendwann vor 6 Uhr abends wieder unten an. Muss es zwangsläufig irgendeinen Punkt auf dem Weg geben, den er an beiden Tagen zur gleichen Zeit passiert?

4. Ein Flugzeug fliegt bei ruhigem Wetter mit 100 Meilen pro Stunde. Eine Pilotin startet im Ort A und fliegt in Richtung des Ortes B, wobei ein Gegenwind von 50 Meilen pro Stunde herrscht. Ihre Geschwindigkeit relativ zum Boden ist also in diesem Fall 50 Meilen pro Stunde. Dann fliegt sie, unterstützt vom Rückenwind, wieder zurück. Auf diesem Flug hat sie also eine Geschwindigkeit von 150 Meilen pro Stunde. Wie groß ist ihre Durchschnittsgeschwindigkeit insgesamt?

5. Ein Mann hat verabredet, dass er um 15 Uhr an einem Bahnhof abgeholt wird. Er erwischt jedoch einen früheren Zug und kommt bereits um 14 Uhr an. Er beginnt, zu Fuß zu seinem Zielort zu laufen, wird von seinem Abholer aufgelesen und kommt schließlich 20 Minuten früher an, als ursprünglich gedacht. Wie lange ist er gelaufen?

6. Winnie Puuh und Ferkel wollten einander besuchen. Sie starteten zur gleichen Zeit und benutzten den gleichen Weg. Doch Winnie Puuh war völlig absorbiert von einer neuen Art zu brummen, und Ferkel zählte die Vögel über seinem Kopf. So kam es, dass sie direkt aneinander vorbeiliefen, ohne einander zu bemerken. Eine Minute nach ihrem „Zusammentreffen" kam Puuh bei Ferkels Wohnung an, und drei Minuten später stand Ferkel vor Puuhs Zuhause. Wie lange ist jeder der beiden gelaufen?

Tipps

- Ziehen Sie keine voreiligen Schlüsse! Stellen Sie die Ort-Zeit-Abhängigkeit durch einen Graphen oder auf andere geeignete Weise dar.
- Nicht wenige Menschen haben gewisse Schwierigkeiten damit, Raten richtig zu verstehen und zu interpretieren. Eine Rate ist eine Größe, die durch einen Bruch ausgedrückt wird (wie auch Dichte, Verbrauch und Druck).

15 DURCHSCHNITTSGESCHWINDIGKEIT

Ich passierte mit dem Auto eine Straßenbaustelle. Als Geschwindigkeitsbegrenzung schrieben die Schilder 50 Meilen pro Stunde vor, dazu der Hinweis, dass die Durchschnittsgeschwindigkeit innerhalb der Baustelle gemessen wird. Ich bemerkte, dass ich einige Minuten lang mit 60 Meilen pro Stunde gefahren war. Wie lange musste ich nun 30 fahren, um durch die Geschwindigkeitskontrolle zu kommen? Wie lange müsste ich 35 fahren? Verallgemeinern Sie die Aussage.

Tipps

- Hilfreich kann hier die graphische Darstellung sein, ebenso das Durchspielen der Situation im Kopf, wobei Sie versuchen sollten, die beteiligten Größen in eine Beziehung zu setzen.

- Das Arbeiten mit Raten ist eine hervorragende Gelegenheit, um ein tieferes Verständnis in Bezug auf multiplikative Strukturen zu entwickeln.

16   FÜLLEN EINER ZISTERNE

Drei Zuflüsse leiten Wasser in eine Zisterne. Die einzelnen Zuflüsse können die Zisterne in drei, vier bzw. fünf Tagen füllen. Wie lange dauert das Füllen, wenn alle drei Zuflüsse gemeinsam arbeiten?

Tipps

- Versuchen Sie es zuerst mit nur zwei Zuflüssen. Finden Sie dabei mindestens zwei verschiedene Lösungswege. Vielleicht finden Sie eine Variante, die direkt zu einem allgemeinen Ausdruck für die Lösung führt. Wie würden Sie vorgehen, wenn sie die gemeinsamen Füllraten von jeweils zwei der drei Zuflüsse kennen?

- Aufgaben zum Füllen von Zisternen waren in den Rechenbüchern des späten Mittelalters sehr populär. Sie liefern ein weiteres Anwendungsgebiet für das Arbeiten mit multiplikativen Beziehungen. Der Kehrwert der Summe von Kehrwerten wird manchmal als *harmonische Summe* bezeichnet. Was ist gleich und was ist anders als bei den Aufgaben ARITHMAGONE und FISCHE WIEGEN?

17   ARBEITSKRÄFTE

Ein Mann kann eine bestimmte Arbeit in drei Stunden erledigen, eine Frau in vier Stunden, und ein Kind braucht dazu fünf Stunden. Wie lange brauchen sie, wenn sie alle zusammen arbeiten?

Tipps

- Wandeln Sie die Aufgabe dahingehend ab, dass mehrere Männer, Frauen und Kinder zusammenarbeiten. Wie gehen Sie vor, wenn Sie anstatt der einzelnen Raten paarweise Raten kennen?

- Was ist gleich und was ist anders als bei der Aufgabe mit der Zisterne?

- Welche anderen Varianten schlagen Sie vor?

Aufgaben wie diese, die sich mit verschiedenen Raten der Arbeitskraft beschäftigen, kamen vielfach in viktorianischen Rechenbüchern vor. Sie liefern uns heute recht interessante kulturhistorische Informationen, doch hier geht es vor allem darum, mehr Erfahrung im Umgang mit multiplikativen Strukturen und harmonischen Summen zu sammeln.

18 DER AUSFLUG

Menschen verlassen zur gleichen Zeit zwei Städte und treffen sich am Nachmittag für eine Stunde zum Picknick. Dann setzt die eine Gruppe ihren Weg fort und erreicht die andere Stadt um 19:15 Uhr, während die andere Gruppe um 17 Uhr in der ersten Stadt eintrifft. Wann sind sie losgelaufen?

Ursprünglich von Arnold und über eine Reihe von Personen, endend mit Peter Liljedahl an uns übermittelt.

Tipp

- Zeichnen Sie einen Graphen für den zeitlichen Verlauf der Entfernungen.

19 RIDE AND TIE

Im 19. Jahrhundert, also vor dem Aufkommen von Motorfahrzeugen, teilten sich die Leute manchmal ein Pferd, wenn sie eine längere Strecke zurücklegen mussten. Eine Person ritt eine Etappe, während die andere lief; dann band der Reiter das Pferd an einer geeigneten Stelle fest, wo die andere Person es übernahm und selbst eine Etappe ritt. Während das Pferd auf die zweite Person wartete, konnte es eine Weile ausruhen. Dies wurde mehrere Male wiederholt. Wie müssen die Details gewählt werden, damit die Reisenden zur gleichen Zeit am Ziel ankommen?

Tipp

- Ein Graph ist hier bestimmt hilfreich. Üblicherweise wird die Zeit auf der horizontalen Achse aufgetragen und die Entfernung vom Ausgangspunkt auf der vertikalen Achse. Überlegen Sie, welche Informationen Sie benötigen und vergeben Sie geeignete Bezeichnungen. Noch effektiver ist es, wenn Sie mit dynamischer Geometriesoftware arbeiten, sodass Sie die Haltepunkte des Pferdes frei anordnen können. Bei geeigneter Wahl werden Sie eine Invariante entdecken und erkennen, welche Informationen Sie wirklich brauchen, um die Details des Verfahrens so einzurichten, sodass die Reisenden gleichzeitig eintreffen.

Ride and Tie wurde in dem Buch *History of Joseph Andrew and his friend Mr. Abraham Adams* (1742) von Henry Fielding beschrieben und ist auch in Thomas Paines Buch *Rights of Man* erwähnt. Im Jahre 1798 wendeten James Carnahan und Jacob Lindley diese Methode an, um über die Alleghany Mountains zur Princeton University zu gelangen, wo beide ihre wissenschaftliche Laufbahn begannen. Carnahan wurde später Präsident der Princeton University und Lindley Präsident der Ohio University. Heute ist Ride and Tie eine Sportart. Dabei gibt es Regeln wie die, dass das Pferd pro Stunde eine bestimmte Zeit lang ausruhen muss. Außerdem sind Varianten möglich, bei denen andere Fortbewegungsmittel (etwa Fahrräder oder Motorroller) oder mehr als zwei „Reisende" erlaubt sind.

Als Rechenaufgabe wurde *Ride and Tie* 1952 von Ransom formuliert, und ein Jahr später wurde in Ransom und Brown eine Lösung abgedruckt. Dort ist von mehreren Personen und einem Pferd die Rede; angemerkt wird außerdem, dass die Aufgabe erheblich schwieriger wird, wenn mehrere Pferde zum Einsatz kommen.

20   NEWTONS KÜHE

Wenn 12 Kühe eine Weide von 10/3 Morgen in vier Wochen vollständig abgrasen (einschließlich aller Halme, die während dieser Zeit wachsen) und 21 Kühe für das vollständige Abgrasen von 10 Morgen neun Wochen brauchen, wie viele Kühe sind dann nötig, um 36 Morgen in 18 Wochen abzugrasen?

Tipps

- Die Formulierung *vollständig abgrasen* ist hier von Bedeutung. Am Ende ist jeweils überhaupt kein Gras mehr vorhanden, doch in der Zwischenzeit wächst das Gras nach, während die Kühe weiden.
- Vielleicht hilft es Ihnen, sich zu überlegen, wie lange eine Kuh zum Abgrasen von einem Morgen braucht, oder wie viele Morgen eine Kuh innerhalb eines Tages abgrasen kann.

Isaac Newton formulierte diese Aufgabe in seinem Buch über Algebra und löste sie sowohl für den Spezialfall als auch allgemein. Sie können sich sicher vorstellen, wie Newton aus seinem Fenster blickte und den Kühen auf der nahegelegenen Wiese beim Grasen zusah. Newtons Aufgabensammlung markierte das Ende seines Interesses am Lösen von „Textaufgaben". Von größerem Interesse war es für Mathematiker, wie man die Gleichungen löst, die sich ergeben, wenn man die in den Textaufgaben verkleideten Beziehungen algebraisch formuliert.

21   VORLIEBEN

In einem Club waren 10% der Mitglieder Poeten. Einige Mitglieder wurden ausgewählt, um eine Veranstaltung durchzuführen, und 40% dieser Ausführenden sollten Poeten sein. Erklären Sie, warum Poeten mit sechsmal so großer Wahrscheinlichkeit ausgewählt wurden als Nichtpoeten.

Wenn in einer Menge die Häufigkeiten der Objekte einer gegebenen Farbe in den Verhältnissen $c_1 : c_2 : \ldots c_n$ stehen und die Objekte mit bestimmten Merkmalen P die Verhältnisse $p_1 : p_2 : \ldots p_n$ aufweisen, wie lauten dann die Verhältnisse für das Auftreten von Objekten mit den verschiedenen Farb- und Merkmalskombinationen?

Tipps

- Überrascht? Es zahlt sich aus, wenn Sie sich ganz genau klarmachen, was Sie eigentlich herausfinden wollen.

- Versuchen Sie, die Mitgliedschaft zu spezifizieren, indem Sie ein Rechteck zeichnen und dieses durch eine horizontale und eine vertikale Linie teilen. Die beiden Teilungslinien repräsentieren die beiden Selektionsprozesse (Poeten und Ausführende).

- Sie können zu mehr als zwei „Farben" übergehen, sollten aber vertraut sein mit dem Spezialfall der zwei „Farben".

- Das Verallgemeinern kann manchmal dazu führen, dass man das ursprüngliche Problem aus einem anderen Blickwinkel betrachtet.

11.5 Gleichungen

Das Lösen von Gleichungen mittels Algebra ist eines der wichtigsten Werkzeuge, mit dem mathematische Fragestellungen in Angriff genommen werden können. Isaac Newton war einer der Mathematiker, die, nachdem sie festgestellt hatten, wie effektiv dieses Vorgehen ist, ihre Aufmerksamkeit auf das Lösen von Gleichungen richteten, die man erhält, wenn man Beziehungen durch algebraische Ausdrücke formuliert. Wie Sie in mehreren der folgenden Probleme sehen werden, wird ein Puzzle durch Anwendung der Algebra nicht selten zu einer Routineaufgabe. Das ist die Stärke der Algebra. Allerdings wird durch eine solche Routinelösung die Problemlösung vom Problemkontext getrennt, und dann besteht die Gefahr, dass die Bedeutung verloren geht.

Fragen aus früheren Kapiteln

MENAGERIE (Kapitel 2): Dies ist ein Beispiel für eine diophantische Gleichung (eine Gleichung, für die nur ganzzahlige Lösungen gesucht sind). Diese zusätzliche Information macht es möglich, Gleichungen zu lösen, die ansonsten unterbestimmt wären.

MÜNZENROLLEN (Kapitel 2, 3): Hier ist es hilfreich, Polarkoordinaten zu verwenden.

EUREKA (Kapitel 5): Hier sollen Vermutungen angestellt und Gegenbeispiele benutzt werden.

ARITHMAGONE (Kapitel 10): Diese Aufgabe ist bestens geeignet, um die Lösungen zu vergleichen, die durch logisches Schließen und durch Lösen von Gleichungen gefunden wurden.

NOSTALGIE (Kapitel 10): Unbekanntes durch Symbole auszudrücken, kann sehr nützlich sein, bedarf aber einiger Sorgfalt. Überlegen Sie, ob die Variable für das Alter einer Person zu einer gegebenen Zeit oder für alle Zeiten steht. Diese Aufgabe macht deutlich, wie wichtig es ist, sich genau klarzumachen, welche Größe durch ein Symbol repräsentiert wird.

GEBURTSTAG (Kapitel 10): Hier sollen Vermutungen angestellt und Gegenbeispiele benutzt werden.

SUMME EINS (Kapitel 10): Zahlenoperationen werden durch die Algebra abstrahiert, und durch Üben kann man sie leicht zu Routinewerkzeugen zusammenfassen.

Zusätzliche Fragen

22 FISCHE WIEGEN

Ein Fischer hat drei Fische gefangen. Die Fische werden nicht einzeln gewogen, sondern paarweise. Der große und der mittlere Fische wiegen zusammen 16 kg. Der große und der kleine Fisch wiegen zusammen 14 kg. Der kleine und der mittlere Fisch wiegen zusammen 12 kg. Wie schwer waren die einzelnen Fische?

Tipps

- Lösen Sie diese Aufgabe, indem Sie zunächst drei Gleichungen mit drei Unbekannten aufstellen. Versuchen Sie dann, ohne Gleichungen eine Lösung zu finden – allzu schwer ist es nicht. Sie werden sehen, wie die beiden Lösungsmethoden miteinander korrespondieren. Welche Einsichten können Sie bei jeder der beiden Methoden gewinnen? Vergleichen Sie die Methoden mit denen, die bei der Aufgabe Arithmagone zur Anwendung kommen.

- Versuchen Sie dann zu verallgemeinern: Was ist, wenn die Gewichte der Fische anders sind? Lassen Sie die Bedingung unberücksichtigt, dass die Gewichte der Fische positiv sein müssen. Wie kann Ihre Gleichung und die Lösungsmethode durch logisches Schließen verallgemeinert werden? Verallgemeinern Sie dann weiter auf den Fall von mehr als drei Fischen, wobei weiterhin paarweise gewogen wird. Es gibt in diesem Fall mehrere verschiedene Arten von Lösungen, je nachdem wie viele Fische gefangen wurden. Was ist, wenn nicht Paare, sondern jeweils drei oder mehr Fische zusammen gewogen werden?

Wie die Aufgabe ARITHMAGONE verdient es FISCHE WIEGEN, verallgemeinert und genau untersucht zu werden. Ein großer Teil der linearen Algebra kann anhand dieser Gleichungen vermittelt werden. Die Theorie der linearen Gleichungssysteme mit mehreren Variablen erklärt die verschiedenen Möglichkeiten, die bei zunehmender Anzahl der Fische auftreten können.

23 EINE FRAGE DES ALTERS

Zusammen sind die Personen A und B 48 Jahre alt. A ist doppelt so alt wie B war, als A halb so alt war, wie B sein wird, wenn sie dreimal so alt ist, wie A war, als sie dreimal so alt war, wie B damals war. Wie als ist B?

Tipps

- Eine Zahlengerade kann dabei helfen, den Überblick über die Informationen zu unterschiedlichen Zeiten zu behalten; Algebra ist sehr praktische Sache.

- Mindestens genauso amüsant ist die Aufgabe, wenn Sie Ihre eigenen Varianten kreieren. Gleichzeitig werden Sie dabei Ihr Verständnis der internen Struktur solcher Probleme vertiefen.

---

24   BEWEGLICHE MITTEL

Das arithmetische Mittel einer Menge von natürlichen Zahlen ist 5. Bekannt ist außerdem, dass die 16 in dieser Menge vorkommt. Wenn die 16 herausgenommen wird, fällt der Mittelwert auf 4. Was ist die größte Zahl, die in der ursprünglichen Menge auftreten kann und wie viele Elemente enthält diese Menge?

Tipp

- Wichtig ist es hier, sich Klarheit darüber zu verschaffen, was bekannt und was gesucht ist. Außerdem ist die Frage interessant, wie man weitere Beispiele wie dieses konstruieren kann. Am besten lernt man die Stärke eines Konstrukts wie dem arithmetischen Mittel zu würdigen, wenn man es in vielfältiger Weise einsetzt.

11.6   Muster und Algebra

Bei einigen dieser Aufgaben besteht die Herausforderung darin, ein Muster algebraisch zu beschreiben und dann einen Beweis durch algebraische Umformungen zu führen. Bei anderen Aufgaben geht es darum, numerische Daten zu sammeln, daraus ein Muster zu erkennen, dieses algebraisch zu beschreiben und dann zu erklären, warum dieses Muster die mathematische Struktur korrekt widerspiegelt.

Fragen aus früheren Kapiteln

SCHACHBRETTQUADRATE (Kapitel 1): Hier gilt es, eine Möglichkeit zum systematischen Zählen zu finden und eine allgemeine Polynombeziehung zu formulieren.

PAPIERSTREIFEN (Kapitel 1): Das Zählen erfordert hier, eine rekursive Beziehung aufzudecken. Dabei treten exponentielle Ausdrücke auf.

SCHACHBRETTRECHTECKE (Kapitel 2): Eine Methode wird auf eine neue Situation angewendet; die zuvor bekannte Allgemeingültigkeit wird dabei auf einen größeren Geltungsbereich ausgedehnt.

LAUBFRÖSCHE (Kapitel 3): Hier ist systematisches Vorgehen gefragt. Zusammenhänge müssen erkannt und durch allgemeine Beziehungen beschrieben werden. Diese allgemeingültige Formulierung ist notwendig, um algebraische Umformungen ausführen zu können.

KREISE UND PUNKTE (Kapitel 4, 5): Ziehen Sie keine voreiligen Schlüsse auf der Basis unzureichender Indizien, wenn Sie tiefere Beziehungen finden wollen. Bei dieser Aufgabe kommen Binomialkoeffizienten und ihre Summen auf.

BIENENSTAMMBAUM (Kapitel 5): Diese Aufgabe verdeutlicht die Beziehungen zwischen Mustern in Zahlenmengen und den Strukturen der betrachteten Situation deutlich. Hier treten Fibonacci-Zahlen auf.

STREICHHÖLZER I UND II (Kapitel 5): Die Struktur der physikalischen Situation ist in eine numerische Beziehung zu bringen. Hierzu genügt elementare Algebra.

ZAHLENSPIRALE (Kapitel 8): Hier werden die strukturellen Aspekte des Ausgangsproblems und der daraus resultierenden Menge von Zahlen betrachtet. Sie sollen Vermutungen anstellen und andere davon überzeugen, dass das vermutete Verhalten allgemeingültig ist.

HÄNDESCHÜTTELN (Kapitel 10): Die strukturellen Beziehungen müssen erkannt und mathematisch ausgedrückt werden. Dabei treten Summen aufeinanderfolgender Zahlen oder Produkte auf.

POLYGONZAHLEN (Kapitel 10): Bei dieser Aufgabe sind die strukturellen Beziehungen der geometrischen Ausgangssituation mit denen der zugehörigen Zahlenfolge in Beziehung zu setzen.

RECHTE WINKEL (Kapitel 10): Bei dieser Aufgabe entdecken Sie eine Verbindung zwischen den geometrischen Implikationen von rechten Winkeln und Zahlen. Einige der beobachteten Muster können falsch sein. Für eine Verallgemeinerung benötigen Sie das Konstrukt „größte ganze Zahl kleiner als ...".

QUADRATSUMMEN (Kapitel 10): Hier gilt es, Beziehungen zwischen Zahlen zu entdecken und auszudrücken, zu verallgemeinern und durch algebraische Umformungen Schlüsse zu ziehen.

Zusätzliche Fragen

25 PAPIERSTREIFEN ALGEBRAISCH

Schlagen Sie noch einmal nach, wie das Falten in PAPIERSTREIFEN (Kapitel 1) erfolgt. Sei $C(n)$ die Anzahl der Falze im Streifen, nachdem dieser n-mal gefaltet wurde, und $S(n)$ die Anzahl der Abschnitte, in die der Streifen durch n-maliges Falten unterteilt wurde. Erläutern Sie, warum die folgenden Gleichungen gelten:

$$S(n+1) = 2S(n)$$
$$C(n+1) = C(n) + S(n)$$
$$C(n) = S(n) - 1$$
$$C(n) = 1 + 2 + 2^2 + 2^3 + \ldots + 2^{n-1}$$
$$C(n) = 2^n - 1$$

Welche anderen wahren Aussagen können Sie über $C(n)$ und $S(n)$ treffen?

Tipps

- Ein Ansatz besteht darin, eine Wertetabelle für n, $S(n)$ und $C(n)$ anzulegen, in dieser Tabelle nach Mustern zu suchen und die obigen Aussagen anhand der gewonnenen Erkenntnisse zu interpretieren. Offen bleibt dabei allerdings noch die

Bestätigung, dass die in der Tabelle gefundenen Muster im ursprünglichen Kontext des Papierfaltens sinnvoll zu interpretieren sind. Ein anderer Ansatz besteht darin, zuerst die Aussagen durch Papierfalten zu überprüfen und dann auf die tabellierten Werte zu schließen.

- Dass $1 + 2 + 2^2 + 2^3 + \ldots + 2^{n-1} = 2^n - 1$ gilt, kann mithilfe der Formel für die Summe einer geometrischen Reihe gezeigt werden. Ebenso ist es möglich, den Beweis anhand der Anzahl der Abschnitte und Falze zu führen und dabei die obigen Beziehungen zu nutzen. Algebra ist eine abstrakte Sprache, die sich nicht direkt auf den Kontext bezieht. Das Verständnis für die Algebra erwächst jedoch durch das Nachdenken über den jeweiligen Kontext, wie etwa in dieser Aufgabe.

26 PERFORATIONEN

Auf Briefmarkenbögen sind die einzelnen Marken oft durch Perforation getrennt. Ein Bogen mit sechs Marken könnte dann etwa wie in der folgenden Abbildung aussehen. Wie viele Perforationen gäbe es, wenn die Marken auf dem Bogen in r Reihen und c Spalten angeordnet sind?

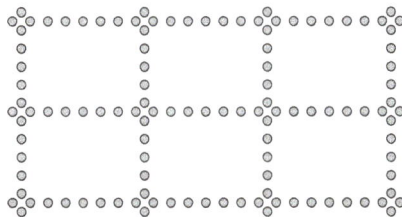

Verallgemeinern Sie die Antwort so, dass sie für h Perforationen in horizontaler Richtung, v Perforationen in vertikaler Richtung und e Perforationen an den Ecken gilt. Wenn jemand angibt, dass er einen Bogen mit einer bestimmten Anzahl von Perforationen besitzt, wie können Sie dann feststellen, ob dies überhaupt möglich ist (und auf wie viele unterschiedliche Arten), ohne den Bogen tatsächlich zu konstruieren?

Tipps

- Es kann hilfreich sein, einen oder mehrere Parameter festzuhalten, sodass die Auswirkungen einer Veränderung der übrigen Variablen untersucht werden können.
- Merkwürdige Effekte treten auf, wenn Sie für die Anzahl der Reihen und Spalten null einsetzen!
- Versuchen Sie, um dem „Rückgängigmachen" einen wohldefinierten Sinn zu geben, Ihren Ausdruck so zu manipulieren, dass er in einer klareren Form vorliegt, besipielsweise als Produkt. Wenden Sie diese Aktion dann auf die Anzahl der Perforationen an.

- In seiner allgemeinsten Form kann dieses Problem eine große Herausforderung sein. Im Vordergrund wird dabei wahrscheinlich die systematische Kontrolle der Abweichungen stehen. Außerdem müssen Sie darauf achten, Ihre Beispiele so zu konstruieren, dass Sie die Perforationen effizient zählen können.

27 WURZELN

Verallgemeinern Sie die folgenden Beobachtungen:

$$\sqrt{2}\sqrt{\frac{2}{3}} = \sqrt{2\frac{2}{3}} \qquad \sqrt{5}\sqrt{\frac{5}{24}} = \sqrt{5\frac{5}{24}} \qquad \sqrt{6}\sqrt{\frac{6}{35}} = \sqrt{6\frac{6}{35}}$$

Was ist der Geltungsbereich für Ihre Formel?

Tipps

- Was ist gleich und was ist verschieden? Was ist invariant und was ändert sich?
- Lernende übersehen manchmal die Fallstricke, die in solchen Aufgaben versteckt sind, so etwa das "verborgene" Pluszeichen.

28 TEILENDE SUBSTRAKTIONEN

Verallgemeinern Sie die folgenden Beobachtungen:

$$4 - 2 = \frac{4}{2} = \frac{2}{1} \qquad \frac{16}{3} - 4 = \frac{16}{12} = \frac{4}{3} \qquad \frac{49}{6} - 7 = \frac{49}{42} = \frac{7}{6}$$

Was ist der erlaubte Variablenbereich?

Tipps

- Was ist gleich und was ist verschieden? Was ist invariant und was ändert sich?
- Verwenden Sie Relationen, die in der zweiten und dritten Gleichung deutlich werden, um die erste Gleichung umzuformen. Formulieren Sie auf dieser Grundlage eine allgemeine Charakterisierung oder eine erzeugende Eigenschaft.

Das Arbeiten mit Mustern und den dazugehörigen algebraischen Beziehungen ist eine gute Übung für das Subtrahieren von Brüchen sowie das Formulieren von allgemeingültigen Beziehungen.

29 KUBEN UND GLEICHUNGEN

Jemand hat festgestellt, dass $2 \times 2 \times 4 + 4 \times 10 = 4^3$ sowie $5 \times 6 \times 7 + 7 \times 19 = 8^3$ gilt. Handelt es sich hierbei um Beispiele für ein allgemeines Muster oder einfach um Zufall?

Tipps

- Was ist gleich und was ist unterschiedlich? Wie äußern sich die Änderungen? Welche Beziehungen können auftreten?
- Funktioniert Ihre Verallgemeinerung auch für negative Zahlen? Für Brüche?
- Kann es eine ähnliche Beziehung für vierte Potenzen geben?
- Betrachten Sie spezielle Elemente, erkennen Sie Beziehungen zwischen ihnen und drücken Sie diese algebraisch aus. Insgesamt ergibt dieses Vorgehen einen strukturellen Ansatz. Wenn Sie diesen Ansatz einmal haben, ist es sinnvoll, diesen an weiteren Beispielen zu überprüfen. Ein eher empirischer Ansatz besteht darin, weitere Beispiele zu generieren und dann nach Beziehungen Ausschau zu halten.

11.7 Graphen und Funktionen

Graphen werden oft als das Endergebnis einer mathematischen Analyse angesehen. Tatsächlich aber sind sie zunächst einmal nichts anderes als eine Form der Visualisierung von Zusammenhängen, die interpretiert oder weiter untersucht werden kann. Die Möglichkeit, eine Beziehung sowohl algebraisch als auch graphisch zu betrachten, gibt Ihnen ein sehr leistungsfähiges Werkzeug an die Hand. Beim Arbeiten nach Lehrplan begegnen Sie vor allem Graphen von Funktionen, doch können auch Graphen von solchen Relationen interessant sein, die keine Funktionen sind.

Zusätzliche Fragen

30 DIFFERENZ ZWEI

- Zeichnen Sie zwei Geraden, deren Anstiege sich um 2 unterscheiden. Zeichnen Sie ein weiteres Paar. Und noch eins.
- Zeichnen Sie zwei Geraden, deren Schnittpunkte mit der x-Achse sich um 2 unterscheiden. Zeichnen Sie ein weiteres Paar. Und noch eins.
- Zeichnen Sie zwei Geraden, deren Schnittpunkte mit der y-Achse sich um 2 unterscheiden. Zeichnen Sie ein weiteres Paar. Und noch eins.
- Zeichnen Sie nun noch zwei Geraden, deren Anstiege, Schnittpunkte mit der x-Achse und Schnittpunkte mit der y-Achse sich um 2 unterscheiden.

Schreiben Sie Ausdrücke für alle dieser Paare auf. Was ist speziell an der Zahl 2? Verallgemeinern Sie.

Watson und Mason (2006).

Tipps

- Muss die Differenz für jedes Paar unbedingt 2 sein? Was können Sie in drei Dimensionen tun?

- Die Idee hinter der Aufforderung „... und noch eins" ist die Erfahrung, dass die meisten Menschen spätestens bei der dritten Aufforderung anfangen, sich interessantere Beispiele zu überlegen. Dies ist ein ganz wichtiger Schritt, wenn man zu allgemeineren Aussagen gelangen will. Die Fragen wurden so strukturiert, dass sich Schritt für Schritt Nebenbedingungen ergeben. Dadurch, dass in jeder Phase die allgemeine Klasse von Objekten konstruiert wird, werden Sie mit jeder Nebenbedingung leichter zurechtkommen. Immer, wenn eine konstruktive Aufgabe mit mehreren Nebenbedingungen zu lösen ist, haben Sie die Wahl, die Nebendbedingungen entweder sequentiell oder alle gleichzeitig zu berücksichtigen.

31 DREHUNGEN

Unter welchen Bedingungen können Sie den Graphen einer Funktion so um den Ursprung drehen, dass das Ergebnis wieder der Graph einer Funktion ist? Angenommen, der Graph einer Funktion kann nicht um den Ursprung gedreht werden, ohne die Eigenschaft, Graph einer Funktion zu sein, zu verlieren. Kann es dann andere Punkte geben, für die, wenn sie als Drehzentrum dienen, wieder ein Graph einer Funktion entsteht?

Tipps

- Testen Sie ein paar vertraute Funktionen um herauszufinden, welche Eigenschaft die beschriebene Drehung ermöglicht bzw. verhindert. Beginnen Sie mit speziellen Drehwinkeln wie $180°$ und $90°$.
- Das Bearbeiten dieser Aufgabe kann das Bewusstsein dafür schärfen, was mit Funktionen passiert, wenn die Absolutwerte von x sehr groß (positiv oder negativ) werden. Außerdem macht die Aufgabe den Unterschied deutlich zwischen dem Graphen als Objekt und der Funktion, zu der der Graph gehört. Hilfreich ist hierbei das Konzept des Anstiegs.

32 GERADE UND UNGERADE FUNKTIONEN

Eine Funktion, die invariant unter Spiegelung an der Geraden $y = 0$ ist, wird als gerade Funktion bezeichnet. Eine Funktion, die invariant ist, wenn sie an den Geraden $x = 0$ und $y = 0$ gespiegelt wird, nennt man dagegen ungerade. Welche Funktionen kann man als Summe aus einer geraden und einer ungeraden Funktion schreiben?

Tipps

- Drücken Sie formal als Eigenschaft von $f(x)$ aus, was es bedeutet, wenn die Funktion gerade (ungerade) ist.
- Untersuchen Sie, was passiert, wenn Sie eine Funktion mit einer geraden oder ungeraden Funktion kombinieren, und versuchen Sie zwei ungerade Funktionen miteinander zu kombinieren.

33 REFLEXIONEN

Wenn eine Funktion in einem bestimmten Gebiet eineindeutig ist, dann ist ihre Spiegelung an der Geraden $y = x$ in einem entsprechenden Gebiet ebenfalls eine Funktion (die inverse Funktion). Gibt es irgendwelche Funktionen, die für gewisse m symmetrisch bezüglich der Geraden $y = mx$ sind? Klassifizieren Sie für alle m die Funktionen, für die die Spiegelung an der Geraden $y = mx$ ebenfalls eine Funktion ist.

Tipp

- Arbeiten Sie heraus, wie ein Punkt an der Geraden $y = mx$ gespiegelt wird. Fordern Sie dann, dass das Bild der Punktmenge $[x, f(x)]$ die Menge der Punkte auf einer Funktion ist. Es kann nützlich sein, in jeder Phase der Berechnung einen Abgleich mit dem Spezialfall $m = 1$ vorzunehmen. Außerdem kann es eine Hilfe sein, Graphen auf Transparentfolie zu zeichnen, sodass Sie sie einfacher manipulieren können.

Diese Aufgabe illustriert die Eigenschaft der Eineindeutigkeit, die Existenz einer inversen Funktion sicherzustellen.

34 EIGENSCHAFTEN VON POLYNOMEN

Bilden Sie für ein beliebiges Polynom und ein beliebiges Intervall I die Sehne AB dieses Polynoms im Intervall I. Nach dem Mittelwertsatz gibt es mindestens einen Punkt im Intervall I, in dem die Tangente parallel zur Sehne ist. Wo würden Sie nach einem solchen Punkt suchen?

Die Aufgabe kann auch folgendermaßen formuliert werden: Klassifizieren Sie die Kurven, für die der Tangentenpunkt alle Intervalle dem Mittelpunkt des Intervalls entspricht. Gibt es ein Polynom, bei dem die Tangente in einem festen Verhältnis ungleich 1 : 1 auftritt? Was geschieht, wenn die Intervalllänge kleiner wird und schließlich gegen null geht?

Tipps

- Experimentieren Sie mit Funktionen, die Ihnen vertraut sind. Finden Sie eine Darstellungsmöglichkeit von Funktionen, die Gebrauch von den Ableitungen macht und dank der Sie beobachten können, was für kleiner werdende Intervalle passiert.
- Eine relevante Eigenschaft oder ein Theorem zu finden, das man für die Argumentation benutzen kann, ist nicht immer ganz einfach. Die Taylor-Formel kann hier eine Hilfe sein.

35 EIGENSCHAFTEN KUBISCHER AUSDRÜCKE

Betrachten Sie den Graph eines kubischen Polynoms. Zeichnen Sie eine Sehne zwischen zwei Punkten auf dem Polynom. Markieren Sie den Mittelpunkt der Sehne und zeichnen

Sie die vertikale Linie durch den Mittelpunkt. Wählen Sie nun irgendeine andere Sehne, deren Mittelpunkt auf der gleichen vertikalen Linie liegt. Wo schneiden sich die beiden Sehnen?

Tipps

- Dynamische Geometriesoftware kann hier zwar eine große Hilfe sein, doch Sie sollten den Bildern nicht trauen, bevor Sie die vermutete Eigenschaft auf durch mathematische Überlegung nachgewiesen haben.

- Angenommen, der kubische Ausdruck hat drei Wurzeln. Was passiert, wenn Sie mit der Sehne durch zwei dieser Wurzeln beginnen? Weiten Sie Ihre Überlegungungen auf den Fall aus, dass die erste Sehne parallel zur x-Achse ist.

Die Untersuchung der Eigenschaften von Polynomen wird Sie mit diesen mathematischen Objekten vertraut machen. Das Ergebnis kann in verschiedenen Richtungen verallgemeinert werden.

---

36   SYMMETRIE VON KUBISCHEN AUSDRÜCKEN

Bekanntlich sind die Graphen von quadratischen Funktionen stets symmetrisch. Weniger offensichtlich ist, dass auch die Graphen von kubischen Funktionen eine Symmetrie aufweisen. Um welche Art von Symmetrie handelt es sich dabei? Beweisen Sie Ihre Antwort.

Tipp

- Ein guter Anfang ist es, sich zunächst auf Spezialfälle zu konzentrieren. Sie könnten beispielsweise einige Graphen auf Transparentfolie ausdrucken und damit experimentieren. Identifizieren Sie auf diese Weise geometrische Eigenschaften kubischer Polynome und untersuchen Sie jene Symmetrien, die die gefundenen Eigenschaften erhalten. Mithilfe von Algebrasoftware können Sie die notwendigen Berechnungen für den Beweis abkürzen und sich auf die Grundidee des Beweises konzentrieren.

Aufgaben wie diese geben Lernenden die Möglichkeit, ganze Klassen von Funktionen (in diesem Fall die kubischen) durchzuarbeiten und ausführlich kennenzulernen. Nach einer solchen Übung wird es dem Lernenden leichter fallen, sie als Beispiele abzurufen, wenn er mit anderen Konzepten konfrontiert wird.

---

37   SEHNENTEILUNG

- Wie sieht die Menge aller Punkte aus, die Mittelpunkt einer Sehne einer gegebenen quadratischen Funktion sein können?

- Wie lautet die Antwort, wenn anstelle des Mittelpunkts ein Punkt betrachtet wird, der die Sehne in einem anderen Verhältnis teilt? Was ist, wenn das Verhältnis größer als 1 oder kleiner als 0 ist?

Tipps

- Hier gibt es zwei mögliche Strategien, die sich der Frage in entgegengesetzten Richtungen nähern. Entweder halten Sie ein Ende einer Sehne fest und lassen das andere entlang der Kurve gleiten, oder Sie halten die x-Koordinate des Mittelpunkts fest und variieren beide Enden der Sehne.
- Interessant ist es, die Aufgabe auf kubische Funktionen auszudehnen. Das Verhalten bei Polynomen vierten Grades ist überraschend.

11.8 Funktionen und Differentialrechnung

Die Konzepte und Methoden der Differentialrechnung bilden einen Schwerpunkt der Mathematik der Oberstufe und des Grundstudiums. Die folgenden Aufgaben lenken die Aufmerksamkeit auf zentrale Konzepte, wobei diese aus anderen Blickwinkeln betrachtet werden. In einigen Aufgaben werden Ideen der Differentialrechnung in ungewohnten geometrischen Zusammenhängen angewendet.

Zusätzliche Fragen

38   TANGENTEN

Gegeben ist eine glatte* Funktion f auf $\mathbb{R}$. Wir definieren für diese Funktion die Tangentenpotenz eines Punktes P als die Anzahl der Tangenten an f durch den Punkt P. Untersuchen Sie, welche Gebiete der Ebene die gleiche Tangentenpotenz haben.

*gewährleistet etwa durch die Forderung, dass sie zweimal differenzierbar ist

Tipp

- Beginnen Sie zum Beispiel mit einem Punkt und stellen Sie sich die durch diesen verlaufenden Tangenten vor. Sie können sich auch eine Tangente vorstellen, die die Kurve entlang gleitet.

Diese Aufgabe soll dabei helfen, eine Vorstellung von den Graphen von Funktionen zu entwickeln, wenn x sehr große Absolutwerte annimmt. Außerdem dient sie der Einführung des Konzepts der zweiten Ableitung.

39   RUTSCHIGER ANSTIEG

Zeichnen Sie den Graphen einer glatten Funktion auf $\mathbb{R}$.

- Wählen Sie einen festen Punkt P und tragen Sie den Anstieg der Sehne vom Punkt P zum Punkt Q des Graphen über der x-Koordinate von Q auf, wobei Q frei auf dem Graphen gleitet. Was passiert, wenn Q dem festen Punkt P nahe kommt?

- Wählen Sie ein Intervall der Breite δ und tragen Sie den Anstieg der Sehne von $(x, f(x))$ nach $(x + \delta, f(x))$ über x auf. Wiederholen Sie dies für kleinere Werte von δ. Was passiert mit der Kurve, wenn δ gegen null geht?
- Wählen Sie einen festen Radius r und tragen Sie den Anstieg der Sehne von $(x, f(x))$ nach $(t, f(t))$ über x auf, wobei der Abstand zwischen diesen beiden Punkten r ist und $t > x$ gilt (im allgemeinen Fall ist dies schwierig!). Was passiert mit dem Graphen des Anstiegs, wenn r gegen 0 geht?

Tipps

- Dynamische Geometriesoftware oder Computeralgebra-Systeme sind ideale Werkzeuge für die ersten beiden Konstruktionen als Animationen. Auf diese Weise bekommen Sie ein Gefühl den Zusammenhang zwischen den Anstiegen von Tangenten und dem Konzept der Ableitungen.

40 SEHNEN QUADRATISCHER KURVEN

Wählen Sie zwei Punkte A und B auf einer quadratischen Kurve und zeichnen Sie die Sehne AB. Sei M der Mittelpunkt von AB. Sei C der Punkt auf der Kurve, der sich durch vertikale Verschiebung von M ergibt. Zeichnen Sie nun die Mittelpunkte M_A und M_B von AC bzw. BC sowie die zugehörigen Punkte D und E, die auf der Kurve liegen und sich durch vertikale Verschiebung dieser Punkte ergeben. Was kann man über die Längen der Segmente $M_A D$ und $M_E E$ sagen?

Wählen Sie eine beliebige Sehne AB einer quadratischen Kurve. Zeichnen Sie die Tangente an die Kurve, die parallel zu AB ist. Vergleichen Sie Tangentenpunkt und Mittelpunkt.

Tipp

- Versuchen Sie es zunächst mit der einfachsten quadratischen Kurve. Kann der Beweis dann trotzdem auf alle quadratischen Kurven ausgedehnt werden? Und auf alle Parabeln? Eine geeignete Möglichkeit zur Darstellung der Sehnen und ihrer Mittelpunkte zu finden, ist ein Teil der Übung.

41 TANGENTEN AN QUADRATISCHE KURVEN

Was ist der geometrische Ort aller Punkte, von dem aus die beiden Tangenten an eine quadratische Kurve einen speziellen Winkel bilden?

Tipp

- Die Herleitung der Gleichungen, mit denen der gesuchte geometrische Ort bestimmt werden kann, ist auf algebraischem Weg möglich. Aber gibt es auch einen geometrischen Weg? Versuchen Sie sich nun an der umgekehrten Fragestellung: Wenn ein solcher geometrischer Ort gegeben ist, wie sieht dann die Menge der quadratischen Kurven und der zugehörigen Winkel aus, die diesen geometrischen

Ort ergeben? Für diese Aufgabe ist eine gewisse Erfahrung mit Koordinaten von Punkten auf Graphen von Funktionen nötig.

---

42 TANGENTEN ZWISCHEN DEN WURZELN KUBISCHE GLEICHUNGEN

Seien a und b zwei beliebige verschiedene Wurzeln der kubischen Funktion $f(x)$. Der Graph von $f(x)$ schneidet die x-Achse bei $(a, 0)$ und $(b, 0)$. Sei P jener Punkt auf dem Graphen von $y = f(x)$, der genau in der Mitte zwischen diesen Wurzeln liegt (er hat also die x-Koordinate $(a + b)/2$). Konstruieren Sie die Tangente an $f(x)$ durch P und finden Sie heraus, wo diese $f(x)$ schneidet. Beschreiben Sie das überraschende Ergebnis.

Tipp

- Anschaulich wird diese Aufgabe, wenn Sie eine Dynamische-Geometrie-Software verwenden, mit der Sie Ihre Vermutungen schnell überprüfen können. Überlegen Sie, wie Sie bei der Beweisführung $f(x)$ am besten als Summe oder Produkt darstellen können. Die algebraische Form so auszuwählen, dass die wichtigste Struktur hervorgehoben wird, ist ein entscheidender Faktor bei der Lösung von mathematischen Problemen. Da bei dem vorliegenden Problem die Wurzeln eine Rolle spielen, empfiehlt sich in diesem Fall die Darstellung als Produkt. Geübt wird hierbei auch der Umgang mit Koordinaten von Punkten auf Graphen von Funktionen. Was ist Besonderes an den Wurzeln? Würde es auch jede andere Sehne tun? Was passiert, wenn man Polynome noch höheren Grades verwendet und/oder anstelle der Sehnen Parabeln durch drei Punkte usw.?

---

43 PARTIELLE INTEGRATION

Konstruieren Sie eine Funktion, für die zwei partielle Integrationen notwendig sind, um ihr unbestimmtes Integral zu bestimmen.

Tipp

- Rufen Sie sich in Erinnerung, dass sich die partielle Integration aus einer Formel für die Ableitung eines Produktes ergibt.

Diese Aufgabe wird erst dann richtig interessant, wenn Sie über zwei hinaus zu drei, vier und noch weiter gehen und wenn Sie nach verschiedenen Möglichkeiten suchen, um die partielle Integration auszuführen. Gleichzeitig bietet sie eine gute Gelegenheit, die partielle Integration zu üben und ein Gefühl dafür zu entwickeln, unter welchen Umständen sie eine geeignete Methode ist.

---

44   L'HÔSPITAL

Konstruieren Sie eine Funktion, die das zweimalige Anwenden der Regel von L'Hôspital (eigentlich von Johann Bernoulli) erfordert, um ihre Grenzwerte zu bestimmen.

Tipp

- Sich eine bestimmte Methode vorzunehmen und zu versuchen, Beispiele zu konstruieren, welche das mehrmalige Anwenden dieser Methode erfordern, ermöglicht ein tieferes Verständnis dafür, was die Methode leistet und wie sie funktioniert.

---

45   FLÄCHENSCHNITT

Betrachten Sie ein Dreieck, das durch eine Sehne einer Parabel und einen Eckpunkt auf dieser Parabel festgelegt ist, der senoch weiternkrecht über dem Mittelpunkt der Sehne liegt. Archimedes erkannte, dass der Flächeninhalt des Dreiecks $\frac{3}{4}$ des Flächeninhalts zwischen der Parabel und der Sehne beträgt und dass es den maximalen Flächeninhalt aller Dreiecke hat, die die Sehne als Grundlinie haben und der Parabel einbeschrieben sind.

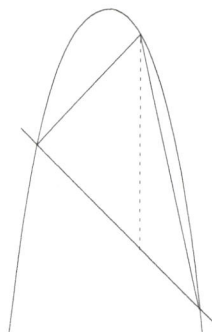

Gibt es andere Funktionen mit der gleichen oder einer anderen Konstante?

Tipps

- Zeigen Sie durch eine elegante Rechnung, dass die Behauptung des Archimedes zutrifft. Versuchen Sie sich dann an Mittelpunkten von Sehnen von kubischen Kurven, bevor Sie das Prinzip auf einen noch größeren Geltungsbereich ausdehnen.
- Betrachten Sie für eine kubische Kurve die Flächen der Bereiche zwischen der Kurve und einer beliebigen Linie durch den Wendepunkt. Betrachten Sie für eine Kurve vierten Grades die Flächen zwischen der Kurve und der Linie durch die beiden Wendepunkte. Können Sie das Vorgehen irgendwie auf Kurven fünften Grades ausdehnen?
- Dies ist eine gute Übung, für das Aufstellen und Auswerten von Integralen für Flächenberechnungen und für das Arbeiten mit mehreren Unbekannten. Die Parameterdarstellung der Punkte auf der Kurve kann die Rechnungen vereinfachen.

46 **FUNKTIONEN ZUSAMMENSETZEN**

Wie viele verschiedene Funktionen können Sie aus der Funktion $f(x) = x^2$ konstruieren, indem Sie die Operationen Addition, Subtraktion und Multiplikation verwenden, wobei f zweimal, dreimal, viermal usw. auftritt? Versuchen Sie, in Worten zu beschreiben, woran Sie eine solche Funktion erkennen.

Wie viele verschiedene Funktionen können Sie aus den Funktionen $f(x) = x^2$, $g(x) = x - 1$ und $h(x) = 3x$ unter Verwendung der Operationen Addition, Subtraktion und Multiplikation konstruieren, wobei jede der drei Funktionen bei der Konstruktion mindestens einmal verwendet wird? Versuchen Sie, in Worten zu beschreiben, woran Sie eine solche Funktion erkennen.

Versuchen Sie die Konstruktion mit anderen Funktionstripeln.

Tipps

- Das Konstruieren eigener Beispiele bringt mehr als das Nachvollziehen von Beispielen, die sich jemand anderes ausgedacht hat. Gleichzeitig hilft es dabei, Abläufe zu verinnerlichen und zu automatisieren – in diesem Fall das Zusammensetzen von Funktionen.

- Testen Sie andere Funktionen anstelle von x^2, etwa x^3 und höhere Potenzen oder $x^{1/2}$ und andere Wurzelfunktionen.

11.9 Folgen und Iterationen

Das Aufdecken und Formulieren von Regeln, wie gegebene Folgen generiert werden, oder auch das Iterieren einer Folge gemäß einer bestimmten Regel bietet eine gute Gelegenheit, allgemeingültige Aussagen zu finden, Vermutungen aufzustellen und diese zu verifizieren. Solche Übungen liefern eine wichtige Grundlage, die später das Arbeiten mit Grenzwerten erleichtern wird.

Fragen aus früheren Kapiteln

PAPIERSTREIFEN (Kapitel 1): Eine gegebene Folge wird mit einer Folge von Effekten in Beziehung gesetzt.

ITERATIONEN (Kapitel 5): Ein berühmtes ungelöstes Problem, das das Prinzip der Iteration illustriert.

INNEN UND AUSSEN (Kapitel 10): Eine Folge, die das Ergebnis einer bestimmten Folge von Aktionen ist, wird mit dieser Folge von Aktionen in Beziehung gesetzt.

47 **ZYKLISCHE ITERATIONEN (A)**

Die Iteration $u_{n+2} = u_{n+1} - u_n$ erzeugt eine Folge, die sich nach sechs Schritten wiederholt, egal wie die beiden Anfangswerte gewählt werden. Das Gleiche gilt für die

Folge $u_{n+2} = u_{n+1}/u_n$. Experimentieren Sie mit ähnlichen Vorschriften, beispielsweise $u_{2+n} = (1 + u_{n+1})/u_n$, um andere Zyklenlängen zu erhalten.

Tipps

- Probieren Sie anstelle von 1 andere Werte der additiven Konstanten aus. Ändern Sie das Vorzeichen.

- Versuchen Sie, Bedingungen an den Parameter t einzubauen, welche der Iteration $u_{n+2} = tu_{n+1} - u_n$ eine bestimmte Zyklenlänge aufzwingt.

Der Übergang vom Bestimmen der Zyklenlänge zu der Frage nach Iterationen mit unterschiedlichen Zyklenlängen ist eine häufig verwendete Vorgehensweise bei mathematischen Analysen.

48   ## ZYKLISCHE ITERATIONEN (B)

Wählen Sie irgendeine von null verschiedene natürliche Zahl p. Wählen Sie dann zwei Anfangswerte a und b und iterieren Sie, indem Sie $[a, b]$ durch $\left[b, \dfrac{p(b + p)}{a}\right]$ ersetzen. Welcher Zusammenhang besteht zwischen dieser Aufgabe und ZYKLISCHE ITERATIONEN (A)? Warum verhält sich die Folge so, wie sie sich verhält? Finden Sie ähnliche Iterationsvorschriften mit anderen Zyklenlängen.

Tipp

- Wählen Sie einfache, aber nicht zu einfache Werte für p, a und b, oder – wenn Sie gut in Algebra sind – arbeiten Sie mit Variablen. Ihre Vermutungen können Sie leicht überprüfen, wenn Sie ein Tabellenkalkulationsprogramm verwenden.

49   ## BESCHRÄNKUNGEN

Ist es möglich, die Gleichung $3 = \sqrt{1 + 2\sqrt{1 + 3\sqrt{1 + 4\sqrt{1 + \ldots}}}}$ zu erfüllen?

Jackson und Ramsey (1993); Rabinowitz (1992)

Tipps

- Das Aufstellen einer allgemeinen Rekursionsvorschrift, mit der immer längere Folgen erzeugt werden können, ist sicherlich hilfreich, aber aus mathematischer Sicht nicht ganz überzeugend.

- Wenn der Grenzwert existiert, ist es relativ einfach, dessen Wert zu bestätigen. Eine ganze andere Sache ist es jedoch, die Existenz des Grenzwerts nachzuweisen!

- Bilden Sie selbst Folgen wie diese, indem Sie ähnliche Rekursionsvorschriften aufstellen und anwenden.

50   ENTFALTUNG DER 9

Sei $x = 0{,}99999\ldots$

Dann können wir schreiben $x = 0{,}9 + x/10 = 0{,}99 + x/100 = 0{,}999 + x/1000\ldots$ Jede dieser Gleichungen kann verwendet werden, um auf den Wert von x zu schließen. Nennen wir dies *Entfaltung*. Dadurch ist der Grenzwert einer unendlichen Folge definiert, sofern dieser existiert. Bestimmen Sie diesen Grenzwert!

Versuchen Sie, die Methode der Entfaltung auf die Vorschrift $1 - 1 + 1 - 1 + 1\ldots$ anzuwenden.

Tipp

- Euler befand, dass ein passender Wert für diesen unendlichen Prozess des abwechselnden Addierens und Subtrahierens von 1 der Wert $1/2$ sei. Wie mag er darauf gekommen sein? Cauchy akzeptierte diesen Wert nicht, da die Folge nach dem Cauchy-Kriterium nicht konvergiert. Vielmehr alternieren die Teilsummen zwischen 0 und 1.

51   REKURSIONEN UND FIBONACCI-ZAHLEN

Sei x der Grenzwert des folgenden unendlichen Prozesses (falls dieser Prozess konvergiert):

$$1 + \cfrac{1}{1 + \cfrac{1}{1 + \cfrac{1}{1 + \cfrac{1}{\cdots}}}}$$

Verwenden Sie das Prinzip der Rekursion, um einen Teil der Rechnung durch sich selbst zu ersetzen, also beispielsweise

$$x = 1 + \cfrac{1}{x} = 1 + \cfrac{1}{1 + \cfrac{1}{x}} = 1 + \cfrac{1}{1 + \cfrac{1}{1 + \cfrac{1}{x}}}$$

Sei y der Grenzwert von $\sqrt{1 + \sqrt{1 + \sqrt{1 + \cdots}}}$ (falls die Folge konvergiert). Bestimmen Sie diesen Grenzwert!

Sei z der Grenzwert von $-1 + \left(-1 + \left((\ldots)^2\right)^2\right)^2$ (falls die Folge konvergiert). Bestimmen Sie diesen Grenzwert!

Sei w der Grenzwert von

$$1 + \cfrac{\cdots}{1 + \cfrac{\cdots}{1 + \cfrac{\cdots}{1 + \cfrac{1 + \cfrac{\cdots}{1 + \cdots}}{1 + \cdots}}}}$$

(falls die Folge konvergiert).

Bestimmen Sie diesen Grenzwert!

Tipps

- Ein Zugang kann darin bestehen, diese Ausdrücke zu approximieren, indem man sie abschneidet und den abgeschnittenen Ausdruck auswertet. Beobachten Sie, was passiert, wenn Sie immer mehr Terme berücksichtigen.

- Alternativ kann man auch von der Annahme ausgehen, dass die Grenzwerte existieren und dann die Unendlichkeit in der Beschreibung ausnutzen, um unter Verwendung des angenommenen Wertes Beziehungen zwischen den Ausdrücken herzuleiten.

- Untersuchen Sie andere Folgen wie diese. Welche dieser Folgen konvergieren?

Diese Aufgabe bietet Gelegenheit, das Erkennen von Beziehungen zwischen Teilen und dem Ganzen sowie natürlich das Beweisen von Konvergenzvermutungen zu üben.

---

52   HÄUFUNGSPUNKTE

Was charakterisiert diejenigen Mengen S auf der reellen Achse, die als Menge von Häufungspunkten (Grenzwerte von Folgen) irgendeiner Teilmenge der reellen Zahlen aufgefasst werden können?

Tipps

- Beginnen Sie mit der Konstruktion von Beispielen und fassen Sie ihre Mengen von Häufungspunkten als Repräsentanten von Teilmengen der reellen Zahlen auf.

Einen möglichen Lösungsansatz finden Sie in Thomas Sibley (2008). Durch die Untersuchung von Fragestellungen nach den möglichen Typen von Objekten, die als Ergebnis der Anwendung einer bestimmten Operation auf andere Objekte auftreten können, gewinnen Sie tiefere Einsichten, was diese Operation genau bedeutet,

11.10   Vollständige Induktion

Viele der allgemeinen Formeln, die wir aus den obigen Fragen und an anderen Stellen des Buches erhalten haben, können auch durch vollständige Induktion bewiesen werden. Die Beweismethode der vollständigen Induktion ist sehr vielfältig anwendbar und oftmals die einfachste Herangehensweise, sofern Sie eine Formel haben. Allerdings bietet sie weniger Erkenntnisgewinn als ein Beweis, der sich auf die Struktur des Problems stützt. In den ersten Kapiteln dieses Buches lag die Betonung auf der Struktur und nicht auf dem Beweisen durch vollständige Induktion.

Fragen aus früheren Kapiteln

FLICKENMUSTER (Kapitel 1): Hier ist eine allgemeine Formul zu verifizieren, die für einen Spezialfall formuliert wurde.

SCHACHBRETTQUADRATE (Kapitel 1): Zu verifizieren ist ein allgemeiner Ausdruck mit einer Unbekannten.

SCHACHBRETTRECHTECKE (Kapitel 2): Zu verifizieren ist eine allgemeine Formel mit zwei Unbekannten (Länge und Breite).

LAUBFRÖSCHE (Kapitel 3): Zu verifizieren ist eine allgemeine Formel, die zwei Parameter enthält, falls die Anzahl der Stöpsel links und rechts unterschiedlich sein darf.

KREISE UND PUNKTE (Kapitel 4 und 5): Zu verifizieren ist eine allgemeine Formel, in der Binomialkoeffizienten auftreten. Praktisch formuliert bedeutet dies, eine Formel zu finden, die man durch Fitten eines Polynoms an eine Menge von Datenpunkten erhält.

POLYGONZAHLEN (Kapitel 10): Hier gibt es reichlich Gelegenheit, Formeln zu prüfen.

Zusätzliche Fragen

53   ZAHLENHAUFEN SORTIEREN

Stellen Sie sich ein paar Haufen von Teppichfliesen vor, von denen jede eine eindeutige Zahl trägt. Die Fliesen sind recht groß und schwer, sodass Sie immer nur eine davon von einem Haufen auf einen anderen legen können. Wählen Sie eine natürliche Zahl d und führen Sie das Umsortieren nun so aus, dass die Fliese nur dann auf einen anderen Haufen gelegt wird, wenn ihre Zahl mindestens um den Wert d kleiner ist als die aktuell auf dem neuen Haufen oben liegende Fliese. Um die Fliesen so zu sortieren, dass sie am Ende innerhalb jedes Haufens von unten nach oben in absteigender Reihenfolge liegen, benötigen Sie offensichtlich mindestens d Haufen. Wie viele Haufen muss es mindestens geben, damit sichergestellt ist, dass die Fliesen für jedes gegebene d sortiert werden können?

Tipps

- Es kann hilfreich sein, sich zunächst auf den Fall $d = 1$ zu beschränken (dies entspricht den „Türmen von Hanoi"), aber dabei mit einem Zustand zu starten, in dem die Fliesen innerhalb jedes Haufens zufällig verteilt sind.

- Die Induktion über die Anzahl der Haufen ist ebenfalls möglich. Gehen Sie von den möglichen Aktionen aus und überlegen Sie, was dabei erhalten bleibt.

- Die Wahl der Größe, über die die Induktion läuft, ist nicht immer so offensichtlich wie es scheint.

54   SCHACHBRETTQUADRATE (VOLLSTÄNDIGE INDUKTION)

Zeigen Sie, dass die Anzahl der Quadrate auf einem Schachbrett gleich $n(n+1)(2n+1)/6$ ist. Dies ist eine andere Form der Lösung als die in Kapitel 1 konstruierte.

Lässt sich dieses Ergebnis anhand der Geometrie des Schachbretts erklären oder nur algebraisch unter Verwendung des in Kapitel 1 hergeleiteten Ausdrucks?

Tipp

- Gibt es eine Möglichkeit, physische Quadrate der Dicke eins in drei Dimensionen anzuordnen? Beispielsweise kann die 6 dargestellt werden, indem man sechs Kopien aller Quadrate anordnet. Objekte so anzuordnen, dass sie sich bequem abzählen lassen, ist ein wesentlicher Bestandteil der Kombinatorik.

55   FLICKENMUSTER, VOLLSTÄNDIG

Beweisen Sie das Ergebnis der Aufgabe FLICKENMUSTER durch vollständige Induktion.

Informieren Sie sich über die Geschichte des Vierfarben-Theorems. Worin unterscheiden sich die Bedingungen in FLICKENMUSTER und beim Vierfarben-Theorem?

Tipp

- Vergewissern Sie sich, dass Sie beim Induktionsschritt alle möglichen Fälle erfasst haben. Überlegen Sie genau, über welche Variable die Induktion laufen sollte – es muss eine natürliche Zahl sein und keine geometrische Anordnung oder irgendein anderes mathematisches Objekt. Es gibt viele mögliche Anordnungen des Flickenmusters für eine gegebene Anzahl von Linien oder Flächen. Wie können Sie sicherstellen, dass Sie alle Fälle erwischt haben?

11.11 Abstrakte Algebra

Diese Fragen eignen sich, um einen Zugang zur Gruppentheorie und verwandten Themen zu finden, wenn man sie über den vorgegebenen Spezialfall hinaus verallgemeinert. Die erste kann bereits von jüngeren Schülern in Angriff genommen werden, wenn sie nur in geeigneter Weise formuliert wird, und es ist auch möglich, sie so zu variieren, dass ein und dieselbe Idee aus unterschiedlichen Perspektiven betrachtet wird. Zusammen verwenden bzw. entwickeln die Aufgaben zentrale Konzepte der abstrakten Algebra wie das der Abgeschlossenheit, der binären Operation und von Eigenschaften wie der Assoziativität.

Fragen aus früheren Kapiteln

POLSTERSESSEL (Kapitel 4): Bei der Verallgemeinerung kommt das Konzept der Gruppe ins Spiel.

Zusätzliche Fragen

56 REST-PRIMZAHLEN

In diesem Problem werden nur die Zahlen betrachtet, die bei der Division durch 3 den Rest 1 lassen. Schreiben Sie 10 dieser Zahlen auf und überprüfen Sie, dass die Multiplikation von zwei beliebigen dieser Zahlen wieder eine solche Zahl ergibt. Erklären Sie dieses Verhalten.

Schreiben Sie die ersten 10 Zahlen auf, die in dieser Menge „prim" sind. Dies sind jene Zahlen der Menge, die nicht als nichttriviales Produkt von Zahlen dieser Form geschrieben werden können. Was ist gleich und was ist unterschiedlich, wenn Sie die Zahl 100 zum einen im gewöhnlichen Sinne und zum anderen im hier beschriebenen System faktorisieren?

Inwieweit hängt das Verhalten davon ab, dass wir speziell den Rest 1 und als Teiler die 3 betrachten? Was passiert, wenn wir stattdessen andere Zahlen wählen?

Was passiert, wenn wir nur die Zahlen betrachten, die den Rest 1 oder 4 lassen, wenn sie durch 5 geteilt werden? Bleibt diese Eigenschaft erhalten, wenn zwei dieser Zahlen multipliziert werden? Sind die primen Zahlen die gleichen, wenn Sie entweder nur Zahlen betrachten, die den Rest 1 lassen, oder aber Zahlen mit Rest 4?

Tipps

- Es ist nicht immer ganz einfach, geeignete Beispiele zum Testen zu konstruieren, da die Beispiele einerseits nicht zu einfach sein dürfen und andererseits der Rechenaufwand nicht zu groß werden sollte.
- Sie werden ein Konzept nur dann wirklich verstehen (hier die Primzahlen), wenn Sie es verallgemeinern und dabei auf Ähnlichkeiten und Unterschiede achten. Der *Fundamentalsatz der Arithmetik* besagt, dass die Faktorisierung in Primzahlen eine eindeutige Zerlegung einer gegebenen Zahl liefert. Die eindeutige Faktorisierung ist jedoch nicht universell!

Diese Aufgabe ermöglicht auch einen Zugang zu einem Teilgebiet der Mathematik, das als *Gruppentheorie* bezeichnet wird.

Eine interessante Erweiterung erhalten wir, wenn wir *Gaußsche Primzahlen* betrachten: komplexe Zahlen der Form $a + ib$, wobei a und b ganze Zahlen sind. Sie können auch i durch $\sqrt{5}$ ersetzen, oder sogar durch $\sqrt{-5}$ oder irgendeine andere irrationale Zahl, und nach einer eindeutigen Faktorisierung fragen. Zuerst sollten Sie immer überprüfen, dass Sie bei der Multiplikation zweier Elemente der Menge das gewählte System nicht verlassen.

---

57   Der Satz von König

In einem rechteckigen Gitter tragen einige Zellen einen Zähler und andere nicht. Eine *Überdeckung* ist eine Menge von Zeilen und Spalten, die alle vorhandenen Zähler enthält („überdeckt"). Eine *unabhängige Menge* von Zählern ist eine Teilmenge von Zählern, von denen keine zwei in der gleichen Zeile oder Spalte stehen.

Behauptung: Die kleinste Zahl von Zeilen und Spalten, die alle Zähler überdeckt, ist gleich der Größe der größten unabhängigen Menge dieser Zähler. Mit anderen Worten: die Größe einer minimalen Überdeckung ist gleich der Größe einer maximalen unabhängigen Menge von Zählern.

Ein bipartiter Graph besteht aus zwei verschiedenen Mengen von Knoten, und alle Kanten verbinden einen Knoten der einen Menge mit einem Knoten der anderen Menge.

Behauptung: Die minimale Anzahl von Knoten, die zu allen Knoten gehören, ist gleich der maximalen Anzahl von Kanten, die keine gemeinsamen Knoten haben.

Versuchen Sie zu beweisen, dass jede der beiden Behauptungen durch die andere bewiesen ist. Aber sind die Behauptungen wahr?

Tipps

- Hier ist eine Beweiskette gefragt. Die eine Behauptung ist vielleicht einfacher zu klären, sodass es nützlich sein kann zu beweisen, dass sie äquivalent sind. Ein paar Beispiele können helfen, die zugrunde liegende Struktur zu erkennen. Die Verwendung eines Beispiels, um die beiden Behauptungen miteinander in Beziehung zu setzen, ist eine Übung im Interpretieren und Modellieren.

- Zwar muss hier ein echter Beweis geführt werden, doch sind dabei keine weiteren komplizierten mathematischen Konzepte erforderlich. Eine gute Strategie ist es, nach einer Möglichkeit zu suchen, wie man eine unabhängige Menge von Zählern größer machen kann, wenn alle Überdeckungen größer sind (oder alternativ: eine Überdeckung kleiner zu machen, wenn alle unabhängigen Mengen kleiner sind). Dies demonstriert ein fundamentales Prinzip, mit dem man zeigen kann, dass jeder Kandidat (in diesem Fall für die größte Menge) modifiziert werden kann, wenn die andere Information gegeben ist (in diesem Fall, dass alle Überdeckungen größer sind). Was kann in drei Dimensionen passieren?

---

58   FINDEN SIE DIE EINS!

Betrachten Sie die Zahlenmenge $\{1, 2, 3, 4\}$ unter Multiplikation modulo 5 (nehmen Sie den Rest beim Dividieren durch 5). Das Produkt zweier beliebiger Elemente dieser Menge gehört selbst wieder zur Menge. Multiplizieren Sie nun jede Zahl mit 6 und verwenden Sie diesmal die Multiplikation modulo 15 (nehmen Sie den Rest beim Dividieren durch 15). Welches Element ist das Einselement bei Multiplikation modulo 15? Tun Sie dasselbe für die Multiplikation jeder Zahl mit 8 und unter Verwendung der Multiplikation modulo 20.

Betrachten Sie die Zahlenmenge $\{1, 3, 5, 7\}$ unter Multiplikation modulo 8. Auch diese Zahlenmenge hat die Eigenschaft, dass das Produkt zweier ihrer Elemente wieder zur gleichen Menge gehört. Multiplizieren Sie nun jede Zahl mit 3 und verwenden Sie die Multiplikation modulo 24, oder multiplizieren Sie jede mit 5 und verwenden Sie die Multiplikation modulo 40. Wie lautet in jedem dieser Fälle das Einselement? Verallgemeinern Sie! Warum funktioniert es nicht, wenn Sie mit 2 multiplizieren und dann Multiplikation modulo 16 anwenden?

Tipp

- Versuchen Sie eine Beziehung zwischen dem Faktor und dem Modulus zu finden, welche es Ihnen gestattet, für den allgemeinen Fall das Einselement vorherzusagen.

Interessant ist hier nicht so sehr die Vorhersage, welche Zahl das Einselement ist, sondern das Erkennen, wann und warum die Konstruktion funktioniert. Diese seltsam aussehenden Gruppen sind nützliche Beispiele für Lernende, die ansonsten vielleicht denken könnten, dass es immer ganz offensichtlich ist, welches Element das Einselement ist.

---

59   POTENZGRUPPEN

Zu einer gegebenen endlichen Gruppe G sei $P(G)$ die Potenzmenge, d. h. die aus allen Teilmengen von G bestehende Menge. Definieren Sie eine Operation $A \circ B = \{ab : a \in A \text{ und } b \in B\}$ für Teilmengen. Welche Ensembles von Teilmengen von $P(G)$ bilden unter dieser Operation Gruppen?

Tipps

- Nachdem man das Problem grundsätzlich verstanden hat, ist das Experimentieren mit speziellen Gruppen hier nicht allzu hilfreich. Untersuchen Sie stattdessen, was es für eine Menge bedeuten würde, ein Einselement in seiner neuen Gruppe zu sein.

- Wie steht es mit der Inversen? Die Konzepte der Nebenklassen und der normalen Untergruppen können von Nutzen sein.

KUBISCHE GRUPPEN

Für zwei gegebene Punkte auf einer kubischen Kurve schneidet die zwischen ihnen gespannte Sehne die Kurve in einem eindeutigen dritten Punkt. Dies induziert eine Operation auf der reellen Linie: $x \circ y = z$, wobei $(z, f(z))$ der dritte Schnittpunkt der Sehne
durch $(x, f(x))$ und $(y, f(y))$ ist. Wenn x und y zusammenfallen, dann wird anstelle
der Sehne die Tangente an diesem Punkt genommen. Ist diese Operation wohldefiniert?
(Anders formuliert: Ist es immer möglich, einen und nur einen Wert für $x \circ y$ zu finden?)
Ist die Operation assoziativ? Hat diese Operation ein Einselement? Ist sie kommutativ?
Gibt es für jede reelle Zahl eine Inverse?

Tipps

- Es kann hilfreich sein, mit einer wirklich einfachen kubischen Kurve zu beginnen.
  Verwenden Sie nach Möglichkeit jeweils einen Repräsentanten der drei möglichen
  Kurventypen.

- Die Konstruktion lässt sich auch auf kubische Kurven im Raum ausdehnen, also
  auf Kurven der Form $(t, t^2, t^3) : t \in \mathbb{R}$.

- Allgemeiner muss für ein Polynom vom Grad d das Polynom vom Grad $d-2$ durch
  beliebige $d - 1$ Punkte auf der Kurve die Kurve in einem d-ten Punkt schneiden,
  sodass eine analoge Operation definiert werden kann, welche $(d - 1)$-Tupel von
  reellen Zahlen in $\mathbb{R}$ abbildet. Für welche Art von mathematischer Struktur ist
  dies ein Beispiel?

j-NACH-k-FUNKTIONEN

Eine Funktion f wird j-nach-k-Funktion genannt, wenn die Anzahl von Werten aus
dem Definitionsbereich, die auf eine Menge von k Werten im Wertebereich abgebildet
wird, höchstens j ist. Anders formuliert: Für jede Menge S aus dem Wertebereich, für
die die Kardinalität von $\{f(s) : s \in S\}$ größer ist als j, ist die Kardinalität von S größer
als j. Eine Funktion f wird strikt j-nach-k genannt, wenn jede Menge der Kardinalität
j im Definitionsbereich eine Bildmenge der Kardinalität k hat.

Nehmen Sie an, dass die zusammengesetzte Funktion $f \circ g$ eine j-nach-k-Funktion ist.
Was können Sie daraus für f und g schließen?

Tipps

- Starten Sie mit $k = 1$ und lassen Sie j variieren.

- Der Fall $j = k = 1$ ist Ihnen wahrscheinlich vertraut. Das Ausdehnen des Vertrauten auf leicht veränderte Situationen führt nicht selten zu neuen Einsichten.

62 INVARIANZ BEI KONJUGATION

Sei f eine eineindeutige Funktion, sodass ihre Inverse ebenfalls eine Funktion ist. Die Funktion $f^{-1} \circ g \circ f$ ist die Konjugierte von g mal f. Welche Eigenschaften (wie Eineindeutigkeit, Stetigkeit oder Periodizität) einer Funktion g bleiben bei der Konjugation erhalten? Durch welche zusätzlichen Eigenschaften von f bleiben weitere Eigenschaften von g ehalten?

Tipps

- Bei der Betrachtung von Beispielen ist Vorsicht geboten, denn wenn sie zu einfach sind, können sie irreführenden Ergebnisse liefern.
- Das Anwenden einer Operation auf ein mathematisches Objekt (hier die Konjugation einer Funktion) und das Ausprobieren, welche Eigenschaften dabei erhalten bleiben und welche nicht, gibt ein Gefühl dafür, welche Bedeutung diese Eigenschaften haben.

11.12 Umfang, Fläche und Volumen

Die Konzepte Umfang, Fläche und Volumen sind von großer praktischer Bedeutung. Sie treten bereits in der Elementarmathematik auf, doch gibt es Feinheiten bei der Definition, die auch für Mathematikstudenten der höheren Semester eine Herausforderung darstellen. Das Niveau der dabei auftretenden Formeln reicht von elementar bis anspruchsvoll.

Fragen aus früheren Kapiteln

ZIEGE AM STRICK (Kapitel 2): Eine verbale Beschreibung wird durch ein Diagramm interpretiert. Anschließend werden geometrische Beziehungen benutzt, um die einzelnen Komponenten der Fläche zu identifizieren.

ZIEGE AM STRICK (SILO-VERSION) (Kapitel 10): Zur Bestimmung des Flächeninhalts werden Methoden der Intergalrechnung angewendet.

Zusätzliche Fragen

63 FLÄCHE UND UMFANG

- Bei welchen Aktionen, die auf eine Fläche angewendet werden, bleibt der Umfang invariant?
- Bei welchen Aktionen, die auf eine Fläche angewendet werden, bleibt der Flächeninhalt invariant?
- Bei welchen Aktionen, die auf eine Fläche angewendet werden, bleiben Umfang und Flächeninhalt invariant?

Tipp

- Konzentrieren Sie sich zunächst auf eine bestimmte Klasse von geometrischen Figuren, beispielsweise Rechtecke, um ein Gefühl für die Möglichkeiten zu bekommen. Versuchen Sie dann die Beschreibung der Aktionen so zu verallgemeinern oder zu modifizieren, dass sie für allgemeinere Polygone gelten.

Einer der Beiträge der Mathematik des 20. Jahrhunderts bestand in der neuen Sichtweise, sich auf Aktionen und die dabei invariant bleibenden Eigenschaften zu konzentrieren. Häufig führte dies zu mächtigen Definitionen, die sowohl in der Mathematik selbst als auch in ihren Anwendungsgebieten von Bedeutung sind. In der reinen Mathematik werden die Aktionen als eigenständige Objekte aufgefasst und insbesondere im Hinblick auf ihre Invarianten untersucht.

---

64   ERWEITERTE FLÄCHE

Gibt es eine geschickte Möglichkeit, den Flächeninhalt eines sich selbst schneidenden Polygons zu definieren?

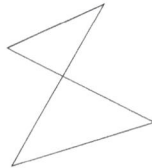

Tipp

- „Geschickt" bedeutet hier, dass die neue Definition mit der gewöhnlichen Definition übereinstimmen sollte, wenn sie auf ein sich nicht selbst schneidendes Polygon angewendet wird. Außerdem sollte sie mit den bekannten Eigenschaften des Flächeninhalts im Einklang stehen. Gibt es einen wichtigen Unterschied zwischen der neuen Flächendefinition für ein konkaves Polygon und ein sich selbst schneidendes Polygon?

Nur indem Sie versuchen, Ideen zu verallgemeinern, lernen Sie die Bedeutung von einschränkenden Bedingungen zu verstehen. Wenn Sie mittels dynamischer Geometriesoftware den Flächeninhalt eines sich selbst schneidenden Polygons ermitteln wollen, werden Sie eventuell null erhalten.

---

65   ARCHIMEDISCHE FLÄCHEN

Die schattierte Fläche in der linken Abbildung wird *Arbelos* (griechisch für Schustermesser) genannt. Die schattierte Fläche in der rechten Abbildung ist ein *Salinon* („Salzfässchen"). Beide Flächen entstehen durch Halbkreise. Bestimmen Sie die Flächeninhalte der beiden Figuren, jeweils ausgedrückt durch die eingezeichnete Länge h.

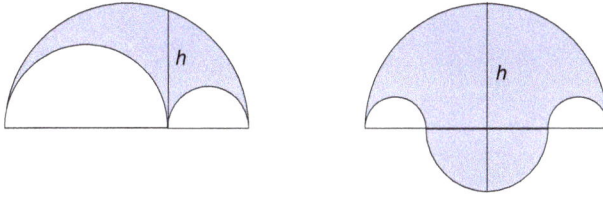

Tipps

- Bezeichnen Sie unbekannte Objekte mit Buchstaben, sodass Sie geometrische Objekte algebraisch ausdrücken können.
- Behalten Sie im Auge, was GESUCHT und was sie BEKANNT ist.

66   VERHÄLTNISSUMMEN UND VERHÄLTNISPRODUKTE

Sei P ein beliebiger Punkt in einem Dreieck. Zeichnen Sie die Linien APX, BPY und CPZ ein wie dargestellt.

Bestimmen Sie $\dfrac{PX}{AX} + \dfrac{PY}{BY} + \dfrac{PZ}{CZ}$. Bestimmen Sie $\dfrac{AZ}{ZB} + \dfrac{AY}{YC} - \dfrac{AP}{PX}$.

Bestimmen Sie $\dfrac{AY}{YC} \times \dfrac{CX}{XB} \times \dfrac{BZ}{ZA}$

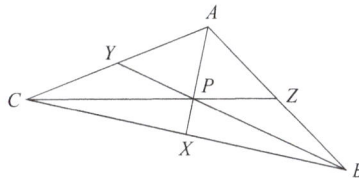

Tipps

- Überlegen Sie, wie Sie Brüche verwenden können, um die Verhältnisse von Flächeninhalten auszurechnen. Versuchen Sie, all die von Ihnen benötigen Flächen in Beziehung zum Flächeninhalt von ABC zu setzen. Wenn zwei Verhältnisse gleich sind, dann sind sie auch gleich dem Bruch, dessen Zähler die Summe der beiden Zähler und dessen Nenner die Summe der beiden Nenner ist.
- Dynamische Geometriesoftware kann hier nur dazu dienen, das Ergebnis durch Nachmessen zu verifizieren.
- Der Wechsel von Streckenverhältnissen zu Flächenverhältnissen gestaltet sich einfacher, wenn Sie die Tatsache ausnutzen, dass die Flächeninhalte von Dreiecken, mit einer Grundseite auf einer gemeinsamen Linie und einer gemeinsame Ecke außerhalb dieser Linie miteinander in einem bestimmten Verhältnis zueinander stehen.

- Was passiert, wenn P außerhalb des Dreiecks liegt? Die Aussage über das Produkt ist der Satz von Ceva.

Eine Kugel Eis wird von einer kegelförmigen Waffel gehalten. Bei welchem Radius der Kugel ist der Eisanteil, der sich innerhalb des Kegels befindet, für einen gegebenen Öffnungswinkel des Kegels maximal?

Nach Matt Richley in Jackson und Ramsay (1993), Seite 119.

Tipp

- Diese Aufgabe könnte mehr Aufwand erfordern als es zunächst aussieht. Versuchen Sie sich zunächst an der Lösung von Teilaufgaben wie der Berechnung des Volumens eines Kugelsegments. Hilfreich kann es außerdem sein, Größen durch Parameter auszudrücken, welche die Rechnungen vereinfachen.

Charakterisieren Sie die ebenen Figuren, die folgende Eigenschaft besitzen: Es gibt einen festen Punkt P, der auf jeder Geraden liegt, welche die Fläche in zwei Teile mit gleichem Flächeninhalt teilt. Ersetzen Sie „Flächeninhalt" durch Umfang und charakterisieren Sie die Figuren, die diese Eigenschaft besitzen.

Tipp

- Vorsicht mit unbewiesenen Vermutungen über Schwerpunkte und Flächenteilung!

11.13   Geometrische Beweise

Bei den Fragen in diesem Abschnitt geht es allgemein um geometrische und stereometrische Beweise. Für die meisten genügen elementare Geometriekenntnisse. Die geometrische Beweisführung macht Gebrauch von Visualisierungstechniken und Vorstellungskraft, aber natürlich auch von Überlegungen und Berechnungen. Sie wird gestützt von der Beobachtung der physischen Welt, wobei die Aufmerksamkeit durch Wissen über mathematische Objekte wie Linien, Ebene und Schnitte gelenkt wird.

Fragen aus früheren Kapiteln

BRIEFUMSCHLÄGE (Kapitel 2): Verwendet geometrische Zusammenhänge.

WÜRFELBAU (Kapitel 2): Entscheidend ist hier die Visualisierung eines Würfels, der aus kleineren Würfeln zusammengesetzt ist.

FARBE AM RAD (Kapitel 4): Die Beweisführung stützt sich auf die Geometrie des Fahrrads. Benötigt wird außerdem die Formel für den Kreisumfang.

FACETTEN (Kapitel 6): Hier geht es um geometrische Beziehungen in drei Dimensionen.

PAPIERKNOTEN (Kapitel 6): Aus dem Falten von Papier ergeben sich bestimmte geometrische Beziehungen.

PAPIERBAND (Kapitel 8): Hier werden Fragen behandelt, die sich beim Papierfalten ergeben.

WIPPE (Kapitel 8): Hier gilt es, geometrische Randbedingungen zu formulieren.

DREIECKSZERLEGUNG (Kapitel 10): Es sind geometrische Nebenbedingungen zu beachten; durch „Versuch und Irrtum" gewinnt man eine gewisse Einsicht, aber verlässlicher ist eine systematische Beweisführung, die alle möglichen Fälle berücksichtigt.

WÜRFELFÄRBUNG (Kapitel 10): Hierbei werden räumliche Beziehungen ausgenutzt.

RECHTE WINKEL (Kapitel 10): Klare Definitionen vorausgesetzt, finden Sie bei dieser Aufgabe Beziehungen, die sich aus geometrischen Randbedingungen ergeben.

SCHATTEN (Kapitel 10): Eine Alltagserfahrung wird mathematisch ausgedrückt.

Zusätzliche Fragen

69   GEOMETRISCHE ITERATIONEN (1)

Zeichnen Sie ein Dreieck ABC. Wählen Sie einen beliebigen Punkt P_0 innerhalb des Dreiecks. Spiegeln Sie P_0 an der Linie AB, um den Punkt P_1 zu erhalten; spiegeln Sie dann P_1 an BC, um P_2 zu erhalten, und spiegeln Sie P_2 an CA, um P_3 zu erhalten. Wiederholen Sie den gesamten Zyklus, sodass Sie schließlich den Punkt P_6 erhalten. Betrachten Sie nun die Strecke $P_0 P_6$ bei variierendem P_0. Erklären Sie, was Sie sehen.

Tipp

- Mittels dynamischer Geometriesoftware ist das Formulieren einer Vermutung viel einfacher. Warum ist das so?

70   GEOMETRISCHE ITERATIONEN (2)

Wählen Sie drei Linien L_0, L_1 und L_2 in einer Ebene, wobei kein Linienpaar parallel sein soll. Setzen Sie einen Punkt P_0 auf einen Kreis in dieser Ebene. Zeichnen Sie im Schritt k eine Linie senkrecht zur Linie L_k (mod 3) durch den Punkt P_k. Sei P_{k+1} der andere Schnittpunkt der Senkrechten mit dem Kreis. Fahren Sie so fort. Erklären Sie das auftretende Phänomen!

Wählen Sie wieder drei Linien L_0, L_1 und L_2 in der Ebene, wobei kein Linienpaar parallel sein soll. Setzen Sie einen Punkt A_0 auf L_0. Zeichnen Sie eine Senkrechte auf L_0, die durch A_0 geht und markieren Sie die Stelle, wo diese L_1 trifft, mit B_0. Sei C_0 der Punkt, in dem die Senkrechte durch B_0 gehende Senkrechte auf L_1 die Linie L_2

trifft, und sei A_1 der Punkt, in dem die durch C_0 gehende Senkrechte auf L_3 die Linie L_1 trifft. Fahren Sie so fort. Erklären Sie das auftretende Phänomen!

Tipps

- Dynamische Geometriesoftware ist ein sehr verlässliches Werkzeug, aber warum ist das so?
- Versuchen Sie die Aufgabe mit einer anderen Anzahl von Linien. Wird die Sache einfacher, wenn Sie „einfachere" Dreiecke verwenden?

---

71   GEOMETRISCHE FIGUREN ANORDNEN

Stellen Sie sich ein Dreieck vor. Machen Sie sich bewusst, welche Eigenschaften das von Ihnen gewählte Dreieck hat.

Nun stellen Sie sich eine Kopie Ihres Dreiecks vor. Wie viele verschiedene Vierecke können Sie konstruieren, indem Sie die beiden Dreiecke Kante an Kante zusammenkleben? Versuchen Sie solange wie möglich im Kopf zu arbeiten!

- *Konzentrieren Sie sich auf die Kanten:* Welche Kantenlängen haben Ihre Vierecke?
- *Konzentrieren Sie sich auf die Winkel:* Wie groß sind die Winkel Ihrer Vierecke?

Tipps

- Interessante Varianten erhalten Sie mit Figuren aus drei, vier oder noch mehr Kopien eines gegebenen Dreiecks (insbesondere aus gleichseitigen Dreiecken), Quadraten, Rechtecken, kongruenten Vierecken, regulären Sechsecken und sogar Kuben oder kongruenten Quadern. Das Zählen der verschiedenen Möglichkeiten ist eine gewisse Herausforderung, doch es bietet eine hervorragende Gelegenheit, das Erkennen von Beziehungen und Kongruenzen von seltsamen Formen zu üben.
- Je mehr Sie sich zwingen, in der Vorstellungswelt zu arbeiten, umso besser wird Ihnen diese Art des Arbeitens gelingen. Wenn Sie dann ein Diagramm zeichnen, werden Sie dieses noch effizienter als Ergänzung und Unterstützung Ihrer Vorstellungskraft nutzen können.

---

72   GEOMETRISCHE FIGUREN TEILEN

Welche geometrischen Figuren haben die Eigenschaft, dass sie von einer Geraden so in zwei kongruente Teile zerlegt werden können, dass sie zu der ursprünglichen Figur ähnlich sind? Welche ergeben zwei ähnliche Formen, die ähnlich zum Original sind? Welche ergeben zwei ähnliche Formen?

Tipps

- Versuchen Sie, Figuren aufzubauen. Das Ziel ist es, alle möglichen Figuren mit der gewünschten Eigenschaft zu klassifizieren. Wie viele Kanten können diese Figuren haben?

- Wie verhält es sich mit zwei Schnittlinien, die drei ähnliche Figuren erzeugen?
- Wie verhält es sich in drei Dimensionen?
- Um, nachdem Sie ein paar solcher Figuren gefunden haben, zu zeigen, dass Sie alle gefunden haben, ist eine logische und geometrische Beweisführung nötig.

73 WINDUNGSZAHLEN

Zeichnen Sie einen geschlossenen rechtwinkligen Weg (alle Richtungsänderungen erfolgen in rechten Winkeln, bis schließlich wieder der Startpunkt erreicht wird), wobei es erlaubt ist, dass die Kanten einander schneiden. Finden Sie eine Beziehung zwischen der Anzahl der rechten Winkel im Uhrzeigersinn, der rechten Winkel entgegen dem Uhrzeigersinn und und der Anzahl der vollständigen Richtungswechsel, wenn Sie Ihr Polygon in einer Richtung durchlaufen. Ist diese Beziehung eine Eigenschaft, die für alle rechtwinkligen Polygone gilt?

Wie sieht es aus, wenn die rechten Winkel durch $\pm\theta$ ersetzt werden? Für welche θ kann ein solcher Polygonzug geschlossen sein?

Tipps

- Dies ist eine Weiterentwicklung von RECHTE WINKEL in Kapitel 10.
- Ein Grundkonzept (hier: rechte Winkel) herzunehmen und zu untersuchen, was sich daraus konstruieren lässt, ist eine gute Gelegenheit für Lernende, neue Begriffe und Methoden zu festigen und dabei gleichzeitig Dinge, insbesondere Beziehungen zwischen den verschiedenen Objekten, zu entdecken.

74 RATIONALE GEOMETRIE

Ein Punkt wird als *rational* bezeichnet, wenn seine beiden Koordinaten rationale Zahlen sind. Eine Gerade wird *rational* genannt, wenn zwei auf ihr liegende Punkte rational sind. Ein Kreis wird *rational* genannt, wenn drei auf ihm liegende Punkte rational sind.

- Ist es möglich, dass auf einer Gerade nur ein rationaler Punkt liegt? Ist es möglich, dass auf einem Kreis nur ein oder zwei rationale Punkte liegen?
- Kann eine rationale Gerade mehr als zwei rationale Punkte haben? Kann ein rationaler Kreis mehr als drei rationale Punkte haben?

Tipp

- Das Konstruieren eigener Beispiele kann damit einhergehen, nach dem einfachsten oder dem allgemeinsten Beispiel zu suchen. Versichern Sie sich auf diese Weise, dass Sie alle möglichen Fälle erfasst haben.

11.14   Algebraische Beweise

Bei diesen Aufgaben liegt der Fokus auf dem logischen Schließen anstatt auf einem speziellen Algorithmus oder Konzept. Bei einigen dieser Aufageben besteht der Schlüssel zur Lösung darin, sich systematisch durch die Vielzahl der Möglichkeiten zu arbeiten. Bei anderen ist es wichtig, auf versteckte Möglichkeiten und nicht gerechtfertigte Annahme zu achten. Schließlich gibt es einige Aufgaben, in denen klassische Beweisstrategien wie die *Reductio ad absurdum* (indirekter Beweis) zum Tragen kommen.

Fragen aus früheren Kapiteln

DAMENMAHL (Kapitel 2): Hier geht es um die systematische Beweisführung in logischen Beziehungen.

TOASTER (Kapitel 2): Bewiesen werden hier Eigenschaften materieller Objekte, wobei Gelegenheit zu einer ersten Einführung in die Prinzipien der Optimierung besteht.

FARBE AM RAD (Kapitel 4): Dieser Beweis basiert auf der geometrischen Struktur des Fahrrads und verwendet Aussagen über den Kreissumfang.

POLSTERSESSEL (Kapitel 4) und MEHR ÜBER MÖBEL (Kapitel 10): Der Beweis macht Gebrauch von den räumlichen Eigenschaften eines Gitters.

EUREKA (Kapitel 5): In dieser Aufgabe erfolgt der Beweis durch Gegenbeispiele.

FÜNFZEHN (Kapitel 5): Gesucht ist eine Möglichkeit, Beziehungen so darzustellen, dass sie die Beweisführung erleichtern.

MILCHBEUTEL (Kapitel 10): Dieser Beweis stützt sich auf die räumlichen Eigenschaften eines Gitters.

NEUN PUNKTE (Kapitel 6): Hier ist der Schlüssel das Erkennen von stillschweigenden, aber nicht notwendigen Annahmen.

RICHTIG ODER FALSCH (Kapitel 6): Dieser Beweis stützt sich auf die mathematische Logik.

KARTESISCHE JAGD (Kapitel 10): Dieser Beweis erfolgt im Kontext eines Spiels, welches auf räumlichen Beziehungen beruht. Dabei spielen gerade und ungerade Zahlen eine Rolle, da es sich um ein Zwei-Personen-Spiel handelt.

FAIRE TEILUNG (Kapitel 10): Auch bei diesem Beweis spielen räumliche Beziehungen eine Rolle.

TASSEN DREHEN (Kapitel 10): Bei diesem Beweis kommt es darauf an, Invarianten zu finden.

GLAESERS DOMINO (Kapitel 10): Und noch ein Beweis, bei dem räumliche Beziehungen eine Rolle spielen.

WÜSTE (Kapitel 10): Bei diesem Beweis geht es um räumliche Orientierungen.

EINUNDDREISSIG (Kapitel 10): Dieser Beweis im Zusammenhang mit einer Spielstrategie basiert auf einfacher Arithmetik.

Zusätzliche Fragen

GEBURTSTAGSGRÜSSE

Ich habe einmal eine Postkarte verschickt, auf der stand:

„Alles Gute zum $\begin{bmatrix} 16 & 15 & 21 & 12 & 18 \\ 5 & 4 & 10 & 1 & 7 \\ 20 & 19 & 25 & 16 & 22 \\ 6 & 5 & 11 & 2 & 8 \\ 11 & 10 & 16 & 7 & 13 \end{bmatrix}$ -ten Geburtstag".

Die Gebrauchsanweisung instruierte den Empfänger, dass er fünf Zahlen auswählen solle, und zwar aus jeder Spalte und jeder Zeile genau eine, um dann die Summe dieser Zahlen zu bilden. Wie geht das? Kreieren Sie Ihr eigenes Schema!

Tipp

- Welche Operationen können Sie auf dieses Feld anwenden, ohne die Summe zu ändern? Nach Operationen zu suchen, unter denen eine Eigenschaft invariant bleibt, ist eine mächtige Methode, um eine Beweisführung zu vereinfachen.

76

GLEICHE GEBURTSTAGE

Nehmen Sie an, dass innerhalb eine bestimmten Menge von Personen jede Gruppe aus fünf Personen zwei Mitglieder enthält, die am gleichen Tag Geburtstag haben.

Wie groß ist die minimale Anzahl von Personen, für die in jeder beliebigen Menge dieser Größe mindestens fünf am gleichen Tag Geburtstag haben? Gibt es weitere Aussagen wie diese, die über diese Menge getroffen werden können?

Tipp

- Es könnte möglich sein, eine obere Schranke für die unterschiedlichen Geburtstage innerhalb dieser Menge zu finden. Außerdem könnten Sie den „worst case" untersuchen, also die größtmögliche Menge, in der keine fünf Personen am gleichen Tag Geburtstag haben.

Wenn Sie darauf achten, wie Sie den Spezialfall lösen, werden Sie in der Lage sein, Verallgemeinerungen anzustellen.

RECHTECKIGES MINIMAX

Zeichnen Sie ein rechteckiges Gitter und schreiben Sie in jede Zelle eine Zahl.

- Kennzeichnen Sie in jeder Zeile das Maximum und notieren Sie das Minimum dieser Maxima.

- Kennzeichnen Sie in jeder Spalte das Minimum und notieren Sie das Maximum dieser Minima.

Welche Aussage können Sie treffen, wenn Sie das Minimum der Zeilenmaxima und das Maximum der Spaltenminima vergleichen?

Tipp

- Betrachten Sie zunächst Spezialfälle, aber wählen Sie diese nicht zu speziell. Verwenden Sie diese, um die Struktur verstehen zu lernen, beispielsweise, indem Sie Ihre Aufmerksamkeit auf eine bestimmte Zeile und eine bestimmte Spalte richten.

- Probieren Sie aus, was passiert, wenn Sie das Maximum durch die Summe, das Minimum durch die Summe oder die Summe durch das Produkt ersetzen.

- Probieren Sie aus, was passiert, wenn Sie das Maximum durch das arithmetische Mittel und das Minimum durch das geometrische Mittel ersetzen. (Warum ändert sich dadurch der Beweis?) Oder ersetzen Sie das Maximum durch das arithmetische Mittel und das Minimum durch das harmonische Mittel.

- Warum funktioniert es nicht, wenn man das Maximum durch das arithmetische Mittel ersetzt aber das Minimum beibehält?

- Was passiert, wenn man nicht nur für die Zeilen, sondern auch für die Spalten arithmetische Mittel verwendet?

- Bei dieser Aufgabe ist es gut möglich, sich auf einen wirklich einfachen Spezialfall zu konzentrieren, um das Grundprinzip herauszufinden. Wenn Sie anschließend zu komplizierteren Fällen übergehen, beobachten Sie genau, was sich ändert, wenn Sie bestimmte Verallgemeinerungen vornehmen. Um die zugrunde liegende Struktur zu verstehen, müssen Sie mehr tun, als einfach in jeder Zeile das Maximum zu berechnen usw. Vielmehr müssen Sie die Objekte so anordnen, dass Beziehungen erkennbar werden, insbesondere zwischen den Maxima und Minima.

- Spezialisierung kann auch etwas anderes bedeuten, als einfach ein bestimmtes Feld von Zahlen auszuwählen, etwa dass man sich auf einen bestimmten Teil einer komplexeren Konfiguration konzentriert. Betrachten Sie zum Beispiel das Maximum einer bestimmten Zeile und das Minimum einer bestimmten Spalte. Was können Sie über die Beziehung zwischen beiden aussagen?

- Um herauszufinden was strukturell tatsächlich passiert, ist es hilfreich, Maximum und Minimum durch andere Kenngrößen (repräsentative Werte) zu ersetzen. So werden Sie am effektivsten erkennen, was funktioniert und was nicht funktioniert.

Siehe auch die nächste Aufgabe.

---

78   VERALLGEMEINERTES MINIMAX

Seien S und T zwei Familien von Mengen reller Zahlen mit der Eigenschaft, dass jedes Paar von Mengen $\{s, t\}$ mit $s \in S$ und $t \in T$ zumindest ein gemeinsames Element besitzen. Des Weiteren haben sie die Eigenschaft, dass jede Menge mindestens eine kleinste obere Schranke und eine größte obere Schranke hat.

Sei nun für jedes $s \in S$ die Zahl s_M die kleinste obere Schranke von Zahlen in s, und sei σ die größte untere Schranke dieser Zahlen. Entsprechend sei für jedes $t \in T$ die Zahl t_m die größte untere Schranke der Zahlen in t, und sei τ die größte obere Schranke dieser Zahlen.

Vergleichen Sie σ und τ.

Konstruieren Sie Gegenbeispiele, indem Sie die Nebenbedingung aufgeben, dass jedes Mengenpaar eine nichtleere Durchschnittsmenge hat.

Tipp

- Beachten Sie Ihre Beweisführung für den endlichen Fall (siehe Rechteckiges Minimax) und überlegen Sie, wie Sie diese auf den unendlichen Fall ausdehnen können. Das Konstruieren von Gegenbeispielen, wenn eine Bedingung nicht mehr gilt, ist eine verbreitete Strategie bei der Beweisführung.

Literaturhinweise

Jackson, M. und Ramsay, J. (eds) (1993) *Questions for Student Investigation.* MAA Notes 30. Washington: Mathematics Association of America, p. 119.

Maclaurin, C. (1725) *An Introduction to Mathematicks.* Unveröffentlicht ms 2651. Edinburgh: Edinburgh University, p. 37.

Rabinowitz, S. (1992) *Index of Mathematical Problems 1980-1984.* Westford: MathPro Press.

Ransom, W. (1952) E1021. *Mathematical Monthly* **59**(6), 407.

Ransom, W. und Braun, J. (1953) E1021. *Mathematical Monthly* **60**(2), 118-19.

Siblay, T. (2008) Sublimital analysis. *Mathematical Magazine,* **81**(5), 369-73.

Watson, A. and Mason, J (2006) *Mathematics as a Constructive Activity: Learners Generating Examples.* Malwah: Lawrence Erlbaum.

12

12 Fähigkeiten, Themen, Welten und Sichtweisen

Dieses Kapitel ist ein erweitertes Glossar zu den Kernelementen des mathematischen Denkens, die in diesem Buch dargelegt wurden. Einige der Konstrukte sind seit der Veröffentlichung der ersten Auflage diskutiert worden, weshalb sie hier erläutert werden sollen, obwohl sie im Hauptteil des Buches nicht explizit besprochen werden oder durch einen Kommentar zu einem Problem Erwähnung finden. Wir glauben, dass sie Ihnen trotzdem dabei helfen können, ein Bewusstsein für mathematisches Denken zu entwickeln oder anderen dabei zu helfen.

12.1 Natürliche Fähigkeiten und Prozesse

Unsere Grundannahme ist, dass jedes Kind natürliche Fähigkeiten besitzt und dass mathematisches Denken im Grunde nichts anderes ist, als die erlernte Anwendung dieser Fähigkeiten bei der Lösung mathematischer Probleme. Natürlich sind diese Fähigkeiten in dem Sinne, dass sie integraler Bestandteil der menschlichen Intelligenz sind und auf allen Gebieten menschlicher Aktivität angewendet werden. Allerdings ist die Beschäftigung mit Mathematik für die meisten Schüler alles andere als ein natürliches Unterfangen, und das, obwohl sie vielfach auf Alltagserfahrungen fußt. Für Lev Vygotsky ist das Erlernen der Mathematik eine „wissenschaftliche" Unternehmung. Für die meisten Menschen ist zumindest zeitweise die Anwesenheit eines Lehrers oder allgemeiner einer Person mit mehr Erfahrung erforderlich, um zu verstehen, wie sich Prozesse, die fundamental zur menschlichen Intelligenz gehören, in diesem Bereich anwenden lassen.

Spezialisieren und verallgemeinern

George Polya gebrauchte den Begriff „spezialisieren" anstelle der weniger freundlichen Umschreibung „ins Detail gehen". Spezialisieren bedeutet, einen einfacheren Fall (weniger Dimensionen, weniger Variablen, weniger Parameter, einfachere Zahlen) oder einen Spezialfall (etwa, dass einige Zahlen null sind oder Werte annehmen, die die Komplexität reduzieren) zu betrachten. Was Schüler allerdings oft missverstehen, ist, dass der Vorgang des Spezialisierens nicht die Antwort an sich hervorbringt. Wichtig ist vielmehr, dass Sie sich selbst dabei beobachten, wenn Sie einen Spezialfall untersuchen, um Beziehungen herauszufinden, die vielleicht allgemeingültig sind. Anders formuliert: Zweck der Spezialisierung ist es, strukturelle Beziehungen aufzudecken, um diese dann zu verallgemeinern. Wie bereits in Kapitel 1 zusammengestellt wurde, kann das Spezialisieren auf unterschiedliche Weise erfolgen:

- zufällig, um ein Gefühl für die Fragestellungen zu bekommen
- systematisch, um die Grundlage zur Verallgemeinerung zu legen
- raffiniert, um die Verallgemeinerung zu testen

Beim Verallgemeinern geht es darum, „hinter die Spezialfälle zu schauen", indem man sich nicht näher auf die Besonderheiten einlässt, sondern Beziehungen hervorhebt. Caleb Cattegno bemerkte, dass wir immer, wenn wir bestimmte Merkmale hervorheben, automatisch andere ignorieren. Genau daraus resultiert die Verallgemeinerung. Manchmal ist es sinnvoll, zwischen zwei Arten der Verallgemeinerung zu unterscheiden: der empirischen und der strukturellen. Empirische Verallgemeinerung entsteht, wenn Sie einige oder manchmal auch viele Fälle oder Instanzen betrachten und sich fragen, was alle diese Fälle gemeinsam haben. Indem Sie die Gleichheit hervorheben (und folglich die Unterschiede vernachlässigen), kommen Sie effektiv zu einer Verallgemeinerung. Wenn Sie die Gleichheit artikulieren, dann erzeugen Sie eine vermutete allgemeine Eigenschaft, die dann unter Bezugnahme auf die Struktur bestätigt werden kann. Strukturelle Verallgemeinerung tritt auf, wenn Sie Beziehungen auf der Basis einer oder weniger Fälle erkennen. Indem Sie diese Beziehungen als Eigenschaften wahrnehmen, wird aus Ihrer Artikulation wieder eine vermutete Verallgemeinerung, die dann unter Bezugnahme auf die zugrunde liegende Struktur bestätigt werden muss. Wie in Kapitel 1 zusammenfassend dargestellt und in den nachfolgenden Kapiteln ausgearbeitet wurde, bedeutet Verallgemeinern das Aufdecken von Mustern, was zu folgenden Fragen führt:

- Was scheint hier der Fall zu sein? (eine Vermutung)
- Warum ist es vermutlich wahr? (eine Begründung)
- Unter welchen Voraussetzungen gilt die vermutete Aussage? (eine allgemeinere Version der ursprünglichen Frage)

Der Unterschied zwischen einer wissenschaftlichen Behandlung und einer empirischen Verallgemeinerung besteht darin, dass es in der Wissenschaft keine Möglichkeit gibt, dass die von Ihnen vermuteten Eigenschaften korrekt sind. Die Natur gibt niemals eine ja-oder-nein-Antwort. Empirisches Verallgemeinern, das Aufstellen einer Vermutung auf der Grundlage zahlreicher Instanzen ähnelt der induktiven Vorgehensweise in der Wissenschaft. In der Mathematik dagegen ist eine strukturelle Verallgemeinerung möglich, und Sie können immer weiter fortfahren, Vermutungen durch logisches Schließen auf der Basis bestätigter Eigenschaften zu beweisen. Beachten Sie, dass die Methode der *vollständigen Induktion* wieder etwas anderes ist, nämlich eine Form des Beweisens von Vermutungen, die eine Folge von Beziehungen betreffen und die gewöhnlich mit den natürlichen Zahlen assoziiert ist.

In diesem Buch wird immer wieder deutlich, dass Verallgemeinern und Spezialisieren Hand in Hand gehen. Die Beziehung zwischen beiden lässt sich in folgenden Slogans zusammenfassen:

- Erkenne das Besondere im Allgemeinen.
- Erkenne das Allgemeine durch das Besondere.

Immer wenn Sie ein mathematisches Problem lösen oder wenn Ihnen ein Beispiel für ein mathematisches Konzept begegnet, kann es hilfreich sein, wenn Sie sich fragen, was der

Grad der möglichen Variation ist. Dieses Konzept geht auf Ference Marton zurück, der vorschlug, Lernen als das Erkennen des Grades der möglichen Änderungen aufzufassen, unter denen ein Beispiel ein Beispiel bleibt. Wenn beispielsweise ein Winkel gegeben ist, was kann man dann ändern, sodass die vorgegebene Figur weiterhin den gleichen Winkel repräsentiert? Zu den Operationen, die den Winkel nicht beeinflussen, gehören Längenänderungen der Schenkel des Winkels sowie Drehungen und Verschiebungen der Figur im Raum. Bei all diesen Operationen bleibt der Winkel erhalten und somit sind sie Grade der möglichen Änderung. Sie können nicht behaupten, ein Konzept erfasst und verstanden zu haben, wenn Sie sich nicht des Grades der möglichen Änderung bewusst sind. Umgekehrt vertieft sich Ihr Verständnis eines Konzepts in dem Maße, wie Sie sich des Grades der möglichen Änderung bewusst werden.

Wenn irgendein Attribut oder ein Merkmal geändert werden kann, dann ist es wichtig, den *Bereich der zulässigen Änderung* zu betrachten. Beispielsweise müssen die Schenkel eines Winkels eine positive Länge haben und bei einem Problem, in dem unteilbare Objekte abgezählt werden, sind keine Brüche erlaubt. Die Formel $2^n - 1$ für die Anzahl der Falze in PAPIERSTREIFEN (Kapitel 1 und an anderen Stellen) kann auch dann ausgewertet werden, wenn n keine natürliche Zahl ist, doch dies macht im vorliegenden Kontext offensichtlich keinen Sinn. In anderen Kontexten jedoch (beispielsweise bei Exponentielle Prozentsätze), Kapitel 11) können nichtganzzahlige Werte von n durchaus sinnvoll sein. Wir verwenden hier die Adjektive „möglich" und „erlaubt", weil es häufig vorkommt, dass ein Lehrer sich darüber im Klaren ist, welche Eigenschaften sich eventuell ändern können, während dem Lernenden nichts davon klar ist. Wenn also von „möglich" die Rede ist, dann sollte dies für den Lehrer eine Erinnerung sein, zu überprüfen, ob seine Zuhörerschaft sich darüber im Klaren ist, welchen Grad der Freiheit die in Rede stehende Situation besitzt. Und auch wenn sich Lernende dessen bewusst sind, dass sich etwas ändern kann, bedeutet dies nicht unbedingt, dass ihnen das Ausmaß der möglichen Änderungen bewusst ist. Die Bedeutung, in der Mathematiker je nach Kontext das Wort „Zahl" benutzen, kann ganz unterschiedlich sein und umfasst viele Erweiterungen über das Abzählen und Nummerieren von Objekten hinaus. Die Lernenden sind sich in einer konkreten Situation möglicherweise nicht sofort über den Bereich der zulässigen Änderungen bewusst, und nicht selten neigen sie dazu, sich auf einen engeren Gültigkeitsbereich zu beschränken. Ein gutes Beispiel hierfür ist die Aufgabe AUFEINANDERFOLGENDE SUMMEN (Kapitel 4). Dort geht das Lösen einer Aufgabe über positive Zahlen einher mit der Erweiterung des Summenkonzepts auf negative Zahlen.

Vermuten und sich überzeugen

In einer mathematisch produktiven Atmosphäre kann alles, was gesagt wird, als eine Vermutung aufgefasst werden. Anstatt die Möglichkeiten im Kopf herumschwirren zu lassen wie Kleidungsstücke in einem Wäschetrockner und dadurch nur immer größere Verwirrung anzurichten, ist es oftmals hilfreich, eine Vermutung zu artikulieren, sodass sie leidenschaftslos betrachtet werden kann. Polya formulierte es so: Wenn man eine Vermutung einmal ausgesprochen hat, muss man nicht mehr an sie glauben, sondern kann einfach versuchen, sie dort, wo es notwendig ist, zu modifizieren.

Nachdem eine Vermutung ausformuliert wurde, verschiebt sich das Ziel – nun sollten Sie versuchen, die Vermutung mathematisch zu bestätigen. Das Wort heorem kommt aus dem Griechischen und bedeutet „das Geschaute", sodass wir eine Vermutung als eine Möglichkeit auffassen können, eine Situation zu „schauen", also durch Sehen zu erfassen. Ein mathematischer Beweis kann dann als eine Begründung interpretiert werden, die andere davon überzeugt, dass sie ebenfalls sehen können, was Sie „sagen" und „sehen". Zur Entwicklung eines mathematischen Beweises gehört zunächst, dass Sie sich selbst überzeugen, dann einen Freund, der Ihnen kritische, aber freundliche Fragen stellt, und schließlich einen Skeptiker oder „Feind", der sich weigert, irgendetwas einfach so als wahr anzunehmen und der durch mathematische Beweise überzeugt werden muss.

Auch wenn das Sammeln von Beispielen (Spezialfällen) die Intuition bzw. die Vermutung stützen kann, ist es schließlich doch notwendig, eine Folge von Aussagen zu konstruieren, die systematisch auf bereits bewiesenen Eigenschaften beruhen und logisch aufeinander aufbauen. Diese Strategie wurde in den Kapiteln 4 bis 7 verfolgt.

Vorstellen und ausdrücken

Unter „vorstellen" wollen wir alle Formen des Aufstellens eines mentalen Bildes verstehen, also nicht nur Bilder „vor dem geistigen Auge", sondern jegliche abrufbare Sinneswahrnehmung. Weder diese Fähigkeit noch die Fähigkeit, etwas, was man sich vorstellt, in einer anderen Form auszudrücken, wurde in der ersten Auflage explizit als kognitiver Prozess erwähnt, doch beides ist fundamental für jede Form des Denkens – und für das mathematische Denken ganz besonders. Um etwas vorauszusehen, eine Erwartung zu haben, bedeutet, sich auf die Vorstellungskraft zu stützen. Beziehungen zu formulieren und sie als allgemeine Eigenschaften zu postulieren, ist ein Prozess der mit mentalen Bildern verbunden ist. Somit greifen Sie jedes Mal, wenn Sie etwas planen oder vorbereiten, auf mentale Bilder zurück; ebenso jedes Mal, wenn Sie eine Möglichkeit betrachten, und jedes Mal, wenn Ihnen bewusst wird, dass Sie eine mathematische Beziehung aufgedeckt haben.

Vorstellungskraft allein ist selbstreferentiell. Um Ihre Vorstellungen auszudrücken, um Unterschiede und Beziehungen zu erfassen und „festzuzurren", um wahrgenommene Eigenschaften zu artikulieren, müssen Sie lernen. Sie können materielle Objekte, Diagramme oder Bilder, Stimmen und Gesten, Wörter und Symbole verwenden, um unterscheidbare Objekte, erkannte Beziehungen und wahrgenommene Eigenschaften auszudrücken. Etwas, was man für sich selbst gelernt hat, kann man erst dann mit anderen teilen, wenn man es in einer Form ausdrücken kann, die anderen zugänglich ist. Auf diese Weise kann mathematisches Denken zur allgemeinen sozialen Entwicklung der Schüler beitragen.

Immer, wenn Sie sich irgendwo festgefahren haben, kann es helfen, mit jemandem über das Problem zu reden. Sich zu artikulieren ist eine Möglichkeit, sich dessen bewusst zu werden, was man zuvor unbewusst in den Vordergrund gerückt oder vernachlässigt hat. Auf diese Weise eröffnen sich mitunter Wege, die man einschlagen kann und die man zuvor übersehen hat.

Hervorheben und vernachlässigen; erweitern und beschränken

Gattegno hat darauf hingewiesen, dass Menschen in der Regel bestimmte Aspekte eines Objektes hervorheben und demzufolge andere ignorieren. Wenn Sie zum Beispiel die Zahl 347 betrachten, dann bemerken Sie vielleicht die Beziehung $3 + 4 = 7$, und wenn Sie dies bemerken, dann eröffnet dies einen Raum, der aus allen dreistelligen Zahlen im Dezimalsystem besteht, für die die Summe der ersten beiden Ziffern gleich der dritten Ziffer ist. Eine Beziehung, die Sie für eine spezielle Zahl bemerkt haben, wird zu einer Eigenschaft, die andere Zahlen aufweisen können oder auch nicht. In diesem Fall resultiert die Verallgemeinerung aus dem Betonen einer bestimmten Eigenschaft unter gleichzeitiger Vernachlässigung von anderen. Aus einer Beziehung wird eine Eigenschaft. Es ist eine mathematische Verallgemeinerung, wenn die Beziehung zu einer Eigenschaft wird.

Manchmal kommt es darauf an, etwas hervorzuheben, und manchmal kommt es darauf, etwas zu vernachlässigen. Sich auf eine bestimmte Variable zu konzentrieren, wenn man eine Gleichung lösen will, ist sicherlich nicht hilfreich. Das Hervorheben der Funktionsweise von Additionsalgorithmen ist eine angemessene Vorgehensweise bei der Aufgabe PALINDROME (Kapitel 1), aber nicht für PAPIERSTREIFEN (Kapitel 1). Wenn sich Lernende mit einem neuen Konzept beschäftigen, dann werden sie häufig von den Details der damit verbundenen Prozesse (beispielsweise dem Lösen von Gleichungen) gefangen genommen, auf die sich ihre Aufmerksamkeit verständlicherweise richtet.

In der Mathematik ist das Verallgemeinern bzw. Einschränken von Bedeutungen eine Manifestation von Verstärken und Zurücknehmen, von Hervorheben und Vernachlässigen. Anstatt zum Beispiel Primzahlen im Kontext aller natürlichen Zahlen zu betrachten, kann man auch Primzahlen betrachten, die beschränkt sind auf das System der Zahlen kongruent zu 1 modulo 3 bei Multiplikation. Man kann das Konzept aber auch auf das System der Zahlen der Form $a + b\sqrt{d}$ (für festes d und ganze Zahlen a und b) ausdehnen (siehe Restprimzahlen in Kapitel 11). In beiden Fällen beleuchtet der Wechsel der Definition, was wir im Kontext der Primzahlen unter einer Zahl verstehen wollen, die Natur der Primzahlen sowie ihre Bedeutung in der Arithmetik.

Klassifizieren und charakterisieren

Dinge zu klassifizieren ist ein ganz und gar natürlicher Prozess. Dies ist ein Effekt, der aus der Sprache resultiert. Substantive und Verben sind allgemeingültig, sodass wir, wenn wir ein solches Wort benutzen, die damit bezeichnete Instanz als zu der Menge zugehörig klassifizieren, welche durch das Wort benannt ist. Die natürliche Sprache hat allerdings bekanntlich recht unscharfe Grenzen, weshalb es passieren kann, dass ein und dasselbe Objekt je nach Kontext ganz unterschiedlich klassifiziert wird. Beispielsweise hat ein Baumstumpf beim Campen die Funktion eines Stuhls, was er im formalen Sinne natürlich nicht ist; ein Stück Plastik in Form eines Dreiecks „ist" in einem Kontext ein Dreieck, in einem anderen Kontext jedoch ein Dreiecksprisma. Hausnummern haben die Eigenschaften von Ordinalzahlen (in aufsteigender Reihenfolge), und es ist nicht relevant, ob sie perfekte Quadrate, Kuben oder Primzahlen sind.

Ein Objekt zu klassifizieren bedeutet also, es als Instanz einer Eigenschaft wahrzunehmen, nachdem man „es" zuvor als von seiner Umgebung geschieden hat. Es zu charakterisieren heißt, eine alternative Menge von Eigenschaften zu erzeugen, sodass alles, was zu dieser Klasse gehört, diese Eigenschaften besitzt. Umgekehrt gehört alles, was diese Eigenschaften besitzt, zu dieser Klasse. Es ist ein allgegenwärtiges mathematisches Prinzip, Objekte durch Eigenschaften zu klassifizieren und dann diese Eigenschaften mithilfe anderer Eigenschaften zu charakterisieren. So hat beispielsweise eine gerade ganze Zahl die definierende Eigenschaft, exakt durch 2 teilbar zu sein; außerdem ist sie dadurch charakterisiert, ob sie, im Dezimalsystem ausgedrückt, mit $0, 2, 4, 6$ oder 8 endet. Die Eigenschaft einer Zahl, beim Teilen durch 3 den Rest 1 zu lassen, ist auch dadurch charakterisiert, dass sie um 1 größer ist als ein Vielfaches von 3. Die letztere Charakterisierung kann leichter auf den Bereich der negativen Zahlen ausgedehnt werden als die Formulierung mithilfe des Restes. Tatsächlich liefert sie eine konsistente Erweiterung des Konzepts der Reste auf die negativen Zahlen. Bei der Aufgabe TASSENDREHEN besteht die Herausforderung darin, alle möglichen Konfigurationen zu charakterisieren, ohne tatsächlich alle Möglichkeiten zu testen, sondern indem man eine einschränkende Bedingung findet, welche die Tassen erfüllen müssen.

Das Klassifizieren und Charakterisieren als natürlicher Denkprozess erfolgt häufig Hand in Hand mit dem Prinzip „Tun und Rückgängigmachen".

Überblick

Jedes Kind, das in der Lage ist zu sprechen, demonstriert diese Fähigkeiten, denn bereits der Erwerb der Sprache stellt genau diese Anforderung. Die Frage ist, ob die Lernenden im Unterricht dazu angeregt werden, ihre eigenen Fähigkeiten anzuwenden, sie weiterzuentwickeln und sich ihrer überhaupt bewusst zu werden, oder ob das Lehrbuch und der Lehrer versuchen, diese Aufgabe anstelle des Schülers zu übernehmen und ihn auf diese Weise davon abhalten, selbst mathematisch zu denken. Lernen, sich in einer Disziplin wie der Mathematik selbständig zu bewegen, bedeutet auch zu lernen, sich der eigenen Fähigkeiten in einer für die Disziplin spezifischen Weise zu bedienen.

12.2 Mathematische Themen

Tun und rückgängig machen

Wann immer Sie feststellen, dass Sie eine mathematische Operation ausführen oder ein mathematisches Problem lösen können (also etwas „tun"), sind weitere Untersuchungen möglich, indem Sie die Operation invertieren und Fragen vom Typ „rückgängig machen" stellen. Fragen Sie sich zum Beispiel, wenn Sie ein bestimmtes Problem lösen können, welche ähnlichen Problemstellungen das gleiche Ergebnis liefern würden, und welche Ergebnisse für ähnliche Fragen möglich sind. Sie können noch weiter gehen, indem Sie untersuchen, was passiert, wenn Sie das Gesuchte mit dem Gegebenen vertauschen. Sehr oft ist das neue Problem mit Kreativität verbunden. Beispiele sind:

- Wenn das „Tun" eine Multiplikation ist, dann ist das Rückgängigmachen die Faktorisierung, die oft mehrere Lösungsmöglichkeiten hat. Außerdem führt es auf den Begriff der Primzahlen: dies sind die Zahlen, die nicht faktorisierbar sind.

- Wenn das „Tun" eine Addition ist, dann ist das Rückgängigmachen eine endlose Geschichte, da es sehr viele Möglichkeiten gibt, eine Zahl als Summe zweier anderer Zahlen darzustellen. Anstatt zwei Zahlen vorzugeben und nach der Summe zu fragen, kann man nur einen der beiden Summanden sowie die Summe vorgeben und dann nach dem anderen Summanden fragen (Subtraktion).

- Fasst man das Aneinanderkleben von Dreiecken an ihren Kanten als das „Tun" auf, dann ist das Zerlegung der resultierenden Polygone in Dreiecke das Rückgängigmachen. Es kann auf viele Arten erfolgen und es lassen sich in diesem Zusammenhang komplizierte Aussagen beweisen, zum Beispiel die, dass jedes sich nicht selbst schneidende Polygon in ein Dreieck und ein sich nicht selbst schneidendes Polygon mit weniger Ecken zerlegt werden kann.

- Fasst man das Aneinanderkleben von Polyedern an kongruenten Seitenflächen als „Tun" auf, dann ist das Zerlegung des Polyeders durch eine Schnittfläche, welche durch Ecken und Kanten geht, das Rückgängigmachen. Prime Polyeder sind jene, für die es keine solche Zerlegung gibt.

- Wenn das „Tun" das Lösen von zwei linearen Gleichungen ist, dann ist das „Rückgängigmachen" das Auffinden aller Paare von linearen Gleichungen mit eben dieser Lösung.

Kapitel 11 enthält viele Beispiele dafür, wie durch Fragen vom Typ „Rückgängigmachen" aus rein prozeduraler Mathematik interessante mathematische Analysen werden.

Invarianzen

Viele mathematische Theoreme können als Invarianzaussagen aufgefasst werden, also Aussagen der Art, dass ein Objekt unverändert (invariant) bleibt, wenn auf dieses eine Operation angewendet wird. Beispiele hierfür sind:

- Das Addieren des gleichen Betrags zu zwei Zahlen lässt ihre Differenz invariant; beim Multiplizieren eines von null verschiedenen Faktors mit zwei verschiedenen Zahlen bleibt ihr Verhältnis invariant.

- Zwei Brüche sind äquivalent (ihr Wert als rationale Zahl bleibt invariant), wenn Zähler und Nenner mit der gleichen Zahl multipliziert werden.

- In jedem ebenen Dreieck ist die Summe der Winkel 180°; die Summe bleibt also invariant, egal auf welche Weise man das Dreieck ändert.

- Flächeninhalt sowie sämtliche Winkel und Längen eines Polygons sind invariant unter Translation, Rotation und Spiegelung.

- Die Fläche eines Dreiecks bleibt invariant, wenn eine Ecke parallel zur gegenüberliegenden Kante verschoben wird.

- Der von zwei Geraden eingeschlossene Winkel ist invariant unter Translation von einer der beiden Geraden (dies ist die Grundlage für Sätze über Winkel in Bezug auf parallele Geraden sowie auch für die Definition der Translation).

In jeder mathematischen Situation kann es aufschlussreich sein zu fragen, welche Operationen unter der Bedingung ausgeführt werden können, dass die untersuchte Beziehung dabei invariant bleibt. Beispielsweise ist es in den Aufgaben RECHTECKIGES MINIMAX und GEBURTSTAGSGRÜSSE wirklich hilfreich, Operationen anzuwenden, unter denen das Problem invariant bleibt, die aber die Zeilen und Spalten in einer geeigneteren Weise anordnen. In ARITHMAGONE hilft es, die „invariante" Summe der Einträge zu finden, aus denen sich alles andere ableiten lässt.

Freiheitsgrade und Beschränkungen

Polya unterschied zwei Problemtypen: Probleme, bei denen etwas gefunden werden soll, und Probleme, bei denen etwas bewiesen werden soll. Jedes Problem „des Findens" kann als Konstruktionsaufgabe aufgefasst werden. Zu konstruieren sind dabei alle Objekte, welche die im Problem genannten einschränkenden Bedingungen erfüllen. Indem Sie ohne einschränkende Bedingungen beginnen, können Sie den Grad der Wahlfreiheit untersuchen. Während nach und nach die einschränkenden Bedingungen hinzugenommen werden, wird die Freiheit eingeschränkt. Indem Sie in jeder Phase der Konstruktion nach der allgemeinsten Lösung suchen, können Sie sukzessive eine Lösung des ursprünglichen Problems konstruieren. Manchmal ist dieses Vorgehen wirklich hilfreich.

In AUFEINANDERFOLGENDE SUMMEN zum Beispiel erlaubt die Freiheit, negative Zahlen in der Summe zu verwenden, das Aufdecken der Struktur, welche mit ungeraden Teilern der Zahl verbunden ist. In NEUN PUNKTE macht das Aufgeben einer angenommen Bedingung eine Lösung möglich.

12.3   Welten

Zum mathematischen Denken gehören Wechsel zwischen unterschiedlichen Erfahrungswelten. Auf Grundlage der Erkenntnisse von Jerome Bruner erweist es sich als sinnvoll, in folgenden Kategorien zu denken:

- Eine Welt aus vertrauten manipulierbaren Objekten. Dies können materielle Objekte aus der physikalischen Welt sein oder auch Ideen und Symbole. Wenn die Komplexität überhand zu nehmen droht, ist es ganz natürlich und vernünftig, auf vertrauten Boden zurückzukehren. Genau das ist es, was man durch Spezialisierung erreicht.
- Eine Welt der Intuitionen und mentalen Bilder, die in der Regel nicht ausformuliert sind.
- Eine Welt der abstrakten Symbole und Zeichen, die nicht ohne weiteres vertraut und manipulierbar sind. Wenn es gelingt, mit diesen Objekten vertraut zu werden, dann übersiedeln sie in die erste Welt!

Diese Ideen werden in Kapitel 9 berührt.

Zum Studium der Mathematik und vielleicht sogar von jeder durch abstrakte Konzepte getragenen Disziplin gehört es, hinreichend vertraut und handwerklich geschickt mit den Konstrukten zu werden. Nur so werden Sie sie dazu benutzen können, ihre

Gedanken, Absichten und Methoden klar und präzise auszudrücken. Mit zunehmender Vertrautheit werden Ideen und Begriffe zu festgefügten Konzepten und somit ein Teil Ihres Denkens und Verarbeitens von Wahrnehmungen aus der Welt der realen Objekte. Abstrakte Symbole und Zeichen werden zu Objekten, die Sie in konkreter Weise manipulieren können, und sind in diesem Sinne selbst „konkrete" Objekte. Es ist also die Bewegung zwischen den unterschiedlichen Welten, was das Entstehen von Verständnis, das Kennenlernen und Vertrautwerden ausmacht.

Diese drei Welten liefern den Hintergrund für das Aufstellen von mathematischen Modellen für Situationen, die sowohl in der materiellen als auch in der abstrakten mathematischen Welt angesiedelt sein können: das Wahrnehmen und Abbilden einer Situation in mathematischen Begriffen über das Erkennen von Beziehungen und die Konzeptbildung im Sinne von Eigenschaften, die in vielen Situationen gültig sein können. Dabei gilt es, diese Eigenschaften in irgendeiner Form auszudrücken – meistens, aber nicht immer, algebraisch. Das Problem beginnt also mit einer Situation, die mehr oder weniger vertraut oder speziell ist. Mittels mentaler Bilder werden relevante Merkmale herausgelöst und identifiziert, mutmaßlich zweckdienliche Beziehungen werden als solche erkannt und formuliert, sodass sie im Zuge der Bearbeitung zu Eigenschaften werden. Wenn Sie diese Beziehungen mathematisch ausdrücken, betreten Sie die mathematische Welt der Symbole, und indem Sie sie manipulieren erreichen Sie schließlich eine mathematische Lösung. Diese kann dann in der Welt der mentalen Bilder auf Stichhaltigkeit überprüft und zurück in die ursprüngliche Situation übertragen werden, um sicherzugehen, dass die zugrunde gelegten Annahmen eindeutig und vernünftig sind und dass die Lösung auch für das ursprüngliche Problem Sinn ergibt.

Lehrer modellieren mathematische Konzepte häufig durch strukturierte Beziehungen, die im Rahmen einer vertrauten Situation der materiellen Welt formuliert sind, etwa Stäbchen zum Veranschaulichen des Dezimalsystems, Balkenwaagen zur Demonstration von Gleichungen oder den Zahlenstrahl für das Arbeiten mit Zahlen im Allgemeinen. Diese Modelle sind jedoch nur effektiv, wenn sie den Schülern vollständig vertraut sind und sie erkennen, was das Modell mit dem mathematischen Konzept zu tun hat.

12.4   Sichtweisen

Bestimmte Adjektive und Substantive wurden in diesem Kapitel wiederholt gebraucht, um alle Fähigkeiten und Themen mit dem Wechsel der Sichtweisen in Beziehung zu setzen. Dieser Abschnitt vertieft diesen Gedanken und schlägt vor, den Wechsel der Sichtweisen als Schlüssel für das Lösen von Problemen zu betrachten.

Manchmal betrachten Menschen eine Szene, eine Situation, ein Poster, eine Übungsaufgabe oder ein Diagramm mit starrem Blick. Sie erfassen das Ganze und fassen es als Einheit auf. Natürlich sind sie sich dabei in gewissem Sinne der Komponenten bewusst, aus denen das Ganze zusammengesetzt ist, doch der dominierende Aspekt ihrer Sichtweise ist das starre Betrachten. Einer der Gründe für diese Sichtweise ist das Bemühen, das Objekt ganzheitlich zu erfassen, wobei über metaphorische und metonymische Beziehungen auf mögliche Aktionen geschlossen werden kann.

Manchmal wird die Sichtweise durch komplizierte Details dominiert, es werden einzelne Elemente ausgewählt, Grenzen ausgelotet und Teilgesamtheiten herausgelöst, die dann ihrerseits Objekt der Betrachtung sind. Jegliches Lernen kann als Trainieren der Wahrnehmung aufgefasst werden, wobei zunehmend Unterscheidungen getroffen werden können, die dem Lernenden zuvor nicht bewusst waren.

Manchmal ist die Sichtweise durch das Erkennen von Beziehung zwischen den verschiedenen Objekten dominiert. Ein großer Teil der mathematischen Analyse besteht im Erkennen und Formulieren von Beziehungen. Wenn diese zu akzeptierten Eigenschaften werden, wird mathematische Allgemeingültigkeit möglich. Wenn eine Beziehung zwischen verschiedenen Elementen als eine Instanz einer allgemeineren Eigenschaft gedeutet werden kann, lassen sich auch mathematische Vermutungen aufstellen und entsprechende Beweise finden.

Wenn ein Beweis allein auf zuvor akzeptierten Eigenschaften beruht (anstatt auf irgendetwas Bekanntem über das spezielle Objekt), dann eröffnet dies den Weg zu mathematischen Theorien. Akzeptierte Eigenschaften dienen dann als Axiome, und alle anderen Eigenschaften werden aus diesen abgeleitet oder explizit als neue Axiome hinzugefügt.

Diese fünf unterschiedlichen Sichtweisen sind typisch in der mathematischen Forschung. Selten treten sie in Reinform auf, vielmehr wechselt die Sichtweise je nach Situation. Indem man sich klarmacht, dass es diese unterschiedlichen Sichtweisen gibt, wird es möglich, sie bewusst einzusetzen, anstatt sich durch Gewohnheiten und persönliche Neigungen leiten zu lassen.

12.5 Zusammenfassung

Die Auffassung, dass mathematisches Denken einfach das Anwenden natürlicher kognitiver Fähigkeiten ist, führt zu der Frage, ob Lernende dazu ermuntert werden, sich dieser Fähigkeiten bewusst zu werden, sie zu gebrauchen und weiterzuentwickeln, oder ob diese Fähigkeiten durch den Text und den Lehrer usurpiert werden. Durch das Ausprobieren dieser mathematischen Fähigkeiten erfasst der Lernende die zentralen, immer wiederkehrenden Themen, durch die auch scheinbar weit entfernte mathematische Disziplinen und Fragestellungen miteinander verbunden sind. Mit zunehmender Erfahrung im mathematischen Denken verschiebt sich die Sichtweise, manchmal schnell und manchmal langsamer. Die Aufgaben in diesem Buch sollen Lernenden die Gelegenheit geben, eigene Erfahrung zu sammeln und von den Erfahrungen anderer zu lernen.

Literaturverzeichnis

Wir wurden besonders stark von folgenden Werken beeinflusst:

Bennett, J.G. *Creative Thinking*. London: Coombe Springs Press 1969.

Bennett, J.G. *Deeper Man*. London: Turnstone 1978.

Bloor, D. *Knowledge and Social Imagery*. London: Routledge & Kegan Paul 1976.

Brown, S. and Walter, M. *The Roles of the Specific and General Cases in Problem Posing*. Mathematics Teaching 59, 52–54 (1972).

Bruner, J. *A Study of Thinking*. New York: Wiley 1956.

Bruner, J. *Towards a Theory of Instruction*. Harvard: Harvard University Press 1966.

Edwards, B. *Drawing on the Right Side of the Brain*. London: Stewart Press 1981.

Gattegno, C. *For the Teaching of Mathematics*. New York: Educational Explorers Ltd. 1963.

Hadamard, J. *The Psychology of Invention in the Mathematical Field*. New York: Dover 1954.

Honsberger, J. *Ingenuity in Mathematics*. New York: Random House 1970.

Krige, J. *Science, Revolution and Discontinuity*. London: Harvester 1980.

Lakatos, I. *Proofs and Refutations: The Logic of mathematical Discovery*. Cambridge: Cambridge University Press 1977.

Polanyi, M. *Personal Knowledge*. Chicago: Chicago University Press 1958.

Polya, G. *How to Solve It*. Princeton: Oxford University Press 1957.

Polya, G. *Mathematical Discovery* Vol. 1. New York: Wiley 1966.

Polya, G. *Mathematical Discovery* Vol. 2. New York: Wiley 1968.

Schoenfeld, A. *Episodes and Executive Decisions in Mathematical Problem Solving*. Presented at the 1981 AERE Annual Meeting, LA 1981.

Von einigen dieser Bücher sind deutsche Ausgaben erschienen:

Lakatos, I. *Beweise und Widerlegungen. Die Logik mathematischer Entdeckungen*. Wiesbaden: Vieweg 1979.

Polya, G. *Mathematik und plausibles Schließen*. Stuttgart: Birkhäuser 1963.

Polya, G. *Vom Lösen mathematischer Aufgaben. Einsicht und Entdeckung, Lernen und Lehren*. Band 1: Stuttgart: Birkhäuser 1979; Band 2: Stuttgart: Birkhäuser 1983.

Aufgabenverzeichnis

Arbeitskräfte, 220
Archimedische Flächen, 248
Arithmagone, 168, 220–224

Bergauf, 217
Beschränkungen, 238
Bewegliche Mittel, 225
Bienenstammbaum, 95, 226
Bierständer, 169
Bisektoren, 250
Briefumschläge, 36, 250
Bruchteil, 35, 215

Dachziegel, 170
Damenmahl, 34, 34, 254
Das Sieb des Eratosthenes, 213
Der Ausflug, 221
Der chinesische Restsatz, 215
Der Rest des Tages, 214
Der Satz von König, 244
Diagonalen im Rechteck, 170, 212
Die Pförtner, 212
Differenz von Quadratzahlen, 81, 212
Differenz zwei, 229
Dorfklatsch, 171
Drehungen, 230
Dreieckszählung, 171
Dreieckszerlegung, 172, 251
Durchschnittsgeschwindigkeit, 219

Eier, 172, 212
Eierkauf, 173
Eigenschaften kubischer Ausdrücke, 231
Eigenschaften von Polynomen, 231
Eine Frage des Alters, 224
Einunddreißig, 254
Einunddreißig, 173

Eiswaffeln, 250
Entfaltung der 9, 239
Erweiterte Fläche, 248
Eureka, 104, 223, 254
Exponentielle Prozentsätze, 218

Facetten, 118, 212, 251
Faire Teilung, 174, 254
Farbe am Rad, 67, 251, 254
Farey-Brüche, 216
Finden Sie die Eins, 245
Fingermultiplikation, 174, 209
Fische wiegen, 224
Flächenschnitt, 236
Fläche und Umfang, 247
Flickenmuster, 12, 18, 35, 241, 242
Flickenmuster, vollständig, 242
Fritz und Franz, 175, 218
Füllen einer Zisterne, 220
Fünfzehn, 82, 254
Funktionen zusammensetzen, 237

Geburtstag, 175, 224
Geburtstagsgrüße, 255
Geometrische Figuren anordnen, 252
Geometrische Figuren teilen, 252
Geometrische Iterationen (1), 251
Geometrische Iterationen (2), 251
Gerade und ungerade Funktionen, 230
Gittermultiplikation, 211
Glaesers Dominos, 39, 176, 250
Gleiche Geburtstage, 255
Goldbach-Vermutung, 66

Halbmond, 177
Hamburger, 215
Händeschütteln, 177, 226

Häufungspunkte, 240
Heftchen, 178, 218
Hundert Quadrate, 178

Innen und Außen, 237
Innen und Außen, 179
Invarianz bei Konjugation, 247
Iterationen, 90, 237

j-nach-k-Funktionen, 246
Jobs, 39, 179

Kartesische Jagd, 180, 254
Katys Münzen, 181
Kaufhaus, 2–4, 9–11, 29, 215, 218
Knoten, 181
Kreise und Punkte, 85, 225, 241
Kuben und Gleichungen, 228
Kubische Gruppen, 246
Kupferplattenmultiplikation, 210

Laubfrösche, 59, 185, 225, 241
L'Hôspital, 236
Liouville, 182, 212

Mehr über das Möbelrücken, 182
Mehr über Summen aufeinanderfolgender
        Zahlen, 182, 212
Menagerie, 45, 223
Merkwürdige Identitäten, 183
Milchbeutel, 184, 254
Mondphasen, 184
Münzenrollen, 184, 223
Münzenverschiebung, 185

Nächtliche Ruhestörung, 185
Nadel und Faden, 54, 212
Nette Zahlen, 97
Neun Bälle, 186
Neun Punkte, 116, 254
Newtons Kühe, 222
Nostalgie, 187, 223

Palindrome, 6–11, 32, 41, 209
Papierband, 146, 251
Papierknoten, 187, 251

Papierstreifen, 5, 32, 35, 38, 225–227
Papierstreifen algebraisch, 226
Partielle Integration, 235
Perforationen, 227
Pfannkuchen, 188
Polstersessel, 69, 182, 243, 254
Polyas Sieb, 188
Polygonzahlen, 189, 226, 241
Potenzgruppen, 245
Produktiver Austausch, 211

Quadratsummen, 190, 226

Radarfalle, 191, 215
Raten, 218
Rationale Geometrie, 253
Rationale Teiler, 214
Rechte Winkel, 191, 226, 251, 253
Rechteckiges Minimax, 255
Reflexionen, 231
Rekursionen und Fibonacci-Zahlen, 239
Rest-Primzahlen, 243
Rezepte, 192, 218
Richtig oder falsch, 116, 254
Ride and Tie, 221
Rutschiger Anstieg, 233

Schachbrettquadrate, 20, 35, 41, 225, 241,
        242
Schachbrettrechtecke, 44, 225, 241
Schatten, 193, 251
Schlüsselgewalt, 193
Sehnen quadratischer Kurven, 234
Sehnenteilung, 232
Spiegelbild, 194
Stammbrüche, 216
Streichhölzer I, 226
Streichhölzer II, 226
Streichhölzer I, 91
Streichhölzer II, 92
Streichholzschachteln, 194
Streichholzstapel, 180, 195
Summe Eins, 196, 224
Summen aufeinanderfolgender Zahlen,
        71, 182, 212

Symmetrie von kubischen Ausdrücken, 232

Tangenten, 233
Tangenten an quadratische Kurven, 234
Tangenten zwischen den Wurzeln kubische
          Gleichungen, 235
Tassen drehen, 196, 254
Teilbarkeit, 197, 209
Teilende Substraktionen, 228
Toaster, 39, 254

Umfärbung, 197
Ungerade Teilerzahl, 198, 212, 213
Unglückstag, 198

Verallgemeinertes Minimax, 256
Verhältnissummen und Verhältnis-
          produkte, 249
Vierfarbenproblem, 101
Vorlieben, 222

Wegnahme von Quadraten, 199, 212
Wegschneiden, 111
Windungszahlen, 253
Winkel und Stöckchen, 199
Wippe, 143, 251
Wollverwertung, 202
Würfelbau, 37, 38, 250
Würfelfärbung, 200, 251
Würfelrollen, 201
Wurzeln, 228
Wüste, 201, 254
Wüstenmarsch, 202

Zahlenhaufen sortieren, 241
Zahlenspiel, 202, 209
Zahlenspirale, 145, 226
Ziege am Strick, 31–33, 35, 247
Ziege am Strick (Silo-Version), 204, 247
Ziffern vertauschen, 39, 204, 209
Ziffernfolge, 203
Zyklische Iterationen (A), 237
Zyklische Iterationen (B), 238

Stichwortverzeichnis

Analogien
       als Hilfe zur Überwindung von
              Schwierigkeiten, 114
       als Schlüssel zu neuen Fragen, 144
       als Schlüssel zu Vermutungen, 81
       Erkennen von Analogien, 81
Annahmen
       als Ursache von Schwierigkeiten, 116
       Unterschied zu Vermutungen, 107
       vorurteilsbedingte, 106
Arbeitsphasen
       gefühlsmäßige Einteilung, 128
       inhaltliche Einteilung, 28
artikulieren, 263
ausdrücken, 263

Bereich der zulässigen Änderung, 262
beschränken, 264
Beweisführung
       in Publikationen, 102
       in Stufen, 99

charakterisieren, 264

Durchführung
       als Arbeitsphasen, 28
       eigentlicher Denkvorgang, 130
       Überwindung von Schwierigkeiten, 52,
              111–114

Entstehen von Fragestellungen
       als Ausdruck einer Lebenseinstellung,
              149
       durch Beobachten, 147
       durch Überraschungen, 148
       hindernde Faktoren, 149
       im Alltag, 143

erweitern, 264

Fähigkeiten, natürliche, 260
Feind, innerer
       Nutzen bei der Analyse von Fragen,
              106
       seine Strategie, 100
       wie man diese Haltung erwirbt, 102
Freiheitsgrade, 267

Gefühlsmäßige Einteilung von Arbeitspha-
              sen
       Beginn des Engagements, 129
       Beharrlichkeit, 131
       eigentlicher Denkvorgang, 130
       erste Konfrontation, 127
       Gewinnen von Einsichten, 133
       Skepsis, 134
Grad der möglichen Änderung, 262

Helixstruktur des Vorgehens, 163
hervorheben, 264
Hilfsmittel
       algebraische Symbole, 5
       als Schlüssel zum Erfolg, 157
       Erweiterung der mathematischen
              Vorkenntnisse, 84
       Modelle, 5

Innere Einstellung
       Einfluss auf Erfolg oder Misserfolg, 59,
              151
Invarianzen, 266

Kern des Problems, 111
klassifizieren, 262
Kreativität
       als Schlüssel zu Vermutungen, 83

Krisenmanagement
  Erkennen von Schwierigkeiten, 52
  Erkläre die Fragestellung einem
    Freund, 113
  Reduzierung auf den Kern des Pro-
    blems, 111
  Spezialisieren und Verallgemeinern,
    114

Mathematische Vorkenntnisse
  als Stütze bei der Suche nach Verall-
    gemeinerungen, 136
  als Voraussetzung für effektives Arbei-
    ten, 154
  Kenntnis von Grundstrukturen, 83
Modelle, didaktische, 268

natürliche Fähigkeiten, 260
Notizen machen
  als Zusammenfassung des Erreichten,
    112
  Gegenstand, 19
  Gliedern, 18
  Schlüsselworte, 18
  was soll man aufschreiben, 11
  zur Stärkung des inneren Ratgebers,
    126

Planung
  Auswertung der Informationen, 33
  Sinn, 30, 31
  Strukturierung, 31
  Wahl der Hilfsmittel, 37
  Was ist bekannt, 31
  Was ist gesucht, 35

rückgängig machen, 265
Ratgeber, innerer
  Aufgaben, 123
  Entstehung, 122
  zur Analyse von Aktivitäten, 131
  zur Überwindung von Schwierigkei-
    ten, 161
Rückblick
  als Schlüssel zum Erfolg, 157

Anlegen eines geistigen Archivs, 47,
  122
Nachdenken über die zentralen Ideen,
  43
praktische Durchführung, 45
Rückkehr zur Planung, 47
Sinn, 41
Testen der Lösung, 42
Verallgemeinern der Lösung, 43
Wegweiser zu neuen Fragen, 44

Schlüsselworte
  Aha, 18
  Assoziationen, 19
  Bekannt, 31
  Hilfsmittel, 31
  Nachbereitung, 19
  Nachdenken, 41
  Schwierigkeiten, 18
  Test, 19
  Verallgemeinern, 41
  Versuch, 80
  Vielleicht, 80
  Warum nicht, 80
  Ziel, 31
  zur Verbesserung der mathematischen
    Denkweise, 155
  zur Verstärkung von Gefühlen, 126
Schwierigkeiten
  Anzeichen für Schwierigkeiten, 52
  innere Einstellung dazu, 52
Sichtweisen, 268
Spezialisierung
  als Schlüssel zu Vermutungen, 72
  Beispiele studieren, 4
  Heranziehen von Modellen, 5
  Heranziehen von Symbolen, 9
  Nutzen, 24
  Spezialfälle betrachten, 5
  systematisches Vorgehen, 7
  Wechselspiel mit Verallgemeinerun-
    gen, 11, 260
  zum Vertrautwerden mit dem Pro-
    blem, 2

zur Überwindung von Schwierigkeiten, 114
Strukturen
    als Bindeglied zwischen Vorausset-
        zung und Behauptung, 95
    Erkennen von Analogien, 81
    mathematische Strukturen, 83
    Typen, 261

Verallgemeinern
    als Ausgangspunkt für weitere Fragen,
        142
    als Schüssel zur Verbesserung des ma-
        thematischen Denkens, 155
    als Schlüssel zu Vermutungen, 72
    Arbeitshypothesen aufstellen, 11
    Erahnen von Gesetzmäßigkeiten, 9
    Wechselspiel mit Spezialisieren, 11,
        260
    zur Überwindung von Schwierigkei-
        ten, 114
Verbesserung der mathematischen Denk-
        weise
    Einfluss der Umgebung, 159
    Einfluss des Lehrers, 161
    Nutzen im Alltag, 162
    Stimulantien, 155
    was man selbst tun kann, 154
Vermutungen
    als qualifiziertes Raten, 94
    als Schlüssel zur Lösung, 70
    als Schlüssel zur Verbesserung des ma-
        thematischen Denkens, 155
    Aufdecken von Gesetzmäßigkeiten, 82
    Entstehung, 69
    in der Mathematik, 66
    klar formulieren, 74
    kritische Analyse, 104
    Notwendigkeit einer kritischen Ein-
        stellung, 86
    und Analogien, 81
    und Beweise, 67
    und sich überzeugen, 262
vernachlässigen, 264
Vorstellen, 263

Warum
    als Kern von Beweisen, 94
    beim Verallgemeinern, 15
Was
    Übergang zum Warum, 15
    beim Verallgemeinern, 11
Welten, 267

Oldenbourg
Verlag

Ein Wissenschaftsverlag der
Oldenbourg Gruppe

Hans-Heinrich Körle

Die phantastische Geschichte der Analysis

Ihre Probleme und Methoden seit Demokrit und Archimedes. Dazu die Grundbegriffe von heute.

2., verbesserte Auflage 2012 | XIV, 231 Seiten
broschiert
ISBN 978-3-486-70819-6
€ 24,80

Ein Einstieg in die Analysis über historische Stufen – lehrreich, motivierend, unterhaltsam

Vor fach- und kulturgeschichtlichem Hintergrund und mit viel Sinn für Didaktik und Sprachwitz skizziert der Autor die Gründungsphase der Analysis. Der Leser erfährt, wie eine mit Thales beginnende Geometrie ins Infinitesimale gleitet, wie dies die kühne Phantasie ihrer Väter anspornt und wie die Analysis im 19. Jahrhundert schließlich den Standard erreicht, mit dem sie heute den Stoff einführender Vorlesungen bildet.

Unter dem Titel „Aus Schatztruhe und Trickkiste" illustriert ein zweiter, getrennt lesbarer Teil des Buches die Entwicklung der Analysis anhand von „Arbeitsproben" großer Pioniere.

>> *Noch kein anderes Buch hat mir so viele neue und spannende Fassetten der Mathematik vermittelt.*
Christoph Marty, Spektrum der Wissenschaft März 2011

Hans-Heinrich Körle absolvierte das Lehramtsstudium in Mathematik und Physik (Nebenfach Psychologie). Einer Lehrtätigkeit in den USA folgte seine Habilitation für Mathematik an der Philipps-Universität Marburg. Dort war er seit Beginn der 70er Jahre Univ.-Professor am Fachbereich Mathematik und Informatik, mit Arbeitsgebiet in der Analysis.

Das Buch wendet sich an Studierende der Mathematik und der Physik sowie an alle, die sich dafür begeistern.

Bestellen Sie in Ihrer Fachbuchhandlung
oder direkt bei uns: Tel: +49 89/45051-248
Fax: +49 89/45051-333 | verkauf@oldenbourg.de   **www.oldenbourg-verlag.de**

Oldenbourg
Verlag

Ein Wissenschaftsverlag der
Oldenbourg Gruppe

Tristan Needham

Anschauliche Funktionentheorie

2., verbesserte Auflage 2011
XXIX, 685 Seiten
broschiert
ISBN 978-3-486-70902-5
€ 79,80

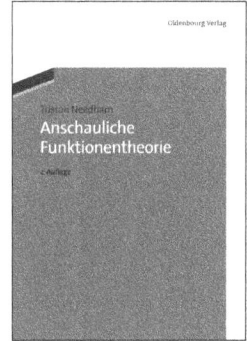

Needhams neuartiger Zugang zur Funktionentheorie wurde von der angelsächsischen Fachpresse begeistert aufgenommen. Mittlerweile hat dieses ganz andere Mathematikbuch auch in Deutschland zahlreiche Liebhaber gefunden. Mit über 500 zum großen Teil perspektivischen Grafiken vermittelt es im wahrsten Sinne des Wortes eine Anschauung von der sonst oft als trocken empfundenen Funktionentheorie.

>> *Anschauliche Funktionentheorie ist eine wahre Freude und ein Buch so recht nach meinem Herzen. Indem er ausschließlich seine neuartige geometrische Perspektive verwendet, enthüllt Tristan Needham viele überraschende und bisher weitgehend unbeachtete Facetten der Schönheit der Funktionentheorie.*
Sir Roger Penrose

>> *Sollte Ihr Budget nur ein Mathematikbuch im Jahr zulassen, dann sollten Sie sich wenigstens dieses leisten.*
Mathematical Gazette

Für Studenten der Mathematik, der Physik und der Ingenieurwissenschaften.

Bestellen Sie in Ihrer Fachbuchhandlung
oder direkt bei uns: Tel: +49 89/45051-248
Fax: +49 89/45051-333 | verkauf@oldenbourg.de   **www.oldenbourg-verlag.de**

**Oldenbourg
Verlag**

Ein Wissenschaftsverlag der
Oldenbourg Gruppe

Martin Hermann

Numerische Mathematik

3., überarbeitete und erweiterte Auflage 2011
XIV, 565 Seiten
gebunden
ISBN 978-3-486-70820-2
€ 44,80

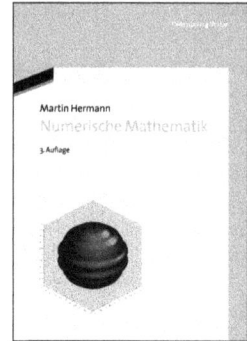

Die Numerische Mathematik ist einer der Grundpfeiler des Mathematik- und Informatikstudiums. Dieses Lehrbuch ist für die Einführungsvorlesung konzipiert und legt eine solide Basis für weiterführende Lerneinheiten.

Das Buch deckt den gesamten Bereich der Numerischen Mathematik von den klassischen Techniken wie Gaußscher Algorithmus und Newtonsches Verfahren bis hin zu den modernen Algorithmen wie Splinefunktion und Deflationstechnik ab. Die Verfahren werden mathematisch exakt beschrieben und deren Umsetzung in eine Programmiersprache anhand von Beispielen in MATLAB® illustriert.

Durch seinen didaktischen Aufbau und die zahlreichen anschaulichen Beispiele eignet sich dieses Buch hervorragend als vorlesungsbegleitende Lektüre und als Grundlage für ein erfolgreiches Selbststudium.

Für Mathematik- und Informatikstudenten im Haupt- und Nebenfach.

Bestellen Sie in Ihrer Fachbuchhandlung
oder direkt bei uns: Tel: +49 89/45051-248
Fax: +49 89/45051-333 | verkauf@oldenbourg.de   **www.oldenbourg-verlag.de**

www.ingramcontent.com/pod-product-compliance
Lightning Source LLC
Chambersburg PA
CBHW082109220326
41598CB00066BA/5849